High Speed Sintering von thermoplastischem Polyurethan – Herstellung von Bauteilen mit maximierten und funktional gradierten Eigenschaften

Von der Fakultät für Ingenieurwissenschaften
der Universität Bayreuth
zur Erlangung der Würde
Doktor-Ingenieur (Dr.-Ing.)
genehmigte Dissertation

von
Jan Kemnitzer M.Sc.
aus
Hof

Erstgutachter: Prof. Dr.-Ing. Frank Döpper
Zweitgutachter: Prof. Dr.-Ing. habil. Gerd Witt
Tag der mündlichen Prüfung: 10.03.2025

Lehrstuhl Umweltgerechte Produktionstechnik
Universität Bayreuth
2025

PRODUKTION.BESSER.MACHEN.

Jan Kemnitzer

High Speed Sintering von thermoplastischem Polyurethan –

Herstellung von Bauteilen mit maximierten und funktional gradierten Eigenschaften

Herausgeber:
Prof. Dr.-Ing. Frank Döpper

Band 13

UNIVERSITÄT BAYREUTH

Bibliografische Information der Deutschen Nationalbibliothek
Die Deutsche Nationalbibliothek verzeichnet diese Publikation in der Deutschen Nationalbibliografie; detaillierte bibliografische Daten sind im Internet über https://portal.dnb.de abrufbar.

Jan Kemnitzer:

High Speed Sintering von thermoplastischem Polyurethan – Herstellung von Bauteilen mit maximierten und funktional gradierten Eigenschaften

1. Auflage, 2025

Gedruckt auf holz- und säurefreiem Papier, 100% chlorfrei gebleicht.

Wissenschaftsverlag des Instituts für Industriekommunikation und Fachmedien an der RWTH Aachen
Steinbachstr. 25, 52074 Aachen, Deutschland
Internet: www.apprimus-verlag.de, E-Mail: info@apprimus-verlag.de

Druck: CPI Druckdienstleistungen GmbH
Ferdinand-Jühlke-Straße 7 | 99095 Erfurt | Deutschland

ISBN 978-3-98555-282-5

“Do or do not. There is no try.”

Yoda

Vorwort

Die vorliegende Dissertation entstand während meiner Tätigkeit als wissenschaftlicher Mitarbeiter am Lehrstuhl Umweltgerechte Produktionstechnik der Universität Bayreuth sowie meiner Tätigkeit als wissenschaftlicher Mitarbeiter, Gruppenleiter und Forschungsteamleiter an der Fraunhofer Projektgruppe Prozessinnovation des Fraunhofer-Instituts für Produktionstechnik und Automatisierung IPA. An dieser Stelle möchte ich mich bei allen Wegbegleitern meiner Promotion herzlichst bedanken.

Mein besonderer Dank gilt Herrn Prof. Dr.-Ing. Frank Döpper für den großzügig gewährten Freiraum, das entgegengebrachte Vertrauen und die umfassende Unterstützung. Herrn Prof. Dr.-Ing. habil. Gerd Witt gilt mein großer Dank für die Übernahme des Koreferats sowie Herrn Prof. Dr.-Ing. Ralf Moos als weiteren Prüfer.

Mein ausdrücklicher Dank gilt dem „Team HSS“ um Dr.-Ing. Anna Tarasova, Dr.-Ing. Daniel Pezold, Johann Schorzmann, Marco Wimmer, David Förster und Jonas Witzgall für den gemeinsamen Aufbau des Forschungsthemas „High Speed Sintering“ sowie die stets motivierende und inspirierende Zusammenarbeit. Marco Wimmer gilt des Weiteren mein besonderer Dank für die tiefgreifende fachliche Unterstützung über die gesamte Zeit meiner Promotion. Mein ausdrücklicher Dank gilt auch Dr.-Ing. Christian Bay und Dr.-Ing. Alexander Mahr mit denen ich den Forschungsbereich „Additive Fertigung“ auf- und ausbauen durfte, wodurch dies Promotion überhaupt ermöglicht wurde. Darüber hinaus danke ich allen weiteren Mitarbeiterinnen und Mitarbeitern des Lehrstuhls Umweltgerechte Produktionstechnik und der Fraunhofer-Projektgruppe Prozessinnovation des Fraunhofer-Instituts für Produktionstechnik und Automatisierung IPA, insbesondere Dr.-Ing. Andreas Hofmann, Dr.-Ing. Markus Kafara, Dr.-Ing. Hans-Henrik Westermann, Dr.-Ing. Hajo Groneberg, Nico Köstler, André Kleuderlein, Matthias Röttinger, Tim Grotz, Philipp Ott, Stefan Schirmel, Gabriele Mauthe und Kathrin Langhammer.

Bedanken möchte ich mich auch bei meinen Freunden, die in dieser Zeit oft auf mich verzichten mussten, mir aber stets Rückhalt geboten haben.

Mein größter Dank gilt meiner Familie: meiner Mutter Christine, meinem Vater Thomas, meiner Schwester Kira, meinem Bruder Paul und ganz besonders meiner Frau Tina, meiner Tochter Ida und meinem Sohn Michel, die in dieser Zeit viel zu oft auf mich verzichten mussten und mich in jeder Situation mit allen verfügbaren Kräften unterstützt haben. Ohne Euch wäre es nicht möglich gewesen.

Zedtwitz, April 2025 *Jan Kemnitzer*

Inhaltsverzeichnis

1 Ausgangssituation und Motivation

Die additive Fertigung ist eine der wichtigsten Zukunftstechnologien und hat insbesondere für den Standort Deutschland eine sehr hohe strategische Relevanz [SCH 20b]. Sie hat nicht nur das Potenzial, konventionelle Fertigungsverfahren oder ganze Herstellungsprozesse zu substituieren, sondern ermöglicht auch neue Geschäftsmodelle, neue Produkte und neue Lieferketten [VAN19, S. 2, BAY23]. Die additive Fertigung wird bereits heute in einigen Bereichen kommerziell genutzt und weist ein extremes Entwicklungs- und Wachstumspotenzial auf [NEW23]. Gründe hierfür sind ihre vielfältigen technologischen und wirtschaftlichen Potenziale, die sich aus der werkzeuglosen Fertigung, der hohen geometrisch-konstruktiven Freiheit und der hohen Ressourceneffizienz ergeben [KEM17].

Für die wirtschaftliche und ressourceneffiziente additive Fertigung von Bauteilen aus Polymeren im industriellen Maßstab mit hoher Qualität besitzen die Prozesse bzw. Verfahren der Kategorie pulverbettbasiertes Schmelzen von Polymeren (engl. Powder Bed Fusion of Polymer PBF/P) ein großes Potenzial [NEW23, S. 130]. So wird bereits heute ein Drittel der gesamten Masse an Material, die in der additiven Fertigung verarbeitet wird, in den Verfahren des PBF/P verarbeitet [NEW23, S. 130]. Darüber hinaus sind die Verfahren der Kategorie des PBF/P diejenigen mit der höchsten Anzahl an Fertigungsanlagen, die von Dienstleistern der additiven Fertigung betrieben werden [NEW23, S. 138].

Das in der Industrie am längsten etablierte und bisher am weitesten verbreitete Verfahren des PBF/P ist das Lasersintern (LS). Das „jüngere" und noch deutlich weniger erforschte Verfahren des PBF/P High Speed Sintering (HSS) weist jedoch sowohl technische als auch ökologische und ökonomische Vorteile gegenüber dem LS auf [ELL17, ZAP17]. Diese ergeben sich im Wesentlichen daraus, dass der Energieeintrag für das selektive Verschmelzen (selektiver Energieeintrag) des Materials flächig und nicht punktuell erfolgt. Dadurch kann eine deutlich längere Dauer des selektiven Energieeintrags pro Flächeneinheit (ca. 0,01 ms [VAS12, S. 60] vs. 1 s [ZAP17, S. 657]) bei hoher Produktivität realisiert werden. Dies ermöglicht die Verarbeitung von Polymeren mit hoher Schmelzviskosität [ZAP17, S. 656], was insbesondere für die Verarbeitung von thermoplastischen Elastomeren (TPE) relevant ist [ZAP17, S. 657, ELL17, S. 113]. Ebenso ergeben sich beim selektiven Energieeintrag deutlich geringere Maximaltemperaturen, wodurch die Degradation vieler Polymere während des additiven Fertigungsprozesses reduziert oder vermieden werden kann. Darüber hinaus kann grundsätzlich eine höhere Recyclingquote der Materialien realisiert werden [ZAP17, S. 657]. Des Weiteren ermöglicht der flächige selektive Energieeintrag eine konstante Schichtzeit, unabhängig von der jeweiligen aufzuschmelzenden Fläche einer Schicht. Hierdurch kann eine hohe Produktivität und Reproduzierbarkeit des additiven Fertigungsprozesses sowie eine wirtschaftliche Skalierung der Anlagentechnik realisiert werden [ZAP17, S. 655, ELL17, S. 113].

Ein wesentliches, bisher noch kaum betrachtetes Potenzial des HSS, mit extremem Innovationscharakter ergibt sich aus dem Aspekt, dass der selektive Energieeintrag relativ einfach lokal bzw. auf Voxel[1]-Ebene eingestellt werden kann. Die Einstellung erfolgt dabei über die Definition der pro Voxel applizierten Menge des für den selektiven Energieeintrag verwendeten Hilfsstoffes Tinte, welche als Absorber dient. Dies ermöglicht eine gezielte lokale Einstellung der Temperaturen der aufzuschmelzenden Bereiche des Pulverbetts und damit eine gezielte lokale Einstellung der Bauteileigenschaften [KEM21]. Hierdurch eröffnet sich eine völlig neue Dimension der Fertigung von Bauteilen aus einem Material mit funktional gradierten mechanischen Eigenschaften bzw. von funktional gradierten Materialien (engl. Functionally Graded Materials, FGM). Neben dem generellen Potenzial von FGM, mechanische Eigenschaften zu realisieren, die mit konventionellen Materialien nicht abgebildet werden

[1] Die Dimension eines Voxels beim HSS wird durch die Punktdichte bzw. Auflösung des verwendeten Druckkopfs (x-, y-Richtung), mit der die Tinte auf die Pulverbettoberfläche appliziert wird, und der Dicke einer aufgetragenen Schicht des Polymerpulvers (z-Richtung) definiert.

können [MAH17], ermöglicht dies die Substitution von Verbundwerkstoffen, wodurch sich ein wesentlich einfacheres Recycling der Produkte ergibt. Besonders groß ist dieses Potenzial für das HSS bei Materialien mit elastischen Eigenschaften, wie sie TPE, insbesondere thermoplastische Polyurethane (TPU) aufweisen, da bei diesen die Härte und Steifigkeit über einen relativ großen Bereich eingestellt werden können [KEM21].

Eine derzeit entscheidende Limitierung des HSS ergibt sich aus der sehr geringen Anzahl an verfügbaren Materialien für das HSS bzw. dem Nichtvorhandensein an Prozessen des HSS zur Verarbeitung geeigneter Materialien. Auch gibt es bisher kein etabliertes Vorgehen zur Parametrisierung von Materialien für das HSS. Derzeit wird im HSS hauptsächlich Polyamid 12 (PA 12) verarbeitet. Ein wesentlicher Grund hierfür ist, dass die von der Charakteristik des additiven Fertigungsprozesses des HSS ausgehenden Anforderungen an das zu verarbeitende Material sehr gut von PA 12 erfüllt werden. Daher steht auch PA 12 im Fokus der im HSS durchgeführten Forschungsarbeiten. Demgegenüber besteht aufgrund der Vielzahl potenzieller Anwendungsmöglichkeiten [DES23] ein großer Bedarf an Bauteilen aus TPE, insbesondere TPU, die mittels PBF/P bzw. HSS gefertigt wurden [SCH 22b, S. 212]. Ein besonders großes Anwendungspotenzial ergibt sich bei der Berücksichtigung der vom HSS ausgehenden hohen geometrisch-konstruktiven Freiheit bei der Auslegung der Bauteile. So können Gitter- bzw. Lattice-Strukturen realisiert werden, die Bauteile mit hohem Leichtbaupotenzial und durch ihre Geometrie vorgegebene mechanische Eigenschaften ermöglichen. Erste Produkte die dieses Potenzial nutzen sind bspw. die von OECHSLER & TECHART [OEC 24a] entwickelten Polster für Autositze, die eine Gewichtsreduzierung bei gleichzeitiger Erhöhung des Sitzkomforts ermöglichen, oder die von OECHSLER und VAUDE [OEC 24b] entwickelten Rückenpolster für Rucksäcke, die zu einem höheren Tragekomfort führen.

Die sich daraus ergebende Motivation für diese Arbeit ist die Bereitstellung von additiven Fertigungsprozessen des HSS, die eine Fertigung von Bauteilen aus TPU ermöglichen. Insbesondere liegt die Motivation darin, unter der Berücksichtigung der material- und prozessspezifischen Restriktionen einerseits maximierte mechanische und geometrische Eigenschaften und andererseits funktional gradierte bzw. lokal eingestellte mechanische Eigenschaften zu erzielen.

2 Grundlagen und Stand der Erkenntnisse

In diesem Kapitel werden die Grundlagen und der Stand der Erkenntnisse erörtert, welche für die Konkretisierung des Forschungsbedarfs, der Definition der Zielstellung sowie besonders für eine zielführende Durchführung der Forschungsaktivitäten notwendig sind.

2.1 Additive Fertigung

Um das HSS tiefgreifend zu verstehen, sind grundlegende Kenntnisse zur additiven Fertigung per se erforderlich. Im Folgenden werden daher u. a. eine Einordnung und Spezifizierung der additiven Fertigung und ihrer Prozesse bzw. Verfahren, eine Erläuterung der Historie, der Merkmale und der Potenziale der additiven Fertigung sowie eine Beschreibung der grundlegenden Prozesskette der additiven Fertigungsverfahren vorgenommen.

Einordnung und Spezifizierung
Die Funktionalität eines Gegenstandes bzw. Bauteils ergibt sich durch die Kombination seiner Geometrie und seiner Werkstoffeigenschaft. Die Gestaltung von Werkstoffen zu Gegenständen bzw. Bauteilen mit definierter Geometrie kann nach EN ISO/ASTM 52900:2021 mit Hilfe von drei verschiedenen Prinzipien bzw. Fertigungsmethoden erfolgen [DIN 22c]:

- **Formgebende Fertigung:** Die gewünschte Geometrie des Bauteils wird durch die Anwendung von Druck auf einen Körper aus Rohmaterial erreicht. Beispiele hierfür sind u.a. Schmieden, Biegen, Gießen, Spritzgießen oder Verdichtung von Grünkörpern.
- **Subtraktive Fertigung**: Die gewünschte Geometrie des Bauteils wird durch selektives Entfernen von Werkstoff erzielt. Beispiele hierfür sind u.a. Fräsen, Drehen, Bohren, Funkenerodieren.
- **Additive Fertigung**: Die gewünschte Geometrie des Bauteils wird durch sukzessive, meist schichtweise Aufbringung von Material erzielt.

Weitere gebräuchliche Definitionen für das Prinzip der **additiven Fertigung** sind nach EN ISO/ASTM 52900:2021 und VDI 3405:2014:

- „... Prozess, der durch Verbinden von Material Bauteile aus 3-D-Modelldaten ... üblicherweise Schicht für Schicht herstellt.“ [DIN 22c]
- „... Bauteile entstehen schichtweise durch Hinzufügen von Ausgangsmaterial oder durch Phasenübergang eines Materials vom flüssigen oder pulverförmigen in den festen Zustand. Die Fertigung erfolgt ohne Verwendung von Formen und Werkzeugen.“ [VDI14]

Das Prinzip der additiven Fertigung inkludiert, dass die Gestaltung des Werkstoffs bzw. die Werkstoffverbindung und die der Geometrie der Bauteile im selben Prozess stattfindet [GEB16, S. 2]. Daraus folgt u.a., dass die Qualität der Bauteile stark abhängig von der additiven Fertigungsmaschine und den verwendeten Prozessparametern ist. Des Weiteren ergibt sich häufig eine Richtungsabhängigkeit der (Werkstoff-)Eigenschaften der Bauteile (Anisotropie), die wiederum von der Ausrichtung und Position der Bauteile im Bauraum der additiven Fertigungsmaschine abhängig ist. [DIN 22c]

Im Wesentlichen werden die Eigenschaften von additiv gefertigten Bauteilen durch nachfolgende Aspekte bestimmt, anhand derer auch eine Kategorisierung und weiterführende Spezifizierung der additiven Fertigungsverfahren nach DIN EN ISO/ASTM 52900:2021 erfolgt [DIN 22c]:

- Art bzw. Grundtyp des Werkstoffs, wie bspw. Polymer, Metall oder Keramik
- Ausgangszustand/-form des Werkstoffs, wie bspw. Pulver, Flüssigkeit, Suspension, Filament oder Folie
- Grundprinzip des sukzessiven, meist schichtweisen Aufbringens von Material, wie bspw. Schmelzen, Kleben oder Aushärten
- Technologische Umsetzung (Maschinen/Prozessarchitektur) des sukzessiven, meist schichtweisen Aufbringens von Material, wie bspw. Schmelzen mittels Infrarotstrahlung (IR), Laserstrahl oder Elektronenstrahl

Die nach DIN EN ISO/ASTM 52900:2021 [DIN 22c] auf dieser Basis definierten sieben Prozesskategorien von additiven Fertigungsverfahren sind:

- Freistrahl-Bindemittelauftrag (engl. Binder Jetting, BJT)
- Materialauftrag mit gerichteter Energieeinbringung (engl. Directed Energy Deposition, DED)
- Materialextrusion (engl. Material Extrusion, MEX)
- Freistrahl-Materialauftrag (engl. Material Jetting, MJT)
- Pulverbettbasiertes Schmelzen (engl. Powder Bed Fusion, PBF)
- Schichtlaminierung (engl. Sheet Lamination, SHL)
- Badbasierte Photopolymerisation (engl. Vat Photopolymerization, VPP)

Historie

Die additive Fertigung per se ist eine noch relativ junge Fertigungsmethode. Das älteste Patent eines additiven Fertigungsverfahrens wurde 1984 von Chuck Hull für die Stereolithografie (SLA) angemeldet. Primärer Fokus der Anwendung war damals die schnelle Prototypenfertigung (Rapid Prototyping). Seitdem wurde eine Vielzahl an weiteren additiven Fertigungsverfahren entwickelt, die in Summe eine große Bandbreite an Materialien verarbeiten. Einige dieser Verfahren bzw. deren Anlagentechnik besitzen heute einen Technologiereifegrad, der eine industrielle Fertigung von Ersatzteilen, Serienteilen (Rapid Manufacturing) oder Vorrichtungen und Werkzeugen (Rapid Tooling), ermöglichen. [GEB16]

Merkmale und Potenziale

Aus dem Prinzip der sukzessiven, meist schichtweisen Aufbringung von Material bzw. aus dem Vergleich der Prinzipien mit denen konventioneller Fertigungsverfahren ergeben sich nachfolgende drei Merkmale [KEM17] der additiven Fertigung aus denen sich die wesentlichen Potenziale der additiven Fertigung ableiten [GEB19]:

- **Werkzeuglose Fertigung**
  Für die Fertigung von Bauteilen mittels additiver Fertigung werden keine bauteilspezifischen Werkzeuge benötigt. Dies ermöglicht eine wirtschaftliche losgrößen- und teilweise ortsunabhängige Fertigung, wodurch sich eine hohe Flexibilität der Produktion ergibt.
- **Geometrisch-konstruktive Freiheit**
  Die Fertigungsrestriktionen der additiven Fertigung sind zum Teil deutlich geringer, so dass eine Fertigung komplexester Geometrien realisiert werden kann. Dies ermöglicht die Umsetzung von Leichtbaulösungen, Funktionsoptimierung und Funktionsintegration sowie eine Integralbauweise.
- **Ressourceneffizienz**
  Für die Fertigung wird theoretisch nur so viel Material benötigt, wie das Bauteil aufweist. Des Weiteren kann durch die geometrisch-konstruktive Freiheit das Bauteil so ausgelegt bzw. designt werden, dass es nur aus so viel Material besteht, wie für den konkreten Anwendungsfall notwendig ist.

Prozesskette

Die Prozessketten der unterschiedlichen additiven Fertigungsverfahren sind sich grundlegend sehr ähnlich und unterscheiden sich primär bezüglich des additiven Fertigungsprozesses bzw. hinsichtlich ihres Grundprinzips und der technologischen Umsetzung des sukzessiven, meist schichtweisen Aufbringens von Material. Nachfolgend werden die grundlegenden Schritte der Prozesskette erläutert [GEB19]:

- **(Bauteil-)Datengenerierung**: Erzeugung eines 3D-Modelles des Bauteils mittels Computer Aided Design (CAD). Zielführend ist es beim Design bzw. der Auslegung der Bauteile die Potenziale der additiven Fertigung, die sich aus der geometrisch-konstruktiven Freiheit ergeben, zu berücksichtigen. Das 3D-CAD-Modell wird meist für nachfolgende Schritte in eine STL-Datei (Standard Triangulation Language bzw. Surface Tesselation Language, ursprünglich STereoLithographie) konvertiert.

- **Datenaufbereitung**: Erzeugung des Baujobs durch Anordnen der Bauteile im Bauraum und Generierung des (Schicht-)Datensatzes der Bauteile bzw. des Baujobs bestehend aus den Konturdaten (x-y-Koordinate), der Schichtdicke (SD) und der Schichtennummer (z-Koordinate) jeder Schicht.
- **Anlagenvorbereitung**: Befüllen/Bestückung der additiven Fertigungsanlage mit Roh-, Hilfs- und Betriebsstoffen, die für den additiven Fertigungsprozess notwendig sind.
- **Additiver Fertigungsprozess**: Physische Generierung der Bauteile durch sukzessive, meist schichtweise Aufbringung von Material in der additiven Fertigungsanlage.
- **Bauteilentnahme**: Entnahme der Bauteile aus der additiven Fertigungsanlage.
- **Prozessspezifische Bauteilnachbearbeitung**: Herstellung der technologisch erreichbaren Bauteileigenschaften durch eine prozessspezifische Bauteilnachbearbeitung, wie bspw. Entfernung von Pulverrückständen und/oder Stützstrukturen, thermische und/oder chemische Behandlung.
- **Anwendungsspezifische Bauteilnachbearbeitung**: Herstellung der anwendungsspezifischen Bauteilanforderungen mittels konventioneller Fertigungsverfahren.

Nach VDI 3405 [VDI14] werden die oben definierten Schritte der Prozesskette der additiven Fertigung in die nachfolgend definierten drei Phasen eingeteilt:

- **Pre-Prozess:** Alle erforderlichen Schritte, die vor der Fertigung der Bauteile erfolgen müssen
- **In-Prozess:** Alle Schritte, die in der additiven Fertigungsanlage durchgeführt werden
- **Post-Prozess:** Alle Schritte, die nach der Entnahme der Bauteile aus der Anlage zur Herstellung der technologisch erreichbaren Bauteileigenschaften durchgeführten werden

Diesen Phasen ist der oben definierte Schritt der (Bauteil-)Datengenerierung vorgelagert und der Schritt der anwendungsspezifischen Bauteilnachbearbeitung nachgelagert.

2.2 Wärmeübertragung und Wärmeaustausch durch Strahlung

Um das HSS tiefgreifend zu verstehen, sind grundlegende Kenntnisse der Wärmeübertragungs- bzw. Wärmeaustauschvorgänge, die während des additiven Fertigungsprozesses ablaufen, erforderlich. Nachfolgend werden daher die Arten der Wärmeübertragung und der Wärmeaustausch durch Strahlung erläutert.

Arten der Wärmeübertragung

In der Praxis wird zwischen drei Arten der Wärmeübertragung unterschieden: Wärmeleitung, Strahlung und Konvektion [VDI13, S. 19]. Jedoch handelt es sich nach [BÖC15, S. 3 f.] bei der Konvektion um eine Art von Wärmeleitung (Wärmeleitung bei strömenden Fluiden).

Wärmeleitung ist Energietransport zwischen benachbarten Molekülen in einem Medium aufgrund eines herrschenden Temperaturgradienten $\partial T/\partial x$. Der Energietransport erfolgt durch molekulare Wechselwirkungen (Stöße) zwischen den Molekülen, wobei Energie von Molekülen höherer Energie zu Molekülen niedrigerer Energie übertragen wird. Wärmeleitung kann in allen Festkörpern, Flüssigkeiten oder Gasen stattfinden. Bei ruhenden Medien ist die Wärmestromdichte durch Wärmeleitung lediglich von der Wärmeleitfähigkeit λ_W abhängig. Die Beziehung ist bekannt als Fouriersches Gesetz (Gleichung 1). [BÖC15, S. 4, VDI13, S. 19 f.]

$$\dot{q}_L = -\lambda_W \frac{\partial T}{\partial x} \qquad (1)$$

mit	$\dot{q}_L$	Wärmestromdichte durch Wärmeleitung [W/m²]
	λ_W	Wärmeleitfähigkeit [W/(mK)]
	T	Temperatur [K]
	x	Ortskoordinate [m]

Der Energietransport in einem strömenden Medium wird als Konvektion bezeichnet. Aus Sicht eines ruhenden Beobachters liegt neben dem Energietransport durch Wärmeleitung eine makroskopische Bewegung des Mediums vor. Durch die Bewegung des Mediums findet ein Transport von Enthalpie und kinetischer Energie statt. Wärmeübertragung bei Konvektion ist daher nicht nur von den Stoffwerten des Mediums, sondern u.a. auch von der Strömungsgeschwindigkeit oder dem Turbulenzgrad des Mediums abhängig. Die Abhängigkeit der Wärmestromdichte durch Konvektion $\dot{q}_K$ vom Geschwindigkeits- und Temperaturprofil ist äußerst komplex. Dies gilt insbesondere bei turbulenter Strömung. Mit Gleichung 2 kann ein einfacher Zusammenhang formuliert werden, bei dem die komplexen Abhängigkeiten im sogenannten Wärmeübergangskoeffizienten α_W zusammengefasst werden. [VDI13, S. 20 f, BÖC15, S. 4]

$$\dot{q}_K = \alpha_W \, \Delta T \qquad (2)$$

mit	$\dot{q}_K$	Wärmestromdichte durch Konvektion [W/m²]
	α_W	Wärmeübergangskoeffizient [W/(m²K)]
	ΔT	Temperaturdifferenz [K]

Wärmestrahlung ist die von einem Körper bzw. dessen Oberfläche in Form von elektromagnetischen Wellen an seine Umgebung bzw. dessen Oberfläche emittierte Energie. Dabei gilt, dass jeder Körper mit einer Temperatur $T > 0$ K Wärmestrahlung emittiert. Je höher die Temperatur des Körpers, desto größer die Wärmestrahlung. Im Gegensatz zu Wärmeleitung oder Konvektion ist die Wärmestrahlung nicht an ein Medium (Festkörper, Fluid) gebunden, da sich elektromagnetische Wellen auch im Vakuum ausbreiten können. Die Energiestrom- bzw. Wärmestromdichte durch Emission bzw. Strahlung $\dot{q}_S$, ausgehend von einem realen Körper, kann mit Gleichung 3 beschrieben werden. [VDI13, S. 22, BÖC15, S. 4]

$$\dot{q}_S = \varepsilon \, \sigma \, T^4 \qquad (3)$$

mit	$\dot{q}_S$	Wärmestromdichte durch Strahlung [W/m²]
	ε	Emissionsgrad
	σ	Stefan-Boltzmann-Konstante ($5{,}670400 \; 10^{-8}$) [W/(m² K⁴)]
	T	(Oberflächen-)Temperatur [K]

Wärmeaustausch durch Strahlung

Trifft Strahlung auf einen Körper, so wird ein Teil reflektiert, ein Teil absorbiert, und ein Teil transmittiert. Dieser Zusammenhang wird durch Gleichung 4 beschrieben. Die drei Verhältnisgrößen (Reflexionsgrad r, Absorptionsgrad α, Transmissionsgrad τ) sind von den Materialeigenschaften des bestrahlten Körpers und der Art der darauf auftreffenden Strahlung abhängig. Besondere Relevanz besitzt das Wellenlängen-Spektrum der auftreffenden Strahlung bzw. der elektromagnetischen Wellen sowie deren Verteilung. [BAE19, S. 29]

$$r + \alpha + \tau = 1 \qquad (4)$$

mit	r	Reflexionsgrad
	α	Absorptionsgrad
	τ	Transmissionsgrad

2.3 Polymere Werkstoffe

Ein tiefgründiges Verständnis für das HSS setzt Kenntnisse zu den Charakteristika der damit verarbeiteten Materialien voraus. Nachfolgend werden daher die Charakteristika polymerer Werkstoffe mit Fokus auf TPE und speziell TPU erläutert.

Arten und deren Charakteristik

Polymere Werkstoffe bzw. Kunststoffe sind im Allgemeinen Werkstoffe, die im Wesentlichen aus vergleichsweise einfachen, makromolekularen organischen Verbindungen bestehen [EHR11, S. 27]. Sie können synthetisch oder durch Umwandlung von Naturprodukten hergestellt werden [EHR11, S. 27]. Polymere Werkstoffe werden in der Praxis in Thermoplaste, Duroplaste, Elastomere und TPE eingeteilt [RÖT13, S. 20, DIN93], wobei TPE häufig als eine Art Untergruppe der Elastomere gesehen wird [BON20, S. 37]. Die Einteilung erfolgt aufgrund der Veränderung des Schubmoduls in Abhängigkeit von der Temperatur und beruht auf dem mechanischen Verhalten im Gebrauchstemperaturbereich. Es wird dabei zwischen energieelastischem und entropieelastischem Verhalten sowie dem Vorhandensein eines Schmelzbereichs (Fließbereichs) unterschieden.

Thermoplaste

Thermoplaste sind unvernetzte Werkstoffe, die aufgrund ihres Schmelzbereichs (Fließbereichs) oberhalb des Gebrauchstemperaturbereiches wiederholt umformbar und verarbeitbar sind. Sie besitzen in ihrem Gebrauchstemperaturbereich ein vorwiegend energieelastisches (festes) Verhalten. Bei amorphen Thermoplasten wird der Gebrauchstemperaturbereich nach oben durch den Kälterichtwert T_R bzw. die Glasübergangstemperatur T_g und bei teilkristallinen Thermoplasten durch den (Kristallit-)Schmelzpunkt T_m begrenzt. [DIN93, RÖT13]

Duroplaste

Duroplaste sind hochvernetzte Werkstoffe, die durch Wärme, Strahlung, katalysierte chemische Reaktionen oder andere Einwirkungen in einen unlöslichen und unschmelzbaren Zustand überführt worden sind. Sie besitzen in ihrem Gebrauchstemperaturbereich ein energieelastisches (festes) Verhalten. Sie weisen keine Glasübergangstemperatur T_g auf und besitzen daher keinen Kälterichtwert T_r und Schmelzbereich (Fließbereich). Bei steigender Temperatur gehen Duroplaste vom Gebrauchstemperaturbereich in den Zersetzungsbereich über. [DIN93, RÖT13]

Elastomere

Elastomere entstehen durch hauptvalenzmäßige Vernetzung von Kautschuken oder durch vernetzende Copolymerisation niedermolekularer Ausgangsprodukte. Ihr Netzwerk ist weitmaschig und weist überwiegend chemische Vernetzungsstellen auf. Sie besitzen in ihrem Gebrauchstemperaturbereich ein entropieelastisches (gummielastisches) Verhalten. Elastomere besitzen einen Kälterichtwert T_r bzw. eine Glasübergangstemperatur T_g von kleiner 0°C und weisen oberhalb des Gebrauchstemperaturbereichs bis zu ihrer Zersetzung keinen Schmelzbereich (Fließbereich) auf. Sie können weder durch Temperatureinwirkung noch durch mäßigen Druck wesentlich bleibend verformt werden. Im Gebrauchstemperaturbereich besitzen Elastomere bis zu Beginn der thermischen Zersetzung angenähert konstante Schubmodulwerte. [DIN93, RÖT13]

Thermoplastische Elastomere

TPE bestehen grundsätzlich aus einer Hartphase und einer Weichphase (Zweiphasensystem), die auch als thermoplastische und elastische Komponenten bzw. Segmente bezeichnet werden. Die Weichphase besitzt einen Kälterichtwert T_r bzw. eine Glasübergangstemperatur T_g von in der Regel unter 0°C. Im Gebrauchstemperaturbereich weisen TPE dadurch ein vorwiegend entropieelastisches (gummielastisches) Verhalten auf. Im Gegensatz zu Elastomeren sind die elastischen Komponenten von TPE nicht chemisch vernetzt. Ihre Bewegungsfreiheit wird durch die Hartphase bzw. deren ausgeprägter Tendenz zur Kettenzusammenlagerung aufgrund von glasartiger Erstarrung, Kristallisation, Wasserstoffbrückenbindung oder Ionenassoziation eingeschränkt (physikalische Vernetzung).

Bei höheren Temperaturen bzw. Temperaturen oberhalb der Glasübergangstemperatur T_g der Hartphase lösen sich die physikalischen Vernetzungen. TPE besitzen dadurch einen Schmelzbereich (Fließbereich) und können wie Thermoplaste verarbeitet werden. Bei einer anschließenden Verringerung der Temperatur bilden sich erneut physikalische Vernetzungen (thermoreversible Vernetzung), wodurch das TPE wieder ein entropieelastisches Verhalten aufweist. [ABT18, RÖT13, DIN93]

Die Zweiphasensysteme der TPE werden hauptsächlich durch Copolymerisation (Blockcopolymere) oder Vermischen unverträglicher Polymere (Polymerblends) erzielt und unterscheiden sich daher bezüglich ihrer chemisch-morphologischen Struktur. [RÖT13, BON20]

Die mechanischen und thermischen Eigenschaften von TPE sind primär vom Verhältnis der Hart- und Weichphase abhängig. Der Anteil und die chemische Zusammensetzung der Weichphase bestimmt das viskoelastische Verhalten. Bei steigendem Anteil der Weichphase nimmt das elastische Verhalten zu und die Tieftemperaturflexibilitat verbessert sich. Dagegen steigt mit dem Anteil der Hartphase die Wärmebeständigkeit, Zugfestigkeit, Kerbschlagzähigkeit und chemische Beständigkeit. Die Wärmebeständigkeit wird durch die Glasübergangstemperatur T_g der Hartphase begrenzt. Auch die Neigung von TPE zum Kriechen und die bleibende Verformung (Druckverformungsrest) ergeben sich aus der Hartphase. Grundsätzlich besitzen TPE aufgrund der Kombination der Elastizität der Weichphase und der hohen Festigkeit der Hartphase eine hohe Schlagzähigkeit und Stoßelastizität. [ABT18, RÖT13]

Thermoplastisches Polyurethan
Eines der wichtigsten TPE ist TPU. Dieses ist ein Blockcopolymer aus elastischen Polydiolsegmenten (Weichphase) und harten, teilkristallinen Urethanblöcken (Hartphase) die durch Polyaddition von Polydiolen (Polyesterdiol, Polyetherdiol) und Diisocyanaten (aromatisch) oder Butandiol (aliphatisch) hergestellt werden. [ABT18, RÖT13]

Der Gebrauchstemperaturbereich von TPU erstreckt sich meist von – 40 bis + 80 °C, spezielle Typen bis 150 °C. Der Hartebereich liegt typischerweise innerhalb einer Shore-Härte D von 50 bis 80. TPU besitzen eine hohe Festigkeit, Schlagzähigkeit, Weiterreiß-, Abriebs- und Verschleißfestigkeit sowie ein gutes Dämpfungsvermögen. Bei hohen Dehnungen und Temperaturen neigt TPU zum Fließen. Des Weiteren besitzen TPU eine chemische Beständigkeit gegen aliphatische Kohlenwasserstoffe, Treibstoffe, Öle, Fette und eine chemische Unbeständigkeit gegen heißes Wasser, Säuren, Laugen, Alkohole, aromatische und halogenierte Kohlenwasserstoffe, Ester und Ketone. [ABT18, RÖT13]

Typische Anwendungsbereiche von TPU sind u.a. verschleißfeste Oberflächen, Werkzeuggriffe, Kupplungselemente, Dichtungselemente, Rollen, Kabelstecker und -ummantelungen, Schuhsohlen und Skischuhe. [ABT18]

2.4 Pulverbettbasiertes Schmelzen von Polymeren

Das HSS kann dem PBF/P zugeordnet werden. Die einzelnen Verfahren des PBF/P besitzen untereinander viele prozess- und materialseitige Konformitäten. Daher können häufig die für ein Verfahren des PBF/P gewonnen Erkenntnisse auf ein weiteres Verfahren des PBF/P transferiert werden. Der Stand der Erkenntnisse für das HSS ist aktuell begrenzt, bzw. wird häufig für das HSS auf bei anderen Verfahren des PBF/P gewonnene Erkenntnisse zurückgegriffen. Daher werden nachfolgend für das Erlangen eines profunden Verständnisses für das HSS ausgewählte essentielle Erkenntnisse der Verfahren des PBF/P erläutert. Davor erfolgt eine allgemeine Einordung und Spezifizierung der Verfahren des PBF/P sowie eine Darlegung essentieller Grundlagen zu relevanten Verfahren des PBF/P.

2.4.1 Einordnung und Spezifizierung

Einordnung
Wie in Abschnitt 2.1 erläutert, differenziert die EN ISO/ASTM 52900:2021 zwischen sieben Prozess- bzw. Verfahrenskategorien. Eine davon bildet die Kategorie PBF, welche Verfahren umfasst, bei de-

nen ein gezieltes bzw. selektives Verschmelzen von Bereichen eines Pulverbetts mittels Wärmeenergie bzw. Energie erfolgt. Mit den Verfahren des PBF werden aktuell standardmäßig Metalle und Polymere verarbeitet, wodurch sich die Spezifikationen pulverbettbasiertes Schmelzen von Metallen (engl. Powder Bed Fusion of Metal, PBF/M) und pulverbettbasiertes Schmelzen von Polymeren (engl. Powder Bed Fusion of Polymer, PBF/P) ergeben. Eine weitere Spezifikation des PBF erfolgt anhand der technologischen Umsetzung bzw. der thermischen Energiequelle des selektiven Energieeintrags. Im PBF/P erfolgt der Energieeintrag aktuell standardmäßig punktuell mittels Laserstrahl oder flächig mittels Infrarotlicht. Hierdurch ergeben sich die Spezifikationen pulverbettbasiertes Schmelzen von Polymeren mittels Laserstrahl (engl. Powder Bed Fusion of Polymer using a Laser based System, PBF-LB/P) und pulverbettbasiertes Schmelzen von Polymeren mittels Infrarotlicht (engl. Powder Bed fusion of Polymer using a Infrared Light based System, PBF-IL/P). [DIN 22c, SCH 22b]

Spezifizierung

Die unterschiedlichen Verfahren des PBF/P können stets in drei Phasen eingeteilt werden: Vorheizphase, Bauphase bzw. schichtweiser Bauteilaufbau und Abkühlphase. In der Vorheizphase wird die PBF/P-Maschine vorgeheizt, um diese in einen Zustand des thermischen Gleichgewichts über die Bauphase zu versetzen [GRE23, S. 6]. Der schichtweise Bauteilaufbau kann wiederum stets in vier Schritte eingeteilt werden, die sich zyklisch wiederholen [WEG15, S. 5 f.]:

1. Absenken der Bauplattform um die Höhe einer Schicht bzw. die SD
2. Aufbringung einer (neuen) Schicht von (meist) vorgeheiztem Polymerpulver auf die Bauplattform bzw. die Pulverbettoberfläche
3. Aufheizen der Pulverbettoberfläche auf Prozesstemperatur (T_P) durch Energieeintrag mittels einer thermischen Energiequelle
4. Gezieltes bzw. selektives Aufschmelzen von Bereichen des Pulverbetts durch Energieeintrag mittels einer thermischen Energiequelle (selektiver Energieeintrag)

Der schichtweise Bauteilaufbau erfolgt dabei durch das nachfolgende Prinzip: Die aufgeschmolzenen Bereiche konsolidieren aufgrund der eingestellten T_P nur langsam und liegen für eine gewisse Zeit in Form einer unterkühlten hochviskosen Schmelze vor, ohne (vollständig) zu verfestigen (amorphe Erstarrung) oder zu kristallisieren [SCH 22b, S. 14]. Wird auf diese eine neue Schicht Polymerpulver aufgetragen und ebenfalls selektiv aufgeschmolzen, verbinden sich die einzelnen Schichten. Das Verbinden der Schichten erfolgt bei Umgebungsdruck. Das nicht verschmolzene Polymerpulver dient als Stützstruktur für die aufgeschmolzenen sowie konsolidierten Bereiche. Nach Abschluss des schichtweisen Bauteilaufbaus erfolgt das Abkühlen des Pulverkuchens.

Grundlegend unterliegen die Verfahren des PBF/P einer Vielzahl von material- und prozessseitigen Einflussgrößen und deren komplexen Wechselwirkungen [GRE23, S. 6]. Primären prozessseitigen Einfluss auf Prozessgüte und Bauteilqualität besitzen die vorherrschenden Temperaturen bzw. Temperaturverteilungen, die über den Verlauf des gesamten Prozesses vorliegen [SCH 22b]. [WEG15]

Der primäre Unterschied zwischen den einzelnen Verfahren des PBF/P liegt in der technologischen Umsetzung bzw. der thermischen Energiequelle, mit der der Energieeintrag des selektiven Verschmelzens realisiert wird. Wie oben beschrieben, erfolgt dieser entweder punktuell mittels Laserstrahl (PBF-LB/P) oder flächig mittels Infrarotlicht (PBF-IL/P). Grundsätzlich werden von den Verfahren des PBF/P strukturell identische oder sehr ähnliche Ausgangswerkstoffe verarbeitet [SCH 22b, S. 14]. So basieren die meisten Polymerpulver auch auf dem gleichen Basispolymerpulver und unterscheiden sich lediglich durch eine prozessspezifische Konfektionierung. Fast ausschließlich handelt es sich hierbei um Polymere, die ein thermoplastisches Verhalten aufweisen. Mit Abstand am häufigsten wird aktuell in den Verfahren des PBF/P Polymerpulver auf Basis von PA 12 verarbeitet [SCH 22b, S. 174]. Daher erfolgte auch ein Großteil der bisher durchgeführten wissenschaftlichen Untersuchungen im Bereich der Verfahren des PBF/P unter Verwendung von PA 12. Einen ebenfalls noch wesentlichen Verarbeitungsanteil besitzen Polymerpulver auf Basis von Polyamid 11 (PA 11)

[SCH 22b, S. 174]. Eine besonders starke Zunahme erfahren, aufgrund des großen Anwendungspotenzials der damit gefertigten Bauteile, aktuell Polymerpulver auf Basis von TPE, wie besonders TPU [SCH 22b, S. 212]. Aufgrund der vielen prozess- und materialseitigen Konformitäten bzw. Ähnlichkeiten können die Erkenntnisse, die für ein Verfahren des PBF/P gewonnen wurden, auch auf andere Verfahren des PBF/P, unter Berücksichtigung deren jeweiligen Spezifika, transferiert werden.

2.4.2 Pulverbettbasiertes Schmelzen von Polymeren mittels Laser

Das bekannteste Verfahren des PBF-LB/P ist das LS. Die Entwicklung des LS erfolgte von Deckard in den 1980er Jahren an der Universität von Texas in Austin [DEC89]. Die erste kommerzielle LS-Maschine, die Sinterstation 2000 von Desk Top Manufacturing (DTM) Corp., kam 1992 auf den Markt. Seitdem wird das LS kontinuierlich von einer Vielzahl von Unternehmen und Forschungseinrichtungen weiterentwickelt. Kommerzielle LS-Maschinen werden aktuell von mehreren Unternehmen angeboten, wie u.a. 3D Systems Corp., EOS GmbH oder Farsoon Technologies co. ltd, 3D Systems Corp.. Der Wärmeenergieeintrag für das gezielte bzw. selektive Verschmelzen von Bereichen des Pulverbetts erfolgt beim LS mittels eines fokussierten bzw. punktuellen Laserstrahls, der über ein xy-Scanner-System mit einer Ablenkgeschwindigkeit von bis zu 15 m/s diese Bereiche zeilenweise abfährt bzw. belichtet. Standardmäßig werden für die Erzeugung des Laserstrahls im LS Kohlenstoffdioxid (CO_2)-Laser mit einer Wellenlänge λ von 10,6 µm eingesetzt. Weitere im LS eingesetzte thermische Energiequellen sind bspw. Nd-YAG- bzw. Faserlaser mit einer Wellenlänge λ von 1064 nm oder Laserdioden mit einer Wellenläge von 445 nm oder 808 nm. [SCH 22b]

2.4.3 Pulverbettbasiertes Schmelzen von Polymeren mittels Infrarotstrahlung

Der Kategorie des PBF-IR/P können aktuell drei Verfahren zugeordnet werden, für die es kommerzielle Maschinen auf dem Markt gibt:

- High Speed Sintering (HSS), kommerzialisiert durch voxeljet AG
- Multi Jet Fusion (MJF), kommerzialisiert durch HP Inc.
- Selective Absorption Fusion (SAF), kommerzialisiert durch Stratasys Ltd.

Alle diese drei basieren auf dem gleichen Funktionsprinzip, welches unabhängig voneinander an der Universität Loughborough [HOP06, HOP14] und der Degussa AG, jetzt Evonik Operations GmbH [MON05, BAU07] entwickelt wurde. Besonders durch Arbeiten der Loughborough University und der University of Sheffield [FOX15, S. 456] sowie später von der voxeljet AG, der HP Inc. und der Xaar 3D Ltd. jetzt Stratasys Ltd. wurde der jetzige Ablauf des additiven Fertigungsprozesses des HSS bzw. des MJF und des SAF entwickelt.

Der Energieeintrag für das gezielte bzw. selektive Verschmelzen von Bereichen des Pulverbetts (selektiver Energieeintrag) erfolgt bei diesen Prozessen mittels einer flächig über das Pulverbett fahrenden IR-Lampe unter Zuhilfenahme eines Absorbers, der auf die Bereiche davor selektiv appliziert wurde. Der Absorber wird dabei stets mittels einer Trägerflüssigkeit über Druckköpfe appliziert. Die wesentlichen Unterschiede zwischen den additiven Fertigungsprozessen von HSS, MJF und SAF sind nachfolgende: Beim HSS und SAF wird aktuell als Trägerflüssigkeit für den Absorber eine Flüssigkeit auf Ölbasis und beim MJF eine auf Wasserbasis verwendet [SCH 20a, VOX18, STR21]. Beim HSS wird die Flüssigkeit mit Absorber als Tinte, beim SAF als High Absorption Fluid (HAF) und beim MJF als fusing agent bezeichnet. Des Weiteren wird beim MJF im Gegensatz zum HSS und SAF eine weitere Flüssigkeit auf Wasserbasis selektiv auf das Pulverbett appliziert. Diese dient der Regulierung der Temperatur bzw. des Temperaturniveaus der Pulverbettoberfläche und wird als detailing agent bezeichnet [SCH 20a, S. 1206]. Daneben unterscheiden sich die Prozesse bezüglich der verwendeten IR-Lampe (thermische Energiequelle des selektiven Energieeintrags) und Overheadlampe (primäre thermische Energiequelle für die Steuerung der T_P). Beim HSS wird eine IR-Lampe verwendet, die primär Strahlung im Nah-Infrarotbereich emittiert und eine Overheadlampe, die primär Strahlung im mittelwelligen Infrarotbereich emittiert [GÜN18]. Im MJF hingegen emittiert sowohl die Sinterlampe als auch die Overheadlampe primär Strahlung im nahen Infrarotbereich.

2.4.4 Modelle zum schichtweisen Bauteilaufbau

Über ein geeignetes Modell für die Verfahren des PBF/P, das das Verhalten des Polymers nach dem selektiven Energieeintrag und damit den schichtweisen Bauteilaufbau beschreibt, wird seit langem diskutiert [GRE21]:

Das erste elementare Modell ist wahrscheinlich das des isothermen LS [SCH02], welches auf Basis der Arbeit von [ALS00] für das LS aufgestellt wurde. Dieses beruht darauf, dass teilkristalline Thermoplaste aufgrund ihres Schmelz- und Erstarrungsverhaltens innerhalb eines materialspezifischen Temperaturniveaus sowohl im festen als auch im flüssigen bzw. schmelzförmigen Zustand vorliegen können. Liegt die T_P innerhalb dieses Temperaturniveaus, dient im Rahmen des Modells der selektive Energieeintrag lediglich dazu, die Schmelzenthalpie zu überwinden, um die kristallinen Strukturen aufzuschmelzen [SCH02, ALS00]. Daraus leitet sich ab, dass die mittels PBF/P zu verarbeitenden Materialien eine Hysterese zwischen Aufschmelzen und Kristallisieren besitzen müssen [SCH02]. Das Schmelz- und Kristallisationsverhalten der Materialien wird üblicherweise mit einer dynamischen Differenzkalorimetrie (engl. Differential Scanning Calorimetry, DSC) ermittelt. Abbildung 1 zeigt schematisch eine damit ermittelte idealisierte Messkurve eines für das PBF/P geeigneten Materials. In der Praxis bildet der Bereich zwischen den Onset-Punkten des Schmelzens (T_m(onset)) und Kristallisierens (T_K(onset)) das Temperaturniveau in dem die T_P liegen soll, um einen isothermen Prozess zu erhalten [SCH 22b, S. 118]. Dieser Bereich wird daher auch als Prozess- oder Sinterfenster bezeichnet.

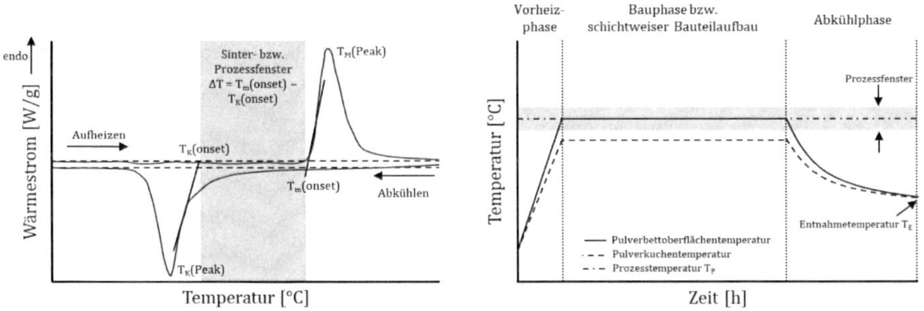

Abbildung 1: Idealisierte durch DSC ermittelte Messkurve eines für das PBF/P geeigneten teilkristallinen Thermoplasts (links) nach [SCH 22b, S. 119] und in der Praxis angewandtes globales Temperaturprofil des PBF/P über die Phasen des additiven Fertigungsprozesses (rechts) nach [GRE23, S. 7]

Wird der Prozess bei einer zu geringen T_P gefahren, kann es aufgrund von inhomogenen thermischen und kristallisationsbedingten Schwindungsvorgängen zu einem Verzug bzw. Curling der gefertigten Schichten bzw. der späteren Bauteile kommen [FOX19, S. 138, ALM 16a]. Des Weiteren führt eine zu geringe T_P zu einer schlechten Verbindung bzw. Verschmelzung der einzelnen Schichten, was bis zur Delamination dieser führen kann. Hintergrund hierfür ist, dass nur in der Schmelze eine Interdiffusion, Verschlaufung und gegenseitige Durchdringung von Polymerketten zwischen den Schichten stattfindet [SCH 22b, S. 118]. Wird hingegen der Prozess bei einer zu hohen T_P gefahren, führt dies, abhängig von der Höhe, von einer geringen Anhaftung von Polymerpulver an der Oberfläche der späteren Bauteile bis zu einem kompletten Auf- bzw. Verschmelzen der Pulverbettoberfläche [FOX19, S. 138]. In der Praxis wird daher eine T_P so nah wie möglich am T_m(onset) gewählt [SCH 22b, S. 120]. Grundlegend ist für einen robusten Verarbeitungsprozess eine möglichst große Differenz zwischen T_m(onset) und T_K(onset) bzw. ist ein großes Sinterfenster zielführend. Die Theorie des isothermen LS beschreibt ferner, dass die selektiv aufgeschmolzenen Bereiche bis zum Ende des schichtweisen Bauteilaufbaus im schmelzförmigen Zustand verbleiben und erst in der Abkühlphase aufgrund der hier vorliegenden Temperaturabnahme kristallisieren [SCH02]. Aufbauend auf dem Prozessmodell des isothermen LS lässt sich auch das globale Temperaturprofil beim PBF/P über die drei Phasen des additiven Fertigungsprozesses ableiten (vgl. Abbildung 1).

Rietzel [RIE11, RIE09, RIE10] wies jedoch in späteren Untersuchungen nach, dass die Kristallisation von teilkristallinen Thermoplasten abhängig von der Heiz- und Kühlrate ist. So kristallisieren teilkristalline Thermoplaste bei niedrigeren Kühlraten deutlich früher bzw. bei einem höheren Temperaturniveau. Es findet also eine Verschiebung von T_K(onset) zu höheren Temperaturen statt. Daher wird in der Praxis auch meist eine T_P nahe des T_m(onset) gewählt [SCH 22b, S. 120]. Dies bedeutet jedoch auch, dass bei einer isothermen Prozessführung, bei der Abkühlraten von weit unter 1 K/min vorliegen, bereits während des schichtweisen Bauteilaufbaus eine isotherme Kristallisation stattfinden muss. So erklärte [WEG15] für eine begrenzte Anzahl an Schichten das Prozessmodell des isothermen LS für gültig, zweifelt jedoch die Gültigkeit über eine größere Anzahl an Schichten bzw. über den gesamten schichtweisen Bauteilaufbau an. [DRU19] wies schließlich mittels prozessnaher Materialcharakterisierung und Versuchen im LS nach, dass unter quasi-isothermen Bedingungen, also während des schichtweisen Bauteilaufbaus, eine Kristallisation und Erstarrung der Schmelze bereits einige Schichten unterhalb der Pulverbettoberfläche stattfindet und während des gesamten schichtweisen Bauteilaufbaus in z-Richtung weiter fortschreitet. Auch wurde nachgewiesen, dass der Auftrag einer neuen Pulverschicht den Kristallisationsprozess beschleunigt. Ursache ist das geringere Temperaturniveau des aufgetragenen Pulvers im Vergleich zur T_P und der dadurch stattfindenden Unterkühlung der Schmelze. Aus diesen Erkenntnissen ergibt sich u.a. die Schlussfolgerung, dass das Modell des isothermen LS nur für oberflächennahe Schichten geeignet ist und für tiefere Schichten angepasst werden muss bzw. grundsätzlich nicht geeignet ist. Aktuelle Forschungsarbeiten zielen daher darauf ab, das Modell des isothermen LS anzupassen bzw. ein neues Modell, d. h. das des nicht-isothermen LS bzw. PBF/P zu, definieren [SCH 23a, SCH 23b, CHO22], um darauf aufbauend die Prozess- und Temperaturführung beim PBF/P grundlegend anzupassen. Dies wird insbesondere deshalb verfolgt, da sich dadurch erhebliche Potenziale auf Prozessebene (Produktivität [DRU19, GRE21], Bauraumgröße [DRU19], Materialbandbreite [SCH 23a, SCH 22a], Materialalterung [SCH 22a], Energieverbrauch [SCH 22a]) und Bauteilebene (Reproduzierbarkeit [GRE21], mechanische Eigenschaften [SCH 23b], Formhaltigkeit [SCH 23b], lokal modifizierte Eigenschaften [SCH 23a]) ergeben. Derartige Untersuchungen von [GRE21] zeigten u. a., dass das Temperaturniveau des Polymerpulvers bzw. der Schmelze nach dem selektiven Energieeintrag besonders von der Wechselwirkung der thermischen Energiequelle mit dem Material, der thermischen Energiequelle an sich bzw. deren Einstellungen, der Bauteilgeometrie und den vorherigen Schichten abhängig ist. Auch wird empfohlen, DSC-Messungen zur Ermittlung des Schmelz- und Kristallisationsverhaltens sowie des Sinterfensters unter prozessnahen Bedingungen durchzuführen, welche die hohen Aufheizraten während des selektiven Wärmeenergieeintrags und die Unterkühlung bei der Pulverbeschichtung des Materials berücksichtigen [DRU19].

2.4.5 Modell zum selektiven Energieeintrag

Zur Beschreibung der durch die thermische Energiequelle eingetragenen Energie in das Polymerpulver für das selektive Verschmelzen (selektiver Energieeintrag) sowie zur Korrelation von Einflussgrößen des Energieeintrags wird für den Prozess des Verfahrens des PBF/P LS häufig die sogenannte Flächenenergiedichte $E_{A,LS}$ und die Volumenenergiedichte $E_{V,LS}$ herangezogen [WEG15, S. 15]. Die von [NEL93] definierte Flächenenergiedichte $E_{A,LS}$ dient der Beschreibung der pro Fläche durch den Laser in das Polymerpulver eingebrachten Energie (Gleichung 5). Ergänzt um die SD ergibt sich daraus die Volumenenergiedichte $E_{V,LS}$ (Gleichung 6), die der Beschreibung des pro Volumen, durch den Laser in das Polymerpulver eingebrachten Energie dient [WEG15, S. 15].

$$E_{A,LS} = \frac{P_L}{\upsilon_S \, h_S} \tag{5}$$

$$E_{V,LS} = \frac{P_L}{\upsilon_S \, h_S \, SD} \tag{6}$$

mit $E_{A,LS}$ Flächenenergiedichte [J/mm²]

$E_{V,LS}$ Volumenenergiedichte [J/mm³]

P_L	Laserleistung [W]
υ_S	Scangeschwindigkeit des Lasers [mm/s]
h_S	Hatchabstand des Lasers [mm]
SD	Schichtdicke [mm]

Für die Prozesse der Verfahren des PBF/P bzw. PBF-IR/P HSS, MJF oder SAF hat sich bisher noch kein Modell zum Energieeintrag, wie beim Lasersintern etabliert. Bisher bestehende Ansätze werden in Unterabschnitt 2.5.5 erläutert und diskutiert.

Bei der Anwendung von Modellen der Energiedichten ist zu berücksichtigen, dass ein relevanter Unterschied zwischen eingetragener und absorbierter Energie besteht [GIB21, S. 145]. So werden von der oben beschriebenen Flächenenergiedichte $E_{A,LS}$ und Volumenenergiedichte $E_{V,LS}$ prozessspezifische Einflussgrößen, wie bspw. T_P und Durchmesser des Laserspots oder auch polymerpulverspezifische Einflussgrößen, wie insbesondere der Absorptionsgrad α des Polymerpulvers, nicht berücksichtigt.

2.4.6 Modelle zur Konsolidierung bzw. Koaleszenz beim schichtweisen Bauteilaufbau

Da die Verfahren des PBF/P bei Umgebungsdruck stattfinden, erfolgt die Konsolidierung der einzelnen Polymerpartikel beim schichtweisen Bauteilaufbau im Wesentlichen durch Koaleszenz bzw. Verschmelzen unter viskosem Fließen [BEN20, CHA21]. Diese erfolgt bei zwei Polymerpartikeln (Mikrometerbereich) in zwei Phasen bzw. in drei Schritten (vgl. Abbildung 2) [BEN20, S. 74]:

1. Ausbildung eines Kontakts bzw. Sinterhalses zwischen den Partikeln an der Oberfläche
2. Wachstum des kontaktierten Bereichs bzw. des Sinterhalses, was zu einer Veränderung der Partikelmorphologie, aber keiner Beeinflussung der inneren Grenzen führt
3. Gleichgewichtsherstellung durch Kettenrelaxation und Diffusion der Moleküle an den Grenzflächen der Partikel

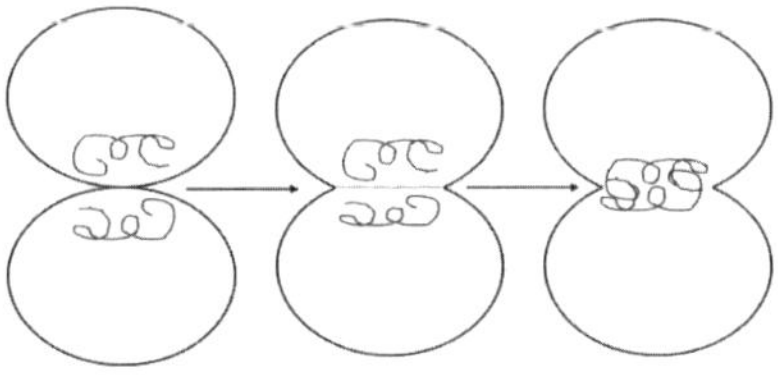

Abbildung 2: Phasen bzw. Schritte der Koaleszenz unter viskosem Fließen von zwei Polymerpartikeln nach [BEN20, S. 74]

Bei einem System bestehend aus mehr als zwei Partikeln kann im Anschluss der drei Schritte eine Verdichtung und Schließung der Poren beobachtet werden [NAR79, BEL97]. Zusammenfassungen relevanter Modelle, die die Mechanismen der Koaleszenz unter viskosem Fließen beschreiben, stammen u. a. von [KAM17, BEN20]. Experimentelle Untersuchungen wie von [BEN19] weisen jedoch nach, dass die aktuellen Modelle den tatsächlichen Prozess der Koaleszenz bzw. das Verschmelzen beim PBF/P bisher nur näherungsweise bzw. nicht valide abbilden. Für das Erlangen eines grundlegenden Verständnisses zu den Einflussgrößen der Koaleszenz bzw. des Verschmelzens während des Prozesses der Verfahren des PBF/P wird in der Praxis jedoch häufig das Frenkel-Eshelby-Modell herangezogen [BEN19, KAM17] (vgl. Gleichung 7). Dieses beschreibt die Koaleszenz von viskosen Stoffen für zwei identische kugelförmige Partikel [BEL98] unter vorherrschend konstanten, thermischen Bedingungen der Partikel über den Prozess [BEN19].

$$\frac{x_R}{R_t} = \left(\frac{\sigma t}{\mu R_0}\right)^{1/2} \tag{7}$$

mit

x_R	Radius des Sinterhalses bzw. des kontaktierten Bereichs [m]
R_t	Radius des Partikels zum Zeitpunkt t nach dem Kontakt [m]

σ	Oberflächenspannung [N/m]
μ	Viskosität [Pas]
t	Zeit [s]
R_0	Initialer Radius der Partikel [m]

Aus diesem Modell ist ersichtlich, dass neben der Geometrie der Polymerpartikel besonders die Oberflächenspannung σ, die (Null-)Viskosität μ der Schmelze und die Dauer des Prozesses t einen Einfluss auf die Koaleszenz bzw. das Verschmelzen (Verschmelzungsgrad) besitzen. Diese Faktoren bzw. deren Werte sind im Wesentlichen von den Eigenschaften des Polymerpulvers und dem Prozess bzw. den Prozessbedingungen abhängig. Eine Erhöhung der (Null-)Viskosität μ der Schmelze kann prozessseitig u.a. durch nachfolgende Aspekte erzielt werden: Erhöhung des Aufschmelzungsgrades eines jeden Polymerpartikels [ZHU 20a, BAI16] und/oder Erhöhung der Temperatur der Schmelze [ZHU 20b] bspw. durch eine Erhöhung des selektiven Energieeintrags. Der Faktor Zeit besitzt besonders vor dem Hintergrund der geringen Dauer des selektiven Energieeintrags einen Einfluss und wird grundlegend von zwei Aspekten bestimmt: Zum einen von der Dauer der Wärmeübertragung vom Absorber zum Polymerpulver zwischen den einzelnen Polymerpartikeln und von der Hülle zum Kern eines Polymerpartikels sowie zum anderen von der Fließgeschwindigkeit der Schmelze [CHA19]. Weiteren Einfluss auf den Faktor Zeit besitzt die Schichtzeit bzw. die Zeitspanne zwischen selektivem Energieeintrag und Auftrag einer neuen Pulverschicht, aufgrund des geringeren Temperaturniveaus des aufgetragenen Pulvers im Vergleich zur T_P [PAV17]. Einen relevanten Einfluss auf die Dauer des Prozesses der Koaleszenz bildet die T_P, da diese u.a. einen Einfluss auf das Kristallisationsverhalten des Polymers hat. So kann durch die Erhöhung der T_P der Prozess der Koaleszenz bzw. des Verschmelzens verlängert werden [BEN20]. Zusätzlich haben sicherlich auch die Gestalt des Pulverbetts wie u.a. die Packungsdichte des Polymerpulvers einen Einfluss, da dadurch die Lage der einzelnen Polymerpartikel zueinander bestimmt wird.

2.4.7 Bauteilstruktur

Die im Bauteil vorliegende Struktur von mittels im PBF/P gefertigter Bauteile, welche in diesem Kontext häufig als Bauteilstruktur bezeichnet wird, ist geprägt von dem Fertigungsprinzip – schichtweises selektives Aufschmelzen eines Polymerpulvers. Grundlegend zeigt sich nachfolgendes Bauteilstrukturverhalten in Abhängigkeit des (selektiven) Energieeintrags: Bei einem Energieeintrag in das Polymerpulver kleiner des Schwellenwertes, bei dem ein Aufschmelzen bzw. eine Koaleszenz der Polymerpartikel stattfindet, erfolgt keine Konsolidierung der Polymerpartikel. Nach Überschreiten des Schwellenwertes steigt mit zunehmendem Energieeintrag der Aufschmelzgrad eines jeden Polymerpartikels bzw. die Koaleszenz der Polymerpartikel bis zu einem Optimum an, wodurch sich die Bauteildichte erhöht bzw. die Porosität verringert. Bei einer weiteren Erhöhung des Energieeintrags erfolgt ab einer gewissen Höhe eine Zersetzung des Polymers, was zu einer Bildung von runden Poren mit eingeschlossenem Zersetzungsgas führt. [WEG15, S. 25]

Die sich dadurch ausbildende Bauteilstruktur bestimmt im Wesentlichen die Bauteileigenschaften. [BOU14, BEN20]. Relevante Aspekte sind hierbei u.a. Porosität der Bauteile, Aufschmelzgrad bzw. Verschmelzungsgrad der Polymerpartikel, Kristallinitätsgrad sowie Kristallmorphologie.

<u>Porosität</u>
Untersuchungen von [VAN10] mittels im LS aus PA 12 gefertigter Bauteile zeigen, dass die Risse, die zum Versagen der Bauteile führen, primär an Einschlüssen bzw. Poren initiiert werden. Grundsätzlich ist bekannt, dass sowohl die Geometrie als auch die Topologie von Defekten wie Poren eines Bauteils einen wesentlichen Einfluss auf dessen mechanische Eigenschaften besitzt [GRO16]. Untersuchungen von [STI17, STI18] zeigen, dass die Geometrie und Topologie der Poren von mittels im PBF/P gefertigter Bauteile stark über Faktoren wie u.a. Anlagentechnik, Pulvermaterialien und einzelne Prozessparameter variieren. Meist liegt jedoch eine komplanare Anordnung und/oder Orientierung der Poren im Bauteil in Relation zur Schichtausrichtung vor. Bei senkrechter Belastung zur komplanaren Anordnung kann dies zu einer wesentlichen Beeinflussung des Versagensverhaltens

führen. Grundlegend gilt, je komplanarer die Poren, desto gerichteter und schneller die Rissausbreitung. Daher tragen die komplanare Anordnung sowie die Orientierung der Poren im Bauteil wahrscheinlich auch wesentlich zu einer Anisotropie der Bauteile bei. Untersuchungen von [SIN20] bestätigen dieses Verhalten und zeigen des Weiteren auf, dass die Anisotropie bzw. die Porenmorphologie abhängig von der Bauteildicke ist. Ursache hierfür ist zum einen der auf Grund der geringen Schichtanzahl niedrigere Energieeintrag (Akkumulation der Energie bzw. Wärme über die Schichten) und zum anderen der in Relation zur Gesamtfläche steigende Anteil des Randflächenbereichs, der einen deutlich geringeren Aufschmelzgrad und damit eine höhere Porosität aufweist. Bezüglich des Einflusses der Randflächenporosität zeigen Untersuchungen [NOR18, S. 100], dass durch eine bspw. chemische Nachbearbeitung der Oberfläche und damit Reduzierung der Randflächenporosität die mechanischen Eigenschaften deutlich verbessert werden können. Auch weitere Untersuchungen wie u.a. [BLA12, DUP12, LEI12, CAU07] zeigen, dass die Rissausbreitung von der Ausrichtung der Schichtstruktur und damit von der komplanaren Anordnung sowie Orientierung der Poren beeinflusst wird. Grundsätzlich wird davon ausgegangen, dass es sich bei der komplanaren Anordnung sowie Orientierung der Poren, um eine Art Zwischenschichtporosität handelt [DUP12, LEI12]. Untersuchungen von [STI17] widerlegen dies jedoch.

Bezüglich des Zusammenhangs zwischen den mechanischen Eigenschaften von mittels PBF/P gefertigter Bauteile und deren Porendichte (Verhältnis Porenanzahl zu definiertem Bereich) konnte von [STI17, STI18] eine Korrelation nachgewiesen werden. So führt eine höhere Porendichte grundlegend zu einer höheren Wahrscheinlichkeit eines mechanischen Versagens bzw. steigt die Zugfestigkeit und Bruchdehnung mit abnehmender Porendichte. Ein Zusammenhang zwischen der Gesamtporosität (Verhältnis Porenvolumen zu (Bauteil-)Gesamtvolumen) und den mechanischen Eigenschaften der Bauteile konnte von [STI18, STI17] nicht nachgewiesen werden. Hintergrund hierfür ist, dass die im Bauteil vorliegende Porengröße meist kleiner ist als die kritische Rissgröße, bei der ein Risswachstum initiiert wird. Das mechanische Verhalten der Bauteile wird daher anfänglich durch eine unterkritische bzw. stabile Rissausbreitung bestimmt, welche bei Erreichen der kritischen Rissgröße in eine überkritische bzw. instabile Rissausbreitung übergeht. Auch zeigte sich, dass bei gleicher Porendichte bis zu einer bestimmten Gesamtporosität die Porengröße und damit auch eine höhere Gesamtporosität keinen relevanten Einfluss auf die mechanischen Eigenschaften hat. [STI17, STI18]

<u>Aufschmelz- bzw. Verschmelzungsgrad der Polymerpartikel</u>

Verschiedenste Untersuchungen wie u.a. [ZAR06, LEX17, VAN10, STI17] zeigen, dass die mittels PBF/P gefertigten Bauteile häufig Bereiche aufweisen, in denen die einzelnen Polymerartikel beim Prozess nicht bzw. nur teilweise aufgeschmolzen wurden. Diese Bereiche ergeben sich, wenn die Polymerpartikel einen zu niedrigen Energieeintrag erfahren, um aufzuschmelzen bzw. komplett aufzuschmelzen. Tendenziell liegt in Relation zur Schichtausrichtung eine orthogonale Änderung des Aufschmelzgrades und damit eine parallele Ausrichtung der Bereiche vor. Es wird angenommen, dass diese Bereiche einen entscheidenden Einfluss auf das mechanische Verhalten der Bauteile besitzen, da der kontaktierte Bereich zwischen solchen Partikeln und damit der sich tatsächlich ergebende Verschmelzungsgrad der Polymerpartikel tendenziell klein ist. Dies führt bei einer Belastung senkrecht zur Ausrichtung dieser Bereiche zu einer deutlich geringeren Duktilität und damit zu einer Anisotropie der Bauteile. [STI17]

Aufgrund des Vorhandenseins von nicht aufgeschmolzenen Polymerpartikeln und aufgeschmolzenen Polymerpartikeln liegen auch unterschiedliche Kristallformen bzw. Kristallinitäten im Bauteil vor. So besitzen die nicht aufgeschmolzenen Polymerpartikel eine andere Kristallform bzw. Kristallinitäten als die während des Prozesses aufgeschmolzenen und rekristallisierten Polymerpartikel bzw. deren Schmelze [ZAR06].

Kristallinität
Aufgrund der isothermen Prozessführung (vgl. Unterabschnitt 2.4.4) verweilt die Polymerschmelze länger auf einem hohen Temperaturniveau und erfährt eine deutlich geringere Abkühlgeschwindigkeit als bspw. bei einer Verarbeitung im Spritzguss. Dies führt bei teilkristallinen Thermoplasten u. a. zu einem höheren Kristallinitätsgrad [ZHU15] und einer relativ großen sphärolithischen Kristallstruktur [SCH 22b, S. 120]. Hierdurch weisen die mittels PBF/P gefertigten Bauteile meist niedrigere Bruchdehnungen, Zähigkeiten und Glasübergangstemperaturen auf [ZHU15]. Des Weiteren zeigten mehrere Untersuchungen, dass die im Bauteil vorliegende Kristallinität vom Prozess bzw. von mehreren Prozessparametern wie u.a. dem selektiven Energieeintrag [GRI10], der T_P [GRI10] oder der Abkühlgeschwindigkeit [CRA18] abhängig ist. Tendenziell führt bei diesen Untersuchungen die prozessseitig eingestellte bzw. sich ergebende höhere Kristallinität zu einer geringeren Bruchdehnung und Schlagzähigkeit der Bauteile. Bezüglich der sich ausbildenden Struktur der Kristallite wird des Weiteren vermutet, dass die Pulverschichtgrenzen evtl. als eine natürliche Grenze für wachsende Kristallite fungieren können. Dadurch würde die Kristallisation bevorzugt in den einzelnen Pulverschichten stattfinden, wodurch sich keine schichtübergreifende Kristallstruktur bildet [SCH 22b, S. 121].

2.5 High Speed Sintering

Um das HSS tiefgreifend zu verstehen, wird nachfolgend dessen Stand der Erkenntnisse ausführlich erläutert. Zuerst werden hierfür die Prozesskette und der Prozessablauf des HSS grundlegend beschrieben. Anschließend liegt der Fokus auf dem schichtweisen Bauteilaufbau. Hierfür werden Theorien zur Wärmeübertragung, die relevanten prozessseitigen Einflussgrößen und die bestehenden Modelle zum Energieeintrag detailliert erläutert. Abschließend wird auf die prozessspezifischen Anforderungen bzw. die daraus abgeleiteten zu erfüllenden wesentlichen Eigenschaften von Polymerpulver und Tinte eingegangen.

2.5.1 Prozesskette und Prozessablauf

Der Ablauf der Fertigung von Bauteilen mittels des HSS, ausgehend von der STL-Datei der Bauteile bis zum fertigen Bauteil, kann analog zu der in Abschnitt 2.1 definierten Prozesskette der Verfahren der additiven Fertigung, in einzelne Prozessschritte eingeteilt werden (vgl. Abbildung 3). Der additive Fertigungsprozess besteht, wie für die Verfahren des PBF/P typisch, aus drei Prozessphasen (vgl. Abschnitt 2.1). Nachfolgend werden die einzelnen Prozessschritte bzw. Prozessphasen des HSS im Kontext der in dieser Arbeit verwendeten HSS-Maschine VX200 HSS erläutert.

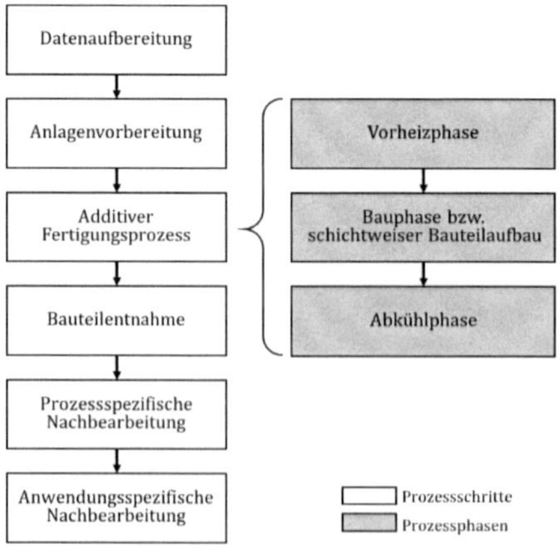

Abbildung 3: Prozessschritte und Prozessphasen des HSS

Datenaufbereitung

Ausgangsbasis für die Aufbereitung der Daten für den additiven Fertigungsprozess des HSS bilden STL-Dateien der Bauteile. Mit diesen wird in einer Software zur Daten- und Bauvorbereitung der Baujob erstellt. Hierbei werden die Bauteile im Bauraum positioniert und ausgerichtet. Besonders zielführend ist es, die prozessbedingte Anisotropie der Bauteile vor dem Hintergrund der Anwendung der Bauteile zu berücksichtigen. So sinken bspw. grundsätzlich die mechanischen Kennwerte der Bauteile für Zugfestigkeit, Bruchdehnung und Elastizitätsmodul mit zunehmendem Neigungswinkel zur x-y-Ebene bzw. Bauplattform [PEZ24, S. 107 f., ELL 15a]. Weitere Aspekte, die bei der Positionierung der Bauteile im Bauraum berücksichtig werde sollten, sind u.a.: die Realisierung einer möglichst gleichmäßigen Bauteilfläche bzw. Fläche des selektiven Energieeintrags je Schicht (thermische Wechselwirkung), die Einhaltung von prozessspezifischen Mindestabständen zwischen Bauteilen (thermische Wechselwirkung) sowie die Realisierung geringer Baujobhöhen (Produktivität). Nach der Erstellung des Baujobs wird dieser von der Software, abhängig von der gewählten SD, in einzelne Schichten gesliced. Ergebnis ist eine Rastergrafik-Datei je Schicht und eine XML-Datei, die alle baujobspezifischen Infos für die Durchführung der Bauphase enthält. Die Bilddateien definieren dabei für die einzelnen Schichten die Bereiche der Pulverbettoberfläche, auf die eine Applikation der Tinte und damit der selektive Energieeintrag erfolgen soll. Durch eine Anpassung der Graustufe (GS) auf Voxel-Ebene kann die Menge an applizierter Tinte bzw. die Tintenmenge (TM) und damit die Höhe des selektiven Energieeintrags eingestellt werden (vgl. Unterabschnitt 2.5.3).

Anlagenvorbereitung

Im Rahmen der Anlagenvorbereitung werden die Rastergrafik-Datei und XML-Datei in die Ansteuerungssoftware der HSS-Maschine geladen. Ergänzend dazu werden alle weiteren Prozessparameter, die nicht in der XML-Datei enthalten sind, direkt in die HSS-Maschine eingegeben. Des Weiteren wird die HSS-Maschine mit Polymerpulver (Rohstoff) und Tinte (Hilfsstoff) befüllt. Das eingefüllte Polymerpulver bildet üblicherweise eine Pulvermischung aus neuem und gebrauchtem Polymerpulver. Gebrauchtes Pulver entspricht dabei Pulver, das mindestens einmal als Ausgangspulver im Prozess verwendet wurde. Dieses wird vor der Wiederverwendung bzw. dem Mischen mit dem Neupulver gesiebt, um eine definierte Maximalkorngröße nicht zu überschreiten. Aus wirtschaftlicher Sicht ist es das Ziel, nur so viel Neupulver zu verwenden, wie durch den Baujob verbraucht wird. In der Praxis entspricht dies einem Pulvermischungsverhältnis (PMV) zwischen 80/20 kg/kg bis 70/30 kg/kg (Gebrauchtpulver/Neupulver). Das Polymerpulver wird jedoch im Prozess mechanisch und thermisch beansprucht, wodurch sich eine Veränderung seiner Eigenschaften ergeben kann. Daher ist es wichtig, beim PMV auf eine geeignete und reproduzierbare Pulverqualität zu achten.

Additiver Fertigungsprozess

Die Prozessführung des additiven Fertigungsprozesses des HSS bzw. der aktuell auf dem Markt befindlichen HSS-Maschinen basiert weitestgehend auf dem Modell des isothermen LS bzw. PBF/P, welches in Unterabschnitt 2.4.4 erläutert wurde. Abbildung 4 zeigt schematisch die drei Prozessphasen (Vorheizphase, Bauphase und Abkühlphase) des additiven Fertigungsprozesses des HSS inkl. der einzelnen zyklischen Schritte des schichtweisen Bauteilaufbaus. Alle diese erfolgen bei Umgebungsdruck und Umgebungsatmosphäre. Die entstehenden Prozessgase werden kontinuierlich abgesaugt.

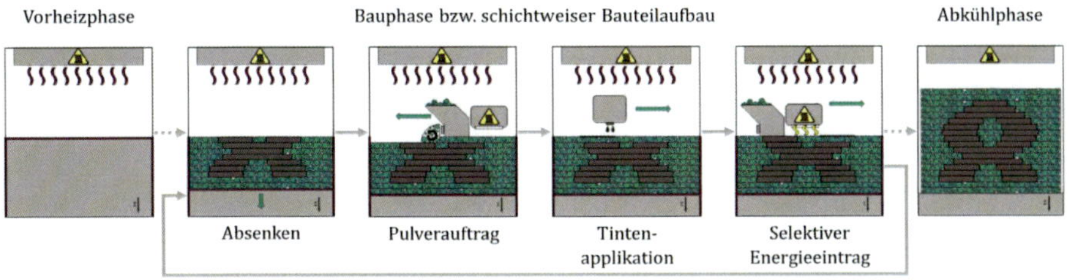

Abbildung 4: Prozessphasen sowie zyklische Schritte der Bauphase bzw. des schichtweisen Bauteilaufbaus des HSS

Vorheizphase
In der Vorheizphase wird der Bauraum vorgeheizt, um geeignete thermische Bedingungen über den gesamten schichtweisen Bauteilaufbau zu gewährleisten. Hierfür wird zum einen die Bauplattform und deren unmittelbare Umgebung mittels integrierter Heizelemente (Bauplattformheizelemente) und der Overheadlampe (IR-Strahler) auf T_P gebracht. Die T_P liegt dabei in der Regel knapp unterhalb der Schmelz- bzw. Glasübergangstemperatur des zu verarbeitenden Polymerpulvers. Zum anderen werden die Wände des Bauraums mittels integrierter Heizelemente (Bauraumwandheizelemente) auf die maximal mögliche Bauraumwandtemperatur T_{BW} vorgeheizt, bei der ein Bewegen der Bauplattform bzw. des Pulverkuchens in z-Richtung (noch) keinen negativen Einfluss auf den Pulverkuchen bzw. die Pulverbettoberfläche aufgrund von Adhäsion besitzt. Die Dauer der Vorheizphase wird so gewählt, dass über den schichtweisen Bauteilaufbau möglichst ein thermischer Gleichgewichtszustand vorliegt und thermisch bedingte Dimensionsänderungen der Anlage bzw. des Bauraums ausgeschlossen werden. Vor dem Beginn des schichtweisen Bauteilaufbaus werden mehrere Schichten an Polymerpulver, sogenannte Leerschichten, aufgebracht, die keinen selektiven Energieeintrag erfahren. Diese dienen der Wärmeisolation, um während des schichtweisen Bauteilaufbaus und der Abkühlphase ein homogeneres Temperaturniveau zu realisieren.

Bauphase bzw. schichtweiser Bauteilaufbau
Zu Beginn eines jeden Zyklus des schichtweisen Bauteilaufbaus befindet sich die Pulverbettoberfläche im thermischen Gleichgewicht bei T_P. Maßgeblich für die Einstellung der T_P ist der Energieeintrag der Overheadlampe. Dieser wird schichtweise mittels eines Pyrometers geregelt, welches die Temperatur auf der Pulverbettoberfläche kurz vor der Überfahrt der Sinterlampe, punktuell bestimmt. Im ersten Schritt des Zyklus wird die Bauplattform in z-Richtung um eine SD abgesenkt (Absenken). Die standardmäßige SD beträgt im HSS zwischen 80 bis 120 µm. Im nächsten Schritt wird mittels eines Recoaters eine neue Schicht an Polymerpulver auf die Bauplattform bzw. die Pulverbettoberfläche aufgetragen (Pulverauftrag). Die Theorie des Pulverauftrags ist dabei nachfolgende: Aus dem Recoater wird bei der Überfahrt über das Pulverbett aufgrund von Vibration kontinuierlich loses Polymerpulver vor die Klinge des Recoaters ausgebracht. Aufgrund des Vorschubs des Recoaters bzw. der Klinge bildet sich vor dieser eine rotierende Pulverwalze in der das lose Polymerpulver fluidisiert wird. Aufgrund des Höhenunterschieds zwischen Pulverbett und Klinge wird die neue Schicht an Polymerpulver abgelegt. Die Parameter des Pulverauftrags werden stets so gewählt, dass eine maximal hohe Packungsdichte des Pulverbetts erzielt wird. Der Recoater wird zyklisch nach einer definierten Anzahl an Schichten mit neuem Polymerpulver befüllt. Im Recoater wird das Polymerpulver kontinuierlich temperiert, um eine möglichst isotherme Prozessführung bzw. einen möglichst geringen thermischen Schock beim Pulverauftrag zu realisieren. Hintergrund ist, dass ein thermischer Schock ein Kristallisieren der Schmelze der vorherigen Schicht initiieren kann [SCH 22b, S. 60]. Das Polymerpulver wird daher auf die maximal mögliche Temperatur gebracht, bei der eine Fließfähigkeit vorliegt, die eine geeignete Pulverbettoberfläche beim Recoaten ermöglicht. Diese liegt jedoch meist deutlich unterhalb der Kristallisationstemperatur bzw. T_K(onset) des Polymerpulvers. Daher muss anschließend die Pulverbettoberfläche bzw. das aufgetragene Polymerpulver schnell und homogen auf T_P gebracht werden, um möglichst isotherme Prozessbedingungen im Bereich der oberen Schichten zu realisieren. Dies erfolgt mittels der Overheadlampe und teilweise der Pre-Sinterlampe. Bei der Pre-Sinterlampe handelt es sich physisch um die Sinterlampe. Diese Lampe ist wie in Abbildung 4 schematisch dargestellt auf der gleichen Achse wie der Recoater installiert und befindet sich, bezogen auf die Fahrtrichtung beim Pulverauftrag, hinter dem Recoater. Daher kann die Pre-Sinterlampe genutzt werden, um direkt nach dem Pulverauftrag das frisch aufgetragene Pulver zu erwärmen. Auf die Pulverbettoberfläche wird anschließend mittels eines Druckkopfes Tinte selektiv an den Stellen des Pulverbetts appliziert, die verschmolzen werden sollen (Tintenapplikation). Die Tinte enthält einen Absorber bzw. ein strahlungsabsorbierendes Material (eng. Radiation Absorbing Material, RAM), das vor allem im Wellenlängenbereich der von der Sinterlampe emittierten Strahlung eine erheblich höhere Absorption als das Polymerpulver aufweist (vgl. Unterabschnitt 2.5.2). Im letzten

Schritt des schichtweisen Bauteilaufbaus fährt die Sinterlampe flächig über die Pulverbettoberfläche (selektiver Energieeintrag). Die Tinte bzw. das RAM absorbiert die von der Sinterlampe emittierte Strahlungsenergie, so dass aufgrund von Wärmeübertragung das damit benetzte Polymerpulver abrupt einen Temperaturanstieg über seinem Schmelzpunkt T_m bzw. T_m(onset) erfährt und aufschmilzt. Danach fließen die einzelnen aufgeschmolzenen Partikel möglichst homogen bei Umgebungsdruck zusammen. Der Energieeintrag der Sinterlampe in das Polymerpulver, auf das keine Tinte aufgetragen wurde, ist niedriger, so dass dieses nicht aufschmilzt. Die Tinte bzw. Trägerflüssigkeit des RAM verdampft idealerweise durch den Energieeintrag der Sinterlampe möglichst vollständig, so dass dieses die Bauteilstruktur bzw. die Bauteileigenschaften nicht beeinflusst. Nach dem selektiven Energieeintrag sinkt die Temperatur des aufgeschmolzenen Polymerpulvers bzw. der Schmelze rasch und unkontrolliert auf T_P ab. Da die T_P ausgehend von einem höheren Temperaturniveau durch Abkühlen erreicht wird und der Kristallisationspunkt bzw. T_K(onset) des Polymerpulvers nicht unterschritten wird, findet theoretisch keine Erstarrung des aufgeschmolzenen Polymerpulvers statt (vgl. Unterabschnitt 2.4.4). In der Schicht liegt das Polymer(-pulver) daher in zwei Phasen – festes Polymerpulver und (unterkühlte) Polymerschmelze – bei gleicher Temperatur (Prozesstemperatur T_P) vor. Anschließend beginnt ein neuer Zyklus des schichtweisen Bauteilaufbaus. Dies erfolgt so lange, bis der Bauteilaufbau abgeschlossen ist. Die einzelnen Schichten wandern dabei sukzessive im Bauraum nach unten (z-Richtung). Dabei sind diese thermischen Wechselwirkungen ausgesetzt, wodurch eine Kristallisation und Erstarrung der Schmelze erfolgen kann (vgl. Unterabschnitt 2.4.4). Während der Bauphase bzw. des schichtweisen Bauteilaufbaus dient das im Bauraum befindliche nicht aufgeschmolzene Pulver als Stützfunktion für die Schmelze bzw. Bauteile. Daher kann auf verfestigte Stützstrukturen verzichtet werden. Nach dem Ende des zyklischen schichtweisen Bauteilaufbaus bzw. der Fertigstellung der Bauteile werden mehrere Leerschichten an Polymerpulver aufgetragen. Diese dienen als Wärmeisolation, um das Abkühlverhalten des Baujobs zu homogenisieren.

Abkühlphase
Nach dem Ende des schichtweisen Bauteilaufbaus besitzt der Pulverkuchen aufgrund der beheizten Bauraumwände und Bauplattform nach wie vor ein Temperaturniveau nahe der T_P [JOS19]. In der Abkühlphase wird der Pulverkuchen durch ein kontinuierliches Reduzieren der Leistung von Overheadlampe, Bauplattform- und Bauraumwandheizelementen in der HSS-Maschine und später teilweise außerhalb der Anlage abgekühlt. Grundsätzlich ist ein möglichst homogenes Abkühlen des Pulverkuchens bzw. der Bauteile sinnvoll, um einen Verzug der Bauteile zu vermeiden [FAH13].

<u>Bauteilentnahme</u>
Die Bauteilentnahme erfolgt in der Regel ab einer Temperatur des Pulverkuchens bzw. der Bauteile, bei der eine thermische Beeinflussung der Bauteile aufgrund von Abkühlbedingungen nicht mehr möglich ist. Die Bauteilentnahme aus dem Pulverkuchen sowie das Entfernen von an den Bauteilen (leicht) anhaftendem Polymerpulver erfolgt händisch. Bei Bauteilen gefertigt aus diversen TPE hat sich in der Praxis gezeigt, dass die Temperatur des Pulverkuchens, bei der die Bauteilentnahme (Entnahmetemperatur, T_E) bzw. Pulverentfernung stattfindet, einen Einfluss auf die Entfernung des anhaftenden Polymerpulvers besitzen kann. Tendenziell führt eine höhere T_E zu einer besseren Entfernung des anhaftenden Polymerpulvers. Das Polymerpulver des Pulverkuchens wird anschließend aufbereitet und dem Prozess als gebrauchtes Polymerpulver wieder zugeführt.

<u>Prozessspezifische Bauteilnachbearbeitung</u>
Im Rahmen der prozessspezifischen Nachbearbeitung werden die Bauteile von stärker anhaftenden Pulverrückständen mittels Druckluft sowie Kunststoff- oder Glasperlenstrahlen befreit.

<u>Anwendungsspezifische Bauteilnachbearbeitung</u>
Werden die anwendungsspezifischen Anforderungen an die Bauteile mittels der prozessspezifischen Nachbearbeitung nicht erfüllt, können diverse anwendungsspezifische Nachbearbeitungsschritte durchgeführt werden. Dies sind bspw. mechanisches und chemisches Glätten, Färben oder auch die Anwendung von subtraktiven Verfahren zur Erzeugung von Funktionsflächen. So führt bspw. eine

chemische Oberflächenbehandlung von im HSS aus TPE gefertigten Bauteilen neben einer besseren Oberflächengüte [NOR18, S. 96 ff.] auch zu einer höheren Zugfestigkeit und Bruchdehnung sowie einem höheren E-Modul [NOR18, S. 100].

2.5.2 Theorien zur Wärmeübertragung beim schichtweisen Bauteilaufbau

Wie Unterabschnitt 2.5.1 entnommen werden kann, besitzen die während des schichtweisen Bauteilaufbaus stattfindenden Wärmeübertragungsvorgänge bzw. deren Wechselwirkungen einen entscheidenden Einfluss. Abbildung 5 zeigt schematisch die relevanten Wärmeübertragungsvorgänge auf, die während des schichtweisen Bauteilaufbaus zwischen den thermischen Energiequellen (Sinterlampe, Pre-Sinterlampe, Overheadstrahler, Bauplattform- und Bauraumwandheizelemente), dem Polymerpulver, der Tinte bzw. dem RAM und der Prozessatmosphäre auftreten.

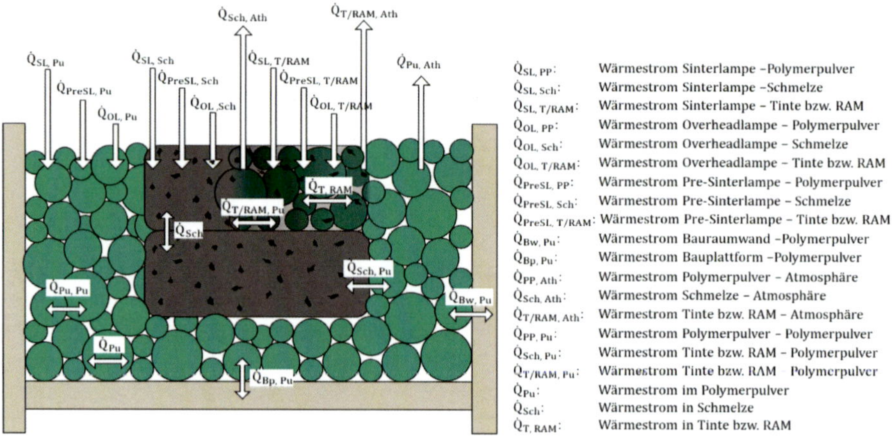

Abbildung 5: Schematische Darstellung der während des schichtweisen Bauteilaufbaus auftretenden Wärmeübertragungsvorgänge bzw. Wärmeströme

Nachfolgend werden zur Gewinnung eines besseren Verständnisses für die während des schichtweisen Bauteilaufbaus vorliegenden entscheidenden Wärmeübertragungsvorgänge zwei Theorien aufgestellt. Aus terminologischer Sicht ist zu berücksichtigen, dass beim PBF/P bezogen auf die übertragene bzw. eingetragene Energie, wie bspw. die von der Sinterlampe in das Polymerpulver, in der Regel von dem sogenannten Energieeintrag gesprochen wird (vgl. Unterabschnitt 2.4.5).

<u>Theorie zum Energieeintrag in das Pulverbett</u>

Der Energieeintrag in die Pulverbettoberfläche bzw. die oberste Schicht des Pulverbetts erfolgt beim HSS primär durch die Overheadlampe und Sinterlampe. Die Overheadlampe dient dem Aufheizen einer neuen Schicht auf T_P sowie dem anschließenden Halten der Temperatur der Schicht auf T_P, so dass diese möglichst im thermischen Gleichgewicht ist. Der Wellenlängenschwerpunkt der von der Overheadlampe emittierten Strahlungsenergie liegt daher in einem Wellenlängenbereich, in dem das Polymerpulver eine hohe Absorption besitzt. Des Weiteren bedarf es in diesem Wellenlängenbereich auch einer geeigneten Transmission des Polymerpulvers, um einen Energieeintrag in z-Richtung des Pulverbetts zu realisieren, so dass über die oberste Schicht ein homogenes Temperaturniveau bei T_P vorliegt. Die Sinterlampe hingegen dient dem selektiven Energieeintrag bzw. dem selektiven Aufschmelzen des Polymerpulvers. Ein Energieeintrag der Sinterlampe in das Polymerpulver, welches nicht aufgeschmolzen werden soll, muss weitestgehend vermieden werden, um das thermische Gleichgewicht zu wahren bzw. eine Überschreitung des T_m(onset) zu vermeiden. Der Wellenlängenschwerpunkt, der von der Sinterlampe emittierten Strahlungsenergie liegt daher in einem Wellenlängenbereich, in dem die Tinte bzw. das RAM eine hohe Absorption und das Polymerpulver eine niedrige Absorption und Transmission bzw. eine hohe Reflektion besitzt. Aus dieser Theorie ergeben sich zwei essentielle Voraussetzungen: So muss im Wellenlängenbereich in dem die Sinterlampe primär Strahlungsenergie emittiert zum einen ein ausreichend großer Unterschied zwischen der Absorption von Polymerpulver und Tinte bzw. RAM und zum anderen eine per se sehr geringe Absorption und Transmission bzw. sehr hohe Reflektion des Polymerpulvers vorliegen. [GÜN18]

Theorie zur Wärmeübertragung von Tinte bzw. RAM zum Polymerpulver

Der Großteil der eingebrachten Energie der Sinterlampe in das Polymerpulver für das selektive Aufschmelzen (selektiver Energieeintrag) erfolgt indirekt über die Tinte bzw. des RAM. Daher hat die Wärmeübertragung der von der Tinte bzw. dem RAM absorbierten bzw. aufgenommenen Energie zum Polymerpulver eine entscheidende Bedeutung für den Prozess. Einen wesentlichen Einfluss auf die Wärmeübertragung hat die Verteilung der Tinte bzw. des RAM im Pulverbett sowie die Kontaktierung der Tinte bzw. des RAM mit den einzelnen Polymerpartikeln. Bisher gibt es kaum Erkenntnisse darüber, welche Verteilung und Kontaktierung optimale Prozessbedingungen ermöglichen. Auch gibt es keine validen Erkenntnisse über das Verdampfungsverhalten der Tinte bzw. die Trägerflüssigkeit des RAM während des Prozesses und dessen Einfluss auf den Prozess.

Untersuchungen von [MAJ08] zeigen, dass die Übertragung der Wärmeenergie von Tinte bzw. RAM zu Polymerpulver sowie Polymerschmelze stark lokal begrenzt ist. So führte eine Erhöhung des Energieeintrags durch die Sinterlampe in die Tinte bzw. das RAM bei gleicher Verteilung von Tinte bzw. RAM im Pulverbett nicht zu einem tieferen Energieeintrag in das Pulverbett (z-Richtung) bzw. zu einer Zunahme der Aufschmelztiefe. Grundsätzlich kann aus diesen Erkenntnissen gefolgert werden, dass bezogen auf einen definierten Bereich die Verteilung der Tinte bzw. des RAM im Polymerpulver einen entscheidenden Einfluss auf das Aufschmelzen des Polymerpulvers und damit auf die Bauteileigenschaften besitzt. Liegt bspw. ein sehr geringes Verteilungs- bzw. Ausbreitungsverhalten vor und die Tinte bzw. das RAM befindet sich daher „nur" auf der Oberfläche des Polymerpulvers, führt dies wahrscheinlich zu einem inhomogenen Energieeintrag bzw. einem abnehmenden Energieeintrag über die Schicht in z-Richtung. Dies kann zu einem inhomogenen Aufschmelzen und einer ungeeigneten Verbindung bzw. Verschmelzung der einzelnen Schichten und damit zu anisotropen Bauteileigenschaften führen (vgl. Unterabschnitt 2.4.7). Ein sehr hohes Verteilungs- bzw. Ausbreitungsverhalten kann hingegen bspw. dazu führen, dass die Tinte bzw. das RAM sich über die gewünschten aufzuschmelzenden Bereiche hinaus verteilt. Dies kann zu einem Aufschmelzen nicht gewünschter Bereiche des Polymerpulvers führen, was einen negativen Einfluss auf die Form- und Maßhaltigkeit der Bauteile besitzt.

Einen wesentlichen Einfluss auf die Verteilung der Tinte bzw. das RAM im Polymerpulver hat zum einen die thermische Eigenschaft der Tinte und zum anderen die Interaktion von Polymerpulver und Tinte. Das RAM besitzt aufgrund der Dimension seiner einzelnen Partikel ein hohes Agglomerationsverhalten und eine relativ schlechte Rieselfähigkeit. Es wird daher vermutet, dass das RAM nur in Suspension der Tinte ein geeignetes Verteilungs- bzw. Ausbreitungsverhalten im Polymerpulver besitzt. Daher hat auch das Verdampfungsverhalten der Tinte im Prozess einen wesentlichen Einfluss. So wird dadurch im Wesentlichen bestimmt, über welchen Zeitraum sich das RAM nach Ausbringung aus dem Druckkopf in Suspension der Tinte befindet und welche Menge der Trägerflüssigkeit im Bauteil verweilt bzw. Teil des Bauteils wird. Bezüglich des zweiten Aspekts folgerte [PEZ24, S. 125], dass eine beobachtete signifikante Abnahme der mechanischen Eigenschaften bei Überschreiten einer gewissen applizierten Tintenmenge durch ein nicht mehr vollständiges Verdampfen der Tinte verursacht wird. In der Praxis wird daher auf Basis des aktuellen Wissenstands nachfolgendes Verdampfungsverhalten der Tinte angestrebt: So soll bei T_P möglichst kein Verdampfen der Tinte bzw. der Trägerflüssigkeit erfolgen. Dagegen soll die Tinte bzw. die Trägerflüssigkeit beim Temperaturniveau, welches beim selektiven Energieeintrag vorliegt, möglichst vollständig verdampfen. Dies wird angestrebt, um einen später im Bauteil befindlichen Anteil an Tinte bzw. Trägerflüssigkeit so weit wie möglich zu vermeiden.

Einfluss auf die Verteilung der Tinte im Pulverbett sowie die Kontaktierung der Tinte mit den Pulverpartikeln besitzt das Benetzungsverhalten. Ein Maß für das Benetzungsverhalten bildet der Kontaktwinkel δ [EHR21, S. 131]. Der Kontaktwinkel δ ist definiert als Winkel, den die Oberfläche einer Flüssigkeit mit der Oberfläche eines Feststoffs bildet, wobei es sich um denjenigen Winkel handelt, der von der Flüssigkeit eingeschlossen wird [EHR21, S. 130]. Dieser ist bei geschütteten Pulvern und Flüssigkeiten u.a. von der Beschaffenheit bzw. Porosität des Pulvers (Kapillarkonstante) sowie von der Viskosität, Dichte und Oberflächenspannung der Flüssigkeit abhängig [EHR21, S. 160 f.]. Die molekular betrachteten Kräfte, welche die Oberflächenspannungen bestimmen, sind disperse Bindungen (disperser Anteil) zwischen fluktuierenden Dipolen (van-der-Waals-Wechselwirkung) und polare Bindungen (polarer Anteil) zwischen permanenten Dipolen bzw. permanenten und fluktuierenden Dipolen [EHR21, S. 125]. Bei Kontakt zwischen Festkörper und Flüssigkeit bestimmt die Übereinstimmung der polaren und dispersen Anteile des Festkörpers und der Flüssigkeit die Adhäsion (Haftung) beider [EHR21, S. 125]. Je besser diese Anteile proportional zueinander passen, desto höher die Adhäsion und damit desto kleiner der Kontaktwinkel bzw. besser die Benetzung. Unter thermodynamischer Betrachtung und folglich der Gesamtenergie des Systems gilt, je geringer die Oberflächenspannung der Flüssigkeit oder je höher die Oberflächenenergie des Festkörpers, desto besser die Benetzung [EHR21]. Erste Untersuchungen bezüglich des Benetzungsverhaltens von Tinten im HSS führte [WIL21] durch. Bei diesen zeigte sich, dass der sich ausbildende Kontaktwinkel δ, bei gleicher Tinte, stets spezifisch für das verwendete Polymerpulver ist. Der Kontaktwinkel δ wurde dabei mittels dynamischer Messung optisch an einem auf dem Pulver „liegenden" Tintentropfen ermittelt. Des Weiteren konnte eine Korrelation zwischen dem ermittelten Kontaktwinkel δ und der Farbe (Farbton, Farbsättigung und Leuchtdichte) von im HSS gefertigten Bauteilen nachgewiesen werden. Diese zeigt, dass mit zunehmendem Kontaktwinkel δ die Helligkeit der Bauteile steigt.

Des Weiteren führt [BHA20] eine Verringerung der Porosität von im HSS gefertigter Bauteile u.a. auf einen verbesserten Wärmetransport im Polymerpulver bzw. Polymerpulver-Tinten-Gemisch zurück, der sich aufgrund einer Erhöhung der Tintenmenge ergibt. Als Ursache wird vermutet, dass mit steigender Tintenmenge zum einen ein größeres Volumen der Hohlräume zwischen den einzelnen Pulverpartikeln im Pulverbett gefüllt wird und zum anderen die Pulverpartikel aufgrund der sich ergebenden Flüssigkeitsbrücken stärker angezogen werden. Flüssigkeitsbrücken sind in diesem Kontext Ansammlungen von Flüssigkeiten niedriger Viskosität im Kontaktbereich von Partikeln [SCH19, S. 35]. Die von Flüssigkeitsbrücken zwischen zwei Partikeln bestehende Haftkraft ist neben dem Abstand und der Größe der einzelnen Partikel von der Flüssigkeitsmenge abhängig [SCH19, S. 36 f.]. Daher hat vermutlich auch die Menge der Tinte einen Einfluss auf die Wärmeleitfähigkeit λ_W bzw. den selektiven Energieeintrag in das Polymerpulver.

2.5.3 Prozessseitige Einflussgrößen beim schichtweisen Bauteilaufbau

Aus den Unterabschnitten 2.5.1 und 2.5.2, insbesondere der dort beschriebenen wesentlichen Wärmeübertragungsvorgänge, können die relevanten prozessseitigen Einflussgrößen des schichtweisen Bauteilaufbaus des HSS abgeleitet werden. Die bisher veröffentlichten Untersuchungen, die diese betrachten und in Relation zu ausgewählten Bauteileigenschaften setzen, sind in Tabelle 1 gelistet. Wie dieser entnommen werden kann, analysiert nur eine geringe Anzahl an Untersuchungen die Wechselwirkung der prozessseitigen Einflussgrößen. Auch ist zu erkennen, dass die meisten Untersuchungen mit PA 12 durchgeführt wurden. Nachfolgend werden die einzelnen Einflussgrößen definiert und deren Einfluss auf die Bauteileigenschaften erläutert.

Tabelle 1: Bisher durchgeführte Untersuchungen zu den prozessseitigen Einflussgrößen des HSS und deren Effekte auf die Bauteileigenschaften

		Einflussgröße									Zielgröße									
Untersuchung	**Polymer**	SLL	SLG	Pre-SLL	Pre-SLG	T_P	T_{BW}	T_R	TM	SD	Zugfestigkeit	Elastizitätsmodul	Bruchdehnung	Weiterreißwiderstand	Härte	Bauteildichte	Bauteilporosität	Oberflächengüte	Form- & Maßhaltigkeit	**Versuchsmethodik**
[HOP04]	PA 12	X	X						X		X	X	X							E
[MAJ07]	PA 12	X				X					X	X	X							E
[NOR14]	TPE		X			X					X	X	X					X		E
[ELL14]	PA 12								X		X	X	X							E
[NOB14]	PA 12								X		X	X	X			X				E
[ELL 15b]	TPE								X		X	X	X		X	X				E
[ROU16]	PA 12	X									X	X	X			X	X			E
[BRO 18b]	TPE		X			X			X		X	X	X					X		E
[NOR18]	PA 12								X		X	X	X			X			X	E
	TPE	X	X	X	X	X	X	X			X	X	X	X	X			X	X	E
[BHA20]	PMMA								X		X	X	X			X	X		X	E
[FOX19]	PP		X	X		X	X		X		X	X	X						X	E
[ZHU 20a]	PA 12	X	X						X		X		X				X	X		T
[ZHU 20b]	PA 12		X								X	X	X			X	X			E
[PEZ 22a]	PA 12								X		X	X	X		X				X	E
[WIM23]	TPE	X	X			X			X		X	X	X		X				X	S
[PEZ24]	PA 12	X	X	X		X		X	X	X	X	X	X		X				X	S, VF

E: Einzelversuche
S: Screening Plan
T: Taguchi Plan
VF: vollfaktorieller Plan

<u>Prozesstemperatur</u>

Die T_P entspricht der Temperatur der Pulverbettoberfläche bzw. des Messpunktes auf der Pulverbettoberfläche. Die Einstellung der T_P sowie der hauptsächliche Energieeintrag dafür erfolgt mittels der Overheadlampe. Dessen Leistung bzw. Bestrahlungsstärke wird schichtweise mittels eines Pyrometers geregelt (vgl. Unterabschnitt 2.5.1). Je höher die T_P desto höher die Energiedichte des Polymerpulvers an sich.

Wie in Unterabschnitt 2.4.4 ausführlich erläutert, bedarf es für eine geeignete isotherme Prozessführung eine T_P im Bereich des Sinterfensters des Polymerpulvers. Konkret für das HSS liegen bisher nachfolgende Erkenntnisse vor: So zeigen Untersuchungen von [FOX19] mit Polypropylen (PP), dass eine zu niedrige T_P zu einem Curling der gefertigten Schichten bzw. der späteren Bauteile führt. Untersuchungen von [BRO 18b] mit TPE zeigen, dass ab einem Schwellenwert eine zunehmende T_P zu einer Zunahme an Pulveranhaftungen an den Bauteilen und der Pulverkuchenhärte und damit auch zu einer Verringerung der Menge an wiederverwendbarem Polymerpulver führt. Des Weiteren zeigen die Untersuchungen von [BRO 18b], dass eine Steigerung der T_P grundsätzlich zu einer Zunahme von Zugfestigkeit, Bruchdehnung und Elastizitätsmodul führt.

Sinterlampenleistung

Die Sinterlampenleistung (SLL) entspricht der elektrischen Leistung, mit der die Sinterlampe beim selektiven Energieeintrag angesteuert wird. Sie bestimmt damit die Bestrahlungsstärke, die die Pulverbettoberfläche durch die Sinterlampe beim selektiven Energieeintrag erfährt. Eine Erhöhung der SLL führt tendenziell zu einer Erhöhung des selektiven Energieeintrags.

Untersuchungen von [WIM23] mit TPE bzw. Polyetherblockamid (PEBA) zeigen, dass im untersuchten Wertebereich eine Erhöhung der SLL zu einer Steigerung von Dichte, Zugfestigkeit, Bruchdehnung, Elastizitätsmodul und Härte sowie zu einer Abnahme der Formhaltigkeit der Bauteile führt. Gleiches Verhalten für Zugfestigkeit, Bruchdehnung und Elastizitätsmodul stellte auch [MAJ07] für PA 12 fest. Im von [ROU16] untersuchten Wertebereich der SLL zeigte sich des Weiteren, dass ab einem Schwellenwert eine weitere Erhöhung der SLL zu keiner signifikanten Änderung von Dichte, Porosität und Zugfestigkeit sowie zu einer Abnahme von Bruchdehnung und Elastizitätsmodul der Bauteile führt. Auch zeigte sich, dass ab dem Überschreiten eines Schwellenwerts der SLL eine weitere Erhöhung, zu einer Zunahme an Pulveranhaftungen [PEZ24, S. 98] an den Bauteilen sowie einer Zunahme der Pulverkuchenhärte [THO06, MAJ07] führt.

Sinterlampengeschwindigkeit

Die Sinterlampengeschwindigkeit (SLG) entspricht der Geschwindigkeit, mit der sich die Sinterlampe über die Pulverbettoberfläche beim selektiven Energieeintrag bewegt. Sie bestimmt damit die Bestrahlungsdauer, die die Pulverbettoberfläche durch die Sinterlampe beim selektiven Energieeintrag erfährt. Eine Erhöhung der SLG führt tendenziell zu einer Verringerung des selektiven Energieeintrags.

Die von [NOR14] durchgeführten Untersuchungen mit TPE zeigen, dass im untersuchten Wertebereich, eine Verringerung der SLG zu einem Anstieg von Zugfestigkeit, Bruchdehnung und Elastizitätsmodul führt. Dieses Verhalten beobachtete ebenfalls für TPE [BRO 18b] und für PA 12 [ZHU 20b]. Des Weiteren zeigte sich bei [BRO 18b] sowie bei [FOX19, S. 56] für PP, dass ab einem gewissen Schwellenwert eine weitere Verringerung der SLG zu einer Zunahme an Pulveranhaftungen an den Bauteilen sowie einer Zunahme der Pulverkuchenhärte führt. Bei Untersuchungen von [FOX19, S. 70] zeigte sich darüber hinaus, dass ein Schwellenwert existiert, ab dem eine Verringerung der SLG zu einer Verringerung von Zugfestigkeit und Bruchdehnung der Bauteile führt. Bezüglich der Bauteildichte zeigte sich, dass im untersuchten Wertebereich eine Erhöhung der SLG zu einer Erhöhung der Bauteildichte führt [ZHU 20b].

Tintenmenge

Die TM entspricht der Menge an Tinte bzw. RAM, die bei der Tintenapplikation des schichtweisen Bauteilaufbaus durch den Druckkopf auf eine definierte Fläche appliziert wird. Eine Erhöhung der TM führt tendenziell zu einer Erhöhung der Absorption des Polymerpulver-Tinten- bzw. RAM-Gemisches bis zum realisierbaren Maximum und damit zu einer Erhöhung des selektiven Energieeintrags. Die TM wird in der Praxis mittels zweier verschiedener Arten eingestellt: Mittels GS (Einstellung des Tropfenvolumens bzw. Anzahl an Tropfen pro Voxel) sowie mittels Dithering (Rastern von Tropfen mit unterschiedlicher GS) [PEZ24].

Untersuchungen von [WIM23] mit PEBA zeigen, dass mit steigender TM die erzielten Werte für Bauteildichte, Zugfestigkeit, Bruchdehnung, Elastizitätsmodul und Härte erst ansteigen und ab einem individuellen Schwellenwert wieder leicht abnehmen. Gleiches Verhalten für Zugfestigkeit, Bruchdehnung und Elastizitätsmodul beobachtete ebenfalls [BRO 18a] für ein TPE. Auch Untersuchungen mit PA 12 [NOB14, NOR18, S. 112, PEZ 22a], PP [FOX19, S. 150] und PMMA [BHA20] zeigten ein ähnliches Verhalten, für die jeweils untersuchten Kennwerte. Ein Einfluss der TM auf die Pulverkuchenhärte konnte nicht festgestellt werden [BRO 18a]. Ursache hierfür ist wahrscheinlich, dass die TM keinen relevanten Einfluss auf den Energieeintrag in das Polymerpulver hat, auf das keine Tinte bzw. RAM appliziert wurde. Es zeigte sich jedoch, dass mit zunehmender TM die Pulveranhaftung an den Bauteilen steigt [NOR18, S. 121].

Schichtdicke
Die SD entspricht der Höhe, um die sich die Bauplattform in z-Richtung beim Absenken nach unten bewegt. Sie bestimmt damit die Höhe bzw. Dicke einer Polymerpulverschicht. Eine Erhöhung der SD führt tendenziell zur Verringerung des selektiven Energieeintrags, bezogen auf das Volumen einer Schicht, welches aufgeschmolzen werden soll.

Untersuchungen von [PEZ24, S. 98] mit PA 12 zeigen, dass mit zunehmender SD die Bauteildichte abnimmt. Des Weiteren zeigte sich bei [PEZ24, S. 104], dass die SD aufgrund des Treppenstufeneffekts einen relevanten Einfluss auf die Oberflächenrauheit der Bauteile besitzt.

Pre-Sinterlampenleistung
Die Pre-Sinterlampenleistung (Pre-SLL) entspricht der elektrischen Leistung, mit der die Pre-Sinterlampe beim Pulverauftrag des schichtweisen Bauteilaufbaus angesteuert wird. Sie bestimmt damit die Bestrahlungsstärke, die die Pulverbettoberfläche durch die Pre-Sinterlampe beim Pulverauftrag erfährt. Eine Erhöhung der Pre-SLL führt daher tendenziell zu einem höheren Energieeintrag in das direkt davor aufgetragene Polymerpulver. Hierdurch ist u.a. eine schnellere Erwärmung des aufgetragenen Polymerpulvers auf T_P möglich. Des Weiteren führt eine Erhöhung der Pre-SLL bei einer Transmission der Strahlung durch die aufgetragene Polymerpulverschicht zu einer Erhöhung des Energieeintrags vorheriger Schichten, besonders auf das dort applizierte RAM.

Zum Einfluss der Pre-SLL auf die Bauteileigenschaften kann anhand der bisher durchgeführten Untersuchungen [NOR18, FOX19, PEZ24], bei denen die Pre-SLL jedoch nicht im Fokus der Untersuchungen stand, keine endgültige Aussage getroffen werden. Die Untersuchungen von [FOX19] zeigten lediglich, dass mit Zunahme der Pre-SLL die Pulverkuchenhärte steigt.

Recoatertemperatur
Die Recoatertemperatur (T_{Rec}) entspricht der Temperatur, auf die der Recoater und damit tendenziell das Polymerpulver vor dem Schritt Pulverauftrag der Bauphase aufgeheizt wird. Je höher die T_{Rec} desto höher ist die Energiedichte des Polymerpulvers bei seiner Auftragung.

Die T_{Rec} wird in der Praxis auf die maximal mögliche Temperatur eingestellt, bei der eine Fließfähigkeit vorliegt, die eine geeignete Pulverbettoberfläche beim Recoaten ermöglicht, um eine möglichst isotherme Prozessführung bzw. einen möglichst geringen thermischen Schock beim Pulverauftrag zu realisieren (vgl. Unterabschnitt 2.5.1). Untersuchungen zum Einfluss der T_{Rec} auf den schichtweisen Bauteilaufbau bzw. die Bauteileigenschaften sind nicht bekannt.

Fazit
Aus den Ausführungen dieses Unterabschnitts und der Unterabschnitte 2.5.1 und 2.5.2 kann gefolgert werden, dass die erläuterten prozessseitigen Einflussgrößen einen direkten Einfluss auf den Energieeintrag in das Polymerpulver besitzen und daher in Wechselwirkung stehen. Daher ist es zielführend, für die Realisierung gewünschter Bauteileigenschaften und prozessseitiger Aspekte die Wechselwirkungen zu berücksichtigen. Bisher gibt es nur wenige Untersuchungen [PEZ24, WIM23], welche spezifisch diese Wechselwirkungen analysieren. Erste aufgestellte Modelle zur Beschreibung des selektiven Energieeintrags und zur Bestimmung der Wechselwirkung der Einflussgrößen des selektiven Energieeintrags werden in Unterabschnitt 2.5.5 erläutert und diskutiert.

2.5.4 Einfluss der Bauteilstruktur

Wie in Unterabschnitt 2.4.7 erläutert, sind die Eigenschaften der mittels PBF/P gefertigten Bauteile im Wesentlichen von der in den Bauteilen vorliegenden Struktur bzw. Bauteilstruktur abhängig. Die dort erläuterten Ergebnisse wurden primär im LS gewonnen. Die vorhandenen prozessseitigen Unterschiede zwischen HSS und LS (vgl. Unterabschnitt 2.4.1) können einen relevanten Einfluss auf die Bauteilstruktur besitzen, weshalb bei einer Übertragung der Erkenntnisse die prozessspezifischen Aspekte berücksichtigt werden müssen. Unterschiede, die einen wesentlichen Einfluss auf die Bauteilstruktur besitzen können, sind u.a. die Dauer des selektiven Energieeintrags (Energieeintragsdauer) bezogen auf eine Volumeneinheit und die Art des selektiven Energieeintrags bzw. der Wärmeübertragung von der thermischen Energiequelle in das Polymerpulver. Hierbei kann sich besonders von dem in Abhängigkeit der Verteilung der Tinte bzw. des RAM im Polymerpulver lokal eingestellten selektiven Energieeintrag ein großer Einfluss auf die Bauteilstruktur ergeben (vgl. Unterabschnitt 2.5.2).

Für das HSS gibt es aktuell nur vereinzelte Untersuchungen, die sich explizit mit der Bauteilstruktur befassen. Diese analysieren stets die Bauteilstruktur im Kontext des selektiven Energieeintrags, der anhand der SLL [ROU16, ZHU 20b], der TM [ELL14, BHA20, NOB14] oder durch Kombination von SLL, TM und SLG [ZHU 20a] variiert wurde. Wie den Ausführungen in Unterabschnitt 2.4.6 und 2.4.7 entnommen werden kann, haben bei den Verfahren des PBF/P neben dem selektiven Energieeintrag jedoch noch weitere Faktoren einen wesentlichen Einfluss auf die Bauteilstruktur.

<u>Einfluss von Porosität</u>
Detaillierte Untersuchungen zur Porosität von im HSS gefertigten Bauteilen sind bisher lediglich von [ZHU 20b, ZHU 20a] durchgeführt worden. Bei diesen wurde die Porosität anhand von aus PA 12 mit unterschiedlichen selektiven Energieeinträgen gefertigten Bauteilen mittels Computertomographie und Quecksilberporosimetrie analysiert. Eine Analyse der Verteilung der Tinte bzw. des RAM im Polymerpulver war nicht Teil der Untersuchung. Daher konnte dieser Faktor bei der Auswertung der Ergebnisse nicht mitberücksichtigt werden und ist bezüglich der nachfolgenden Ausführungen zu beachten. Die Ergebnisse der Untersuchungen zeigten stets eine inhomogene Topologie und Geometrie der Poren. Dies zeigte sich zum einen bezogen auf das gesamte Bauteil und zum anderen bezogen auf die einzelnen Schichten. Bezogen auf die einzelnen Schichten wird zwischen Poren, die innerhalb einer Schicht (Interschicht-Poren) vorliegen und Poren, die sich über mehrere Schichten erstrecken (schichtübergreifende Poren), unterschieden. Die Interschicht-Poren weisen eine komplanare Anordnung im Bauteil in Relation zur Schichtausrichtung auf und liegen tendenziell an der in Aufbaurichtung unteren Grenzfläche der Schicht. Ursache hierfür ist wahrscheinlich, dass sich der Energieeintrag in das Polymerpulver in z-Richtung bzw. mit zunehmender Tiefe der Schicht verringert. Wie in Unterabschnitt 2.4.6 erläutert, führt ein geringerer Energieeintrag zu einer geringeren Koaleszenz und damit höheren Porosität. So zeigte sich auch, dass im Kontext eines abnehmenden Energieeintrags sich zuerst primär Interschicht-Poren bilden, die dann in schichtübergreifende Poren übergehen. Dies impliziert auch eine Steigerung des durchschnittlichen Porenvolumens mit abnehmendem Energieeintrag. Bezogen auf das gesamte Bauteil erfolgt im Kontext eines abnehmenden Energieeintrags tendenziell eine Bildung von Poren von außen nach innen. Ursache hierfür bilden wahrscheinlich nachfolgende Aspekte: So erfolgt aufgrund des unterschiedlichen Temperaturniveaus zwischen Bauteil und Polymerpulver bzw. zu verschmelzendem und nicht zu verschmelzendem Bereich des Polymerpulvers eine Wärmeübertragung zwischen diesen Bereichen. Dies hat besonders einen Einfluss auf das Temperaturniveau der Randbereiche eines Bauteils. Im Inneren des Bauteils hingegen findet eine Akkumulation der Energie bzw. Wärme über die einzelnen Schichten statt. Hierdurch stellt sich tendenziell im Randbereich ein niedrigeres Temperaturniveau als im Inneren des Bauteils ein. Wie in Unterabschnitt 2.4.6 erläutert, führt ein geringeres Temperaturniveau zu einer geringeren Koaleszenz und damit höheren Porosität.

Wenn Bauteilporosität bzw. –dichte und mechanische Bauteileigenschaften in Relation gesetzt werden, zeigt sich in den bisher vorhandenen Untersuchungen stets ein valider Zusammenhang. So steigt im Wesentlichen mit abnehmender Porosität bzw. steigender Bauteildichte die Zugfestigkeit [ROU16, BHA20, ZHU 20a, ZHU 20b], die Bruchdehnung [BHA20, ZHU 20a, ZHU 20b] und das Elastizitätsmodul [ZHU 20b] der Bauteile.

Poren aufgrund von Zersetzung bzw. Degradation des Polymers konnten von [ZHU 20b], auch bei den maximal verwendeten selektiven Energieeinträgen, nicht detektiert werden. Die Ursache hierfür liegt wahrscheinlich in nachfolgendem Aspekt [ZHU 20b]: So wird meist die Leistung der Sinterlampe nach oben begrenzt, um ein Verschmelzen des Polymerpulvers zu vermeiden, welches nicht verschmolzen werden soll. Daher wird der Prozess tendenziell mit einer SLL gefahren, die zu gering ist, um einen Energieeintrag zu realisieren, der zur Zersetzung bzw. Degradation des Polymers führt. Es ist jedoch nicht ausgeschlossen, dass bei einer Verwendung anderer Kombinationen der prozessseitigen Einflussgrößen oder eines anderen Polymerpulvers ein Energieeintrag realisiert werden kann, der eine Zersetzung bzw. Degradierung des Polymers ermöglicht. So zeigte sich bei [ROU16] und [FOX19, S. 70], dass ab einem gewissen Schwellenwert eine Erhöhung des Energieeintrags zu einer Verringerung der Zugfestigkeit [FOX19, S. 70] der Bruchdehnung [FOX19, S. 70, ROU16] und dem Elastizitätsmodul [ROU16] der Bauteile führt. Als Ursache wird in beiden Fällen eine Zersetzung bzw. Degradation vermutet.

Einfluss von Kristallinität und Aufschmelzgrad der Polymerpartikel
Untersuchungen von [ELL14, NOB14] analysierten den Einfluss der TM und damit des selektiven Energieeintrags auf die Kristallinität sowie den Aufschmelzgrad der Polymerpartikel von im HSS aus PA 12 gefertigten Bauteilen. Die Bestimmung des Aufschmelzgrads erfolgte über die Annahme, dass ein im Prozess voll aufgeschmolzener und rekristallisierter Polymerpartikel eine Kristallinität von 25 % und das Ausgangspolymerpulver eine Kristallinität von 47 % aufweist. Die Ergebnisse zeigen, dass kontinuierlich über den untersuchten Bereich mit steigender TM und damit wahrscheinlich mit steigendem selektiven Energieeintrag die Kristallinität der Bauteile von ca. 28 % auf 23 % sinkt. Bei einer Kristallinität der Bauteile von ca. 25 % und damit tendenziell bei einem vollständigen Aufschmelzen des Polymerpulvers wurde das erzielte Maximum an Zugfestigkeit und Elastizitätsmodul der Bauteile erreicht [ELL14]. Dementgegen nimmt die Bruchdehnung über den gesamten untersuchten Bereich stetig mit steigender Kristallinität ab [ELL14]. Auch [THO10] beobachtete eine Abnahme der Bruchdehnung mit abnehmender Kristallinität. Aufgrund dieses Verhaltens wird von [ELL14] vermutet, dass trotz einer Kristallinität von kleiner 25 %, im untersuchten Bereich keine Degradierung des Polymers erfolgte. Des Weiteren ist der ermittelte Bereich der Kristallinität (23 % bis 28 %) der Bauteile ähnlich dem, der bei im LS aus gleichem Polymerpulver gefertigten Bauteilen vorliegt. Daher wird von [ELL14] die These aufgestellt, dass die Tinte bzw. das RAM keinen großen Einfluss auf die Kristallinität besitzt.

2.5.5 Modelle zum Energieeintrag beim schichtweisen Bauteilaufbau

Wie in Unterabschnitt 2.5.3 und 2.5.4 erläutert, hat der selektive Energieeintrag einen bzw. den wesentlichen Einfluss auf die Bauteileigenschaften. Daher wurden bereits erste Modelle zur Beschreibung des selektiven Energieeintrags und zur Bestimmung der Wechselwirkungen der Einflussgrößen des selektiven Energieeintrags aufgestellt.

Energy Absorption Value
Thomas [THO10] definierte den Kennwert des sogenannten Energy Absorption Value (EAV). Der EAV-Wert entspricht dem Integral des Produkts aus dem spektralen Emissionsgrad der Sinterlampe und der spektralen Absorption der Tinte bzw. des RAM über eine Wellenlänge λ von 400 bis 2500 nm. Anhand von im HSS gefertigten Bauteilen aus PA 12 mittels Tinten unterschiedlicher spektraler Absorption, wurde nachgewiesen, dass der EAV-Wert mit den Bauteileigenschaften korreliert. So führt ein höherer EAV-Wert zu einer höheren Zugfestigkeit, Bruchdehnung und einem höheren Elastizitätsmodul. Dies lässt darauf schließen, dass mit Zunahme des EAV-Werts das Volumen der aufgeschmolzenen Partikel steigt. Das Weiteren konnte nachgewiesen werden, dass ein höherer EAV-Wert zu einem höheren im Prozess aufgeschmolzenen Anteil eines jeden Polymerpartikel (engl. Degree of Particle Melt, DPM) bzw. einem kleineren nicht im Prozess aufgeschmolzenen Anteil der Polymerpartikel führt. Zusammenfassend kann daher der Schluss gezogen werden, dass mit einem steigenden EAV-Wert auch der selektive Energieeintrag steigt. Eine ganzheitliche Betrachtung der Wechselwirkungen des selektiven Energieeintrags ermöglicht der EAV-Wert jedoch nicht, da der Aspekt des Polymerpulvers nicht berücksichtigt wird und die spektrale Absorption bei diesem Ansatz die Summe der Absorption und Transmission der Tinte bzw. des RAM bildet [NOR18].

Sinterlampenenergieeintrag

Zhu [ZHU 20b] nutzt für die Berechnung des Sinterlampenenergieeintrags pro Flächeneinheit Gleichung 8.

$$E_{Sinterlampe} = \frac{P_{Sinterlampe}}{v_{Sinterlampe}\, L_{Sinterlampe}} \tag{8}$$

mit
- $E_{Sinterlampe}$ Sinterlampenenergieeintrag pro Flächeneinheit [J/mm²]
- $P_{Sinterlampe}$ Sinterlampenleistung [W]
- $v_{Sinterlampe}$ Sinterlampengeschwindigkeit [mm/s]
- $L_{Sinterlampe}$ Beheizte Länge der Sinterlampe [mm]

Anhand von im HSS gefertigten Bauteilen aus PA 12 mittels unterschiedlicher SLG wurde nachgewiesen, dass der nach Gleichung 8 bestimmte Energieeintrag ins Polymerpulver mit den Bauteileigenschaften korreliert. So sinkt grundsätzlich die Porosität und steigt die Zugfestigkeit, die Bruchdehnung und das Elastizitätsmodul mit zunehmendem Sinterlampenenergieeintrag pro Flächeneinheit $E_{Sinterlampe}$. Hieraus kann gefolgert werden, dass der über die Gleichung 8 berechnete Sinterlampenenergieeintrag pro Flächeneinheit $E_{Sinterlampe}$ auch mit dem tatsächlichen Energieeintrag in einem gewissen Maße in Relation steht. Jedoch wird bei diesem Ansatz der Aspekt der Tinte bzw. des RAM und des Polymerpulvers nicht berücksichtigt. [ZHU 20b]

HSS Energy Density-Modell

Norazman stellt in [NOR18] das HSS Energy Density (HSS_{ED})-Modell auf, welches die beim selektiven Energieeintrag in das Polymerpulver eingebrachte Energie beschreibt. Das HSS_{ED}-Modell hat neben der Quantifizierung der eingebrachten Energie in den Bereich des Polymerpulvers, auf dem die Tinte bzw. RAM appliziert wurde, auch den Anspruch, die Differenz der eingebrachten Energie zwischen den Bereichen des Polymerpulvers, die verschmolzen und denen die nicht verschmolzen werden sollen, zu quantifizieren. Auf Basis einer schematischen Betrachtung der beim schichtweisen Bauteilaufbau vorliegenden Wärmeübertragung wurden die im HSS_{ED}-Modell zu berücksichtigenden Faktoren (vgl. Abbildung 6) und die dem HSS_{ED}-Modell zugrundeliegende Gleichung 9 zur Energieerhaltung definiert.

Sinterlampe	**Pre-Sinterlampe**	**Tinte bzw. RAM**	**Polymerpulver**
- Leistung	- Leistung	- Massenanteil RAM in Tinte	- Schüttdichte
- Geschwindigkeit	- Geschwindigkeit	- Spektrale Absorption RAM	- Partikelgröße
- Abstand zum Pulverbett	- Abstand zum Pulverbett	- (Applizierte) Tintenmenge	- Temperatur bzw. T_P
- Spektrale Bestrahlungsstärke	- Spektrale Bestrahlungsstärke		- Spektrale Absorption
			- Spezifische Wärmekapazität

Abbildung 6: Im HSS_{ED}-Modell berücksichtigte Faktoren

$$Q_{GESAMT} = Q_{PP\,Sint} + Q_{PP\,Pre-Sint} + Q_{RAM} - Q_{WVP} - Q_{WVL} \tag{9}$$

mit
- $Q_{PP\,Sint}$ Energie bzw. Wärme der Sinterlampe, die von Polymerpulver absorbiert wird [J]
- $Q_{PP\,Pre\text{-}Sint}$ Energie bzw. Wärme der Pre-Sinterlampe, die vom Polymerpulver absorbiert wird [J]
- Q_{RAM} Energie bzw. Wärme der Sinterlampe, die von Tinte bzw. RAM absorbiert und an Polymerpulver weitergeleitet wird [J]
- Q_{WVPP} Energie- bzw. Wärmeverlust an umgebende Polymerpulver [J]
- Q_{WVL} Energie- bzw. Wärmeverlust an umgebende Prozessatmosphäre [J]

Unter Berücksichtigung diverser Annahmen und Randbedingungen vereinfacht [NOR18] Gleichung 9 wie nachfolgend (vgl. Gleichung 10).

$$Q_{GESAMT} = Q_{PP\,Sint} + Q_{PP\,Pre-Sint} + Q_{RAM} \tag{10}$$

Anhand theoretischer Betrachtungen bezogen auf die Oberfläche eines einzelnen Voxels, wurde von [NOR18] Gleichung 11 zur Berechnung der eingebrachten Energie bzw. Wärme definiert. Diese eingesetzt in Gleichung 10 ergibt Gleichung 12 zur Bestimmung der HSS_{ED} [NOR18].

$$Q = \int_{\lambda_1}^{\lambda_2} E_\lambda \, d\lambda \, P \left(\frac{{r_1}^2}{{r_2}^2}\right) A \, \frac{w}{v} \tag{11}$$

$$\begin{aligned} HSS_{ED} = \Bigg[\left(\int_{\lambda_1}^{\lambda_2} E_{1\lambda}, d\lambda \right) \left(\frac{{r_1}^2}{{r_2}^2}\right) (A_{PP}) \Bigg(P_{Pre-Sint} \frac{w}{v_{Pre-Sint}} \\ + P_{Sint} \frac{w}{v_{Sint}} \Bigg) \Bigg] \Bigg[\left(\int_{\lambda_1}^{\lambda_2} E_{\lambda 2}, d\lambda \right) (P_{Sint}) \left(\frac{{r_1}^2}{{r_2}^2}\right) (A_{RAM}) \left(\frac{w}{v_{Sint}}\right) \Bigg] \end{aligned} \tag{12}$$

mit	Q	Energie bzw. Wärme [J]
	E_λ	Effektive spektrale Bestrahlungsstärke [W/m²nm]
	λ	Wellenlänge [mm]
	P_{Sint}	Sinterlampenleistung [%]
	$P_{Pre\text{-}Sint}$	Pre- Sinterlampenleistung [%]
	r_1	Abstand zwischen Pre- bzw. Sinterlampe und Detektor bei Messung der spektralen Bestrahlungsstärke [m]
	r_2	Abstand zwischen Pre- bzw. Sinterlampe und Pulverbettoberfläche [m]
	A_{PP}	Fläche des Polymerpulvers bezogen auf eine Voxeloberfläche [m²]
	A_{RAM}	Fläche des RAM bezogen auf eine Voxeloberfläche [m²]
	w	Breite eines einzelnen Voxels [m]
	$v_{PRE\text{-}Sint}$	Pre-Sinterlampengeschwindigkeit [m/s]
	v_{Sint}	Sinterlampengeschwindigkeit [m/s]

Die effektive spektrale Bestrahlungsstärke $E_{1\lambda}$ und $E_{2\lambda}$ wird dabei durch Integration der Produktkurve aus der spektralen Bestrahlungsstärke der Pre- bzw. Sinterlampe und der spektralen Absorption des Polymerpulvers bzw. der Tinte bzw. des RAM berechnet [NOR18, S. 144].

Zur Validierung des HSS_{ED}-Modells wurden im HSS aus PA 12 Bauteile mit unterschiedlichen Sinterlampen und damit auch Pre-Sinterlampen, welche unterschiedliche effektive spektrale Bestrahlungsstärken E_λ aufweisen, und TM gefertigt. Wie auf Basis des HSS_{ED}-Modells erwartet, steigt mit Zunahme der eingetragenen Energie die Zugfestigkeit bis zu einem Schwellenwert an. Nach Überschreiten des Schwellenwertes bzw. weiterer Erhöhung der eingetragenen Energie sinkt die Zugfestigkeit wieder ab. Das Absinken der Zugfestigkeit wird durch eine Degradation des Polymers aufgrund der relativ hohen eingetragenen Energie begründet. Dieses Verhalten wurde ebenfalls auf Basis des Modells vorhergesagt. Der tatsächliche Verlauf der Abnahme der Zugfestigkeit in Relation zur eingetragenen Energie unterscheidet sich jedoch von dem des HSS_{ED}-Modells. Des Weiteren wurde die Maßgenauigkeit der Bauteile im Kontext der Differenz der eingetragenen Energie zwischen zu verschmelzenden und nicht zu verschmelzenden Bereichen des Polymerpulvers betrachtet. Hier zeigte sich eine positive Korrelation zwischen der Bauteildimension in y- und z-Richtung. Ausgehend von einer Energiedifferenz, bei der das Optimum vorliegt, führt eine Verringerung der Energiedifferenz zu einer Abnahme und eine Erhöhung zu einer Zunahme der Dimension der Bauteile. Als Hintergrund hierfür wird die Wärmeübertragung an der Grenzfläche zwischen zu verschmelzenden und nicht zu verschmelzenden Bereichen genannt. So nimmt, vor dem Hintergrund einer konstanten T_P, mit zunehmender Energiedifferenz, die Dimension des Bereichs, in dem die Schmelztemperatur überschritten wird, zu. Wie oben erwähnt, bezieht sich das HSS_{ED}-Modell auf die flächig in das Pulverbett eingebrachte Energie, was einen Vergleich auf Volumenebene nicht ermöglicht, was bspw. bei unterschiedlichen SD relevant ist. [NOR18]

2.5.6 Polymerpulver

Wie besonders den Unterabschnitten 2.4.4, 2.4.6, 2.5.1 und 2.5.2 entnommen werden kann, stellt die Charakteristik des PBF/P bzw. des HSS spezifische Anforderungen an das zu verarbeitende Polymerpulver. Nachfolgend werden die daraus abgeleiteten, vom Polymerpulver zu erfüllenden, relevanten Eigenschaften erläutert. Bisher gibt es jedoch kaum Untersuchungen die sich spezifisch mit Anforderungen bzw. den relevanten Eigenschaften des Polymerpulvers für das HSS beschäftigen. Daher wird bei den Erläuterungen teilweise auf allgemeingültige Erkenntnisse der jeweiligen Fachdisziplinen zurückgegriffen. Abschließend wird in diesem Unterabschnitt auf bisher im HSS verarbeitete Polymerpulver eingegangen.

<u>Relevante Eigenschaften</u>
Die für das HSS relevanten Eigenschaften der Polymerpulver können grundsätzlich in Polymereigenschaften und Pulvereigenschaften eingeteilt werden. Die Pulvereigenschaften werden im Wesentlichen durch den Pulverherstellungsprozess bestimmt [SCH 22b, S. 116]. Die Polymereigenschaften können des Weiteren in thermische, optische, rheologische und Benetzbarkeits-Eigenschaften eingeteilt werden. Diese werden vor allem von der molekularen Struktur des Polymers bestimmt [SCH 22b, S. 116].

Thermische Eigenschaften
Wie den Ausführungen aus Unterabschnitt 2.4.4 entnommen werden kann, besitzt das Schmelz- und Kristallisationsverhalten einen entscheidenden Einfluss auf die grundlegende Verarbeitbarkeit des Polymerpulvers im HSS. So ist ein geeigneter Abstand von Schmelz- zu Kristallisationsbereich bzw. T_m(onset) zu T_K(onset) des Polymers bei Prozessbedingung in Relation zur Temperatur notwendig [ALS00], welcher als Sinterfenster bezeichnet wird (vgl. Unterabschnitt 2.4.4). Aus thermodynamischer Sicht befindet sich das Sinterfenster im metastabilen Bereich der unterkühlten Schmelze. Faktisch kann das Polymer in diesem Bereich gleichzeitig in fester und flüssiger Phase vorliegen. Einen wesentlichen Einfluss auf das Temperaturniveau in der Bauphase bzw. beim schichtweisen Bauteilaufbau haben die Wärmekapazität c_p, die Kristallisationsenthalpie ΔH_K und die Wärmeleitfähigkeit λ_W des Polymers. So kann die im Polymer gespeicherte Energie bzw. Wärme und beim Kristallisieren entstehende Wärme besonders in der Abkühlphase zu lokal unterschiedlichen Temperaturniveaus führen, die einen Einfluss auf das Abkühlen der Bauteile und damit auf die Bauteileigenschaften besitzen. Die Wärmeleitfähigkeit λ_W des Polymers hat einen wesentlichen Einfluss auf die Verteilung der eingebrachten Energie bzw. Wärme des selektiven Energieeintrags im aufzuschmelzenden Polymerpulver bzw. späteren Bauteil. So bedarf es einer geeigneten Wärmeleitfähigkeit λ_W, um ein möglichst homogenes Temperaturniveau und damit ein geeignetes Verschmelzen über die gesamte Schicht und besonders der einzelnen Schichten zu erzielen. Die Schmelzenthalpie ΔH_m hat einen wesentlichen Einfluss auf die klare Trennung von Schmelze und Polymerpulver und damit auf die Kantenschärfe der Bauteile [ALS00]. Es gilt, dass eine höhere Schmelzenthalpie ΔH_m zu einer Verringerung eines Aufschmelzens von Polymerpulver in unmittelbarer Nähe des aufzuschmelzenden Pulvers bzw. an der Oberfläche der Bauteile führt. Dieser Aspekt hat besonders eine Relevanz beim selektiven Energieeintrag und aufgrund des sich über den Prozess ergebenden Wärmestaus am Rande der Bauteile, der sich durch eine höhere Wärmeleitfähigkeit λ_W der Bauteile im Vergleich zum losen Polymerpulver ergeben kann. [SCH 22b, S. 117 ff.]

Rheologische Eigenschaften der Schmelze
Wie in Unterabschnitt 2.4.6 beschrieben, hat auf die Koaleszenz bzw. das Verschmelzen der einzelnen Polymerpartikel im Wesentlichen die Oberflächenspannung σ und die (Null-)Viskosität μ der Schmelze des Polymers einen Einfluss. So bedarf es einer geringen Viskosität μ der Schmelze und niedrigen Oberflächenspannung σ, um ein geeignetes Zusammenfließen der Schmelze in dem relativ

kurzen Zeitfenster zu ermöglichen, um dadurch eine hohe Bauteildichte bzw. geringe Porosität zu realisieren.

Optische Eigenschaften
Die Anforderungen an die optischen Eigenschaften des Polymers ergeben sich im Wesentlichen aus der aufgestellten Theorie zum Energieeintrag in das Pulverbett (vgl. Unterabschnitt 2.5.2). So bedarf es zum einen einer hohen Absorption bzw. geringen Reflektion des Polymerpulvers im Wellenlängenbereich der von der Overheadlampe emittierten Strahlung und zum anderen einer geringen Absorption und Transmission bzw. hohe Reflektion des Polymerpulvers im Wellenlängenbereich der von der Sinterlampe primär emittierten Strahlungsenergie.

Benetzbarkeit
Wie in den Ausführungen zur aufgestellten Theorie zur Wärmeübertragung von Tinte bzw. RAM zum Polymerpulver (vgl. Unterabschnitt 2.5.2) erläutert, bedarf es für die Realisierung einer geeigneten Wärmeübertragung der von der Tinte bzw. dem RAM absorbierten Energie der Sinterlampe zum Polymerpulver einer geeigneten Verteilung der Tinte bzw. des RAM im Pulverbett sowie einer geeigneten Kontaktierung der Tinte bzw. des RAM mit den einzelnen Polymerpartikeln. Entscheidenden Einfluss darauf besitzt das Benetzungsverhalten der Tinte. Dieses ist von Seiten des Polymerpulvers im Wesentlichen von dessen Oberflächenenergie abhängig [EHR21, S. 160]. Die tatsächlich vorliegende Benetzung ist dabei immer Resultat der Wechselwirkung zwischen Tinte und Polymerpulver. Unter Betrachtung der molekularen Kräfte bedarf es daher einer geeigneten Übereinstimmung der polaren und dispersen Anteile der Tinte und des Polymerpulvers [EHR21, S. 125] oder unter thermodynamischer Betrachtung einer geringen Oberflächenspannung der Tinte bzw. einer hohen Oberflächenenergie des Polymerpulvers [EHR21, S. 127].

Pulvereigenschaften
Das sich beim Pulverauftrag ausbildende Pulverbett hat einen wesentlichen Einfluss auf die Bauteileigenschaften. Für die Realisierung von Bauteilen mit hoher Qualität bedarf es eines glatten, homogenen Pulverbetts mit einer hohen Packungsdichte [SCH 22b, S. 151]. Für die Ausbildung einer hohen Packungsdichte des Pulverbetts ist theoretisch eine hohe Sphärizität der Polymerpartikel erforderlich, da mit abnehmender Sphärizität die realisierbare Packungsdichte stark abnimmt [SCH 22b, S. 152 f.]. Aufgrund der Art des Pulverauftrags (vgl. Unterabschnitt 2.5.1) hat besonders die Fließfähigkeit des Polymerpulvers einen Einfluss auf das Pulverbett. So kann eine ungeeignete Fließfähigkeit des Polymerpulvers von einer geringen Packungsdichte des Pulverbetts über die Bildung von Streifen und Rissen im Pulverbett bis hin zu einem nicht realisierbaren Pulverauftrag (bspw. durch Verstopfung des Recoaters) führen. Eine zu geringe Menge an Polymerpulver pro Volumeneinheit des Pulverbetts führt beim Verschmelzen der einzelnen Polymerpartikel zu Hohlräumen, wie u.a. Poren und zu einer ungleichmäßigen Oberflächenstruktur der Bauteile [SCH 22b, S. 153].

Das vorliegende Fließverhalten eines Pulvers ist ein Resultat aus dem Verhältnis der zwischen den einzelnen Partikeln wirkenden Haftkräfte und den auf das Pulver einwirkenden Kräfte [SCH19]. Bei trockenen Pulvern mit hoher Feinheit bzw. geringer Partikelgröße, wie sie tendenziell beim HSS vorliegen, dominieren unter den Haftkräften Adhäsionskräfte aufgrund von van-der-Waals-Wechselwirkungen und elektrostatischen Kräften [SCH19, S. 34]. Die van-der-Waals-Kräfte beruhen auf den elektrischen Dipolmomenten der Atome und Moleküle. Ihre Stärke wird u. a. von der Partikelgröße und dem Partikelabstand bestimmt [SCH19, S. 34]. Die elektrostatischen Kräfte beruhen auf unterschiedlichen elektrischen Potenzialen, die sich zwischen den Partikeloberflächen ausbilden können [SCH19, S. 34]. Erfahrungsgemäß nimmt die Fließfähigkeit eines Pulvers mit zunehmender Feinheit bzw. mit abnehmender Partikelgröße ab [SCH19, S. 43]. Dies ist darauf zurückzuführen, dass die Anzahl der Partikelkontakte pro Flächeneinheit umgekehrt proportional zum Quadrat der Partikelgröße ist [SCH19, S. 214]. Bezüglich der Partikelgrößenverteilung hat sich in der Praxis gezeigt, dass eine breitere Partikelgrößenverteilung eine geringere Fließfähigkeit aufweist als eine engere Verteilung [SCH19, S. 214]. Hinsichtlich des Einflusses der Partikelform hat sich in der Praxis gezeigt, dass mit zunehmender Sphärizität die Fließfähigkeit zunimmt. Bei der im HSS vorliegenden Partikelgröße dominieren jedoch meist die Haftkräfte zwischen den Partikeln das Fließverhalten. Daher kann sich der Einfluss der Partikelgeometrie primär aus den durch die Partikelgeometrie resultierenden Kontaktflächen ergeben [SCH19, S. 251]. Darüber hinaus besitzen Faktoren wie Feuchtigkeit und Temperatur des Polymerpulvers einen relevanten Einfluss auf die Fließfähigkeit. Bei feuchten Pulvern dominieren die sich zwischen den Pulverpartikeln ausbildenden Flüssigkeitsbrücken die Haftkräfte [SCH19, S. 35]. Aufgrund des Temperaturniveaus beim HSS, wie bspw. im Recoater (vgl. Unterabschnitt 2.5.1), kann es zu Haftkräften zwischen den einzelnen Partikeln durch Zeitverfestigung (Caking) auf Basis von Sinterbrücken kommen [SCH19, S. 40].

Eine häufig für das PBF/P [SCH 22b, S. 168] bzw. dem HSS [NOR14] angewandte Möglichkeit zur Verbesserung der Fließfähigkeit der Polymerpulver ist die Verwendung von sogenannten Fließhilfsmitteln, die die zwischen den Partikeln wirkenden Haftkräfte reduzieren. Bei den typischerweise im HSS vorliegenden trockenen Pulvern mit hoher Feinheit bzw. geringer Partikelgröße, werden als Fließmittel hochdisperse Pulver wie bspw. Aerosil®-Typen eingesetzt [SCH 22b, S. 168]. Diese meist in sehr geringen Mengen zugegebenen Fließmittel wirken als eine Art Abstandshalter zwischen den einzelnen Partikeln [SCH19, S. 241]. Der Einfluss des Fließmittels auf die Fließfähigkeit des Pulvers ist abhängig von den Eigenschaften des Fließmittels selbst (u.a. Größe, hydrophop, hydrophil) und den des Polymerpulvers (u.a. chemischer Aufbau, Polarität, Partikelgrößenverteilung, Partikelgeometrie) bzw. deren Wechselwirkung [SCH 22b, S. 168].

Verarbeitete Polymerpulver

Nach derzeitigem Kenntnisstand kann keine valide Aussage darüber getroffen werden, ob speziell für das HSS entwickelte bzw. an die Charakteristik des HSS angepasste Polymerpulver am Markt verfügbar sind. Tendenziell handelt es sich bei den bisher im HSS verarbeiteten Polymerpulvern um speziell für das LS entwickelte Polymerpulver. Lediglich ein PA 12 (HSS-Pulver PA 12 Typ B) [VOX20], das von der voxeljet AG vertrieben wird, und ein TPU von Covestro [VOX22] wurden bisher für das HSS qualifiziert. Im Rahmen von wissenschaftlichen Untersuchungen, die meist nicht über erste Verarbeitungsversuche hinausgehen, wurden bisher neben PA 12 lediglich PA 11 [ELL 15a], PP [FOX19], Polyethylenterephthalat (PET) [PEZ 22b], Polymethylmethacrylat (PMMA) [BHA20] und verschiedene TPE-Typen betrachtet. Bei diesen TPE-Typen handelt es sich konkret um die Polymerpulver ALM TPE 210-S von Advanced Laser Materials [NOR18, NOR14, ELL 15b, HOP17], Eastman Amphora™ SP1621 von Eastman Chemical Company [BRO 18b], PrimePart ST (PEBA 2301) von EOS [WIL21] und INFINAM® TPA von Evonik Industries [WIM23]. Die wesentlichen Analysen, die mit diesen Polymerpulvern durchgeführt wurden, können Tabelle 1 und Tabelle 2 entnommen werden.

2.5.7 Tinte

Wie insbesondere den Unterabschnitten 2.5.1 und 2.5.2 entnommen werden kann, stellt der schichtweise Bauteilaufbau des HSS und die Verarbeitung bzw. Applikation der Tinte mittels eines Inkjet-Druckkopfs spezifische Anforderungen an die Tinte. Nachfolgend werden die daraus abgeleiteten von der Tinte zu erfüllenden relevanten Eigenschaften erläutert. Es ist dabei zu berücksichtigen, dass es bisher nur wenige Untersuchungen gibt, die sich spezifisch mit den Anforderungen an die Tinte für das HSS beschäftigen. Abschließend wird in diesem Unterabschnitt auf bisher im HSS verarbeitete Tinten eingegangen.

Relevante Eigenschaften

Die im HSS verwendeten Tinten bestehen grundsätzlich aus einer Trägerflüssigkeit bzw. einem Dispersionsmittel, dem RAM und diversen Additiven [PEZ24, S. 25]. Die Trägerflüssigkeit wird, wie in der in Unterabschnitt 2.5.2 aufgestellten Theorie zur Wärmeübertragung von Tinte bzw. RAM zum Polymerpulver beschrieben, benötigt, um eine geeignete Applikation des RAM zu ermöglichen. Die Additive dienen u.a. der Einstellung der dynamischen Viskosität und Oberflächenspannung der Tinte sowie der Stabilisierung bzw. homogenen Verteilung des RAM in der Tinte [PEZ24, S. 25].

Thermische Eigenschaften
Wie in der in Unterabschnitt 2.5.2 aufgestellten Theorie zur Wärmeübertragung von Tinte bzw. RAM zum Polymerpulver dargestellt, besitzt das Verdampfungsverhalten der Trägerflüssigkeit einen relevanten Einfluss auf den Prozess und die Bauteileigenschaften. In der Praxis wird daher auf Basis des aktuellen Wissenstands nachfolgendes Verdampfungsverhalten der Trägerflüssigkeit angestrebt: Bei Prozesstemperatur T_P soll möglichst kein und beim selektiven Energieeintrag vorliegenden Temperaturniveau ein möglichst vollständiges Verdampfen der Trägerflüssigkeit erfolgen. Des Weiteren bedarf es einer geeigneten Temperaturstabilität des RAM [PEZ24, S. 48]. So darf dieses sich nicht aufgrund des im Prozess vorherrschenden Temperaturniveaus dahingehend ändern, dass der selektive Energieeintrag oder die Bauteileigenschaften negativ beeinflusst werden.

Optische Eigenschaften
Gemäß der in Unterabschnitt 2.5.2 aufgestellten Theorie zur Wärmeübertragung von Tinte bzw. RAM zum Polymerpulver bedarf es einer hohen Absorption der Tinte bzw. des RAM im Wellenlängenbereich der von der Sinterlampe primär emittierten Strahlungsenergie. Tendenziell wird das Absorptionsverhalten der Tinte vom RAM bestimmt. Es muss jedoch berücksichtigt werden, dass auch die Trägerflüssigkeit einen Einfluss auf das Absorptionsverhalten bzw. das Reflexionsverhalten der Tinte besitzen kann.

Benetzbarkeit
Wie in den Ausführungen der in Unterabschnitt 2.5.2 aufgestellten Theorie zur Wärmeübertragung von Tinte bzw. RAM zum Polymerpulver erläutert, bedarf es für die Realisierung einer geeigneten Wärmeübertragung der von der Tinte bzw. dem RAM absorbierten Energie der Sinterlampe zum Polymerpulver einer geeigneten Verteilung der Tinte bzw. des RAM im Pulverbett sowie einer geeigneten Kontaktierung der Tinte bzw. des RAM mit den einzelnen Polymerpartikeln. Entscheidenden Einfluss darauf besitzt das Benetzungsverhalten der Tinte. Dieses ist von Seiten der Tinte im Wesentlichen von deren Viskosität, Dichte und Oberflächenspannung abhängig [EHR21, S. 160]. Die tatsächlich vorliegende Benetzung ist dabei immer Resultat der Wechselwirkung zwischen Tinte und Polymerpulver. Unter Betrachtung der molekularen Kräfte bedarf es daher einer geeigneten Übereinstimmung der polaren und dispersen Anteile der Tinte und des Polymerpulvers [EHR21, S. 125] oder unter thermodynamischer Betrachtung einer geringen Oberflächenspannung der Tinte bzw. einer hohen Oberflächenenergie des Polymerpulvers [EHR21, S. 127].

Weitere Eigenschaften
Üblicherweise verweilt das RAM im Bauteil bzw. bildet einen Bestandteil dessen. Ziel ist daher, dass das RAM keinen bzw. nur einen sehr geringen Einfluss auf die Bauteileigenschaften besitzt. Daher ist ein möglichst hohes Absorptionsvermögen des Polymerpulver-Tinten-Gemisches bei möglichst geringem Volumen des RAM erforderlich. Auch bedarf es einer geeignet hohen Anzahl an RAM-Partikeln in der Tinte, um eine möglichst homogene Verteilung des RAM in der Tinte bezogen auf kleinste Volumenelemente zu ermöglichen. Relevant ist auch das Mischungsverhältnis von Trägerflüssigkeit zu RAM. So bedarf es eines geeigneten Volumens an applizierter Tinte, um ein geeignetes Absorptionsvermögen des Polymerpulver-Tinten-Gemisches, eine geeignete Verteilung der Tinte bzw. des RAM im Pulverbett und eine geeignete Kontaktierung der Tinte bzw. des RAM mit den Pulverpartikeln zu erreichen.

<u>Verarbeitete Tinten</u>
Die Anzahl der bisher im HSS verarbeiteten bzw. spezifisch für die Anwendung im HSS analysierten Tinten ist relativ gering. So analysierte [THO10] zwei Tinten bezüglich ihrer Eignung für das HSS. Die als RAM A bezeichnete Tinte enthält als RAM Ruß (Massenanteil 10 %) und die als RAM C bezeichnete Tinte enthält als RAM einen nicht aus Kohlenstoff bestehenden Absorber (Massenanteil 5 %). Beide Tinten basieren auf der gleichen ölbasierten Trägerflüssigkeit. Des Weiteren vergleicht [FOX15] zwei Tinten (JetStream PC0777416 von SunChemical und LMOPI11AKK15 von Nazdar) anhand der damit im HSS gefertigten Bauteile. Sowohl die Tinte JetStream PC0777416 als auch die Tinte

LMOPI11AKK15 enthält Ruß als RAM. Den Unterschied zwischen den Tinten bildete u.a. die Trägerflüssigkeit. Weitere Angaben zur Charakteristik des RAM, der Trägerflüssigkeit oder der Additive wurden nicht gemacht. Die analysierten Bauteile wurden mit den gleichen Prozessparametern gefertigt. Bei diesen handelt es sich um in früheren Untersuchungen mit der Tinte JetStream PC0777416 ermittelte Prozessparameter. In der Summe weisen die Bauteile jedoch ähnliche Eigenschaften auf. Bei der aktuell in der VX200 HSS standardmäßig verwendeten Tinte handelt es sich um die Tinte voxeljet HSS Tinte Type B. Diese besteht im Wesentlichen aus einem Erdöldestillat (Trägerflüssigkeit) und Ruß (RAM) mit einem Massenanteil von 5,3 % [PEZ24, S. 65]. Bei allen oben genannten Tinten handelt es sich nicht um speziell für den HSS-Prozess ausgelegte oder angepasste Tinten.

Erste Untersuchungen zur Auswahl und Charakterisierung eines RAM speziell für das HSS stammen von [PEZ24]. Hierbei wurden unterschiedlichste Metalle, Keramiken sowie kohlenstoffbasierte Materialien bezüglich prozess- und bauteilseitiger sowie wirtschaftliche Anforderungen analysiert. Fokus der Anforderungen lag u. a. auf Temperaturstabilität, Absorptionsbereich, Absorptionsmaximum und Farbgebungseinfluss. Unter den untersuchten Materialien erfüllte Lanthanhexaborid (LaB_6) am besten die gestellten Anforderungen. Für die Formulierung einer geeigneten Tinte mit LaB_6 als RAM wurden Analysen mit drei mineralölfreien Trägerflüssigkeiten und vier RAM-Konzentrationen (Massenanteil <0,5 % und 0,5 % – <1,0 % und 1,0 % – <1,5 % und ≥1,5 %) durchgeführt. So wurde zum einen das Benetzungsverhalten der Trägerflüssigkeiten mittels Kontaktwinkelmessung ermittelt. Der Kontaktwinkel wurde dabei optisch an einem Tropfen HSS der Trägerflüssigkeit ermittelt, der sich auf einem Substratplättchen ausbildet, das aus dem im zu verarbeitenden Polymerpulver (PA 12) mittels Spritzguss gefertigt wurde. Zum anderen wurden mechanische Eigenschaften von Folien ermittelt, die aus unterschiedlichen, vorgemischten Polymerpulver-Tinten-Gemischen (Variation Trägermedium und RAM-Konzentration) gefertigt wurden. Die Fertigung der Folien erfolgte mit einem Versuchsstand, der die Grundfunktionen des schichtweisen Bauteilaufbaus abbildet. Die daraus abgeleitete Tinte für die Fertigung von Bauteilen aus PA 12 mittels der HSS-Maschine VX200 HSS der voxeljet AG enthält einen LaB_6 Massenanteil von ≥1,5 %. Die Fertigung der Bauteile erfolgte unter Anwendung der Prozessparameter, die mit der standardmäßig verwendeten Tinte (voxeljet HSS Tinte Type B) für PA 12 verwendet werden. Die mit der LaB_6-Tinte gefertigten Bauteile besitzen im Vergleich zu mit der Standardtinte gefertigten Bauteilen eine ähnliche Dichte (+0,5 %), eine reduzierte Zugfestigkeit (-10,0 %), eine höhere Bruchdehnung (+22,45 %), ein höheres Elastizitätsmodul (+6,8 %), eine höhere Formhaltigkeit (+12,5 %), eine geringere Maßhaltigkeit (-31,3 %) und eine geringere Farbabstufung (-8,3 %) auf.

2.6 Funktional gradierte Materialien

Eine wesentliche Motivation dieser Arbeit ist die Bereitstellung von additiven Fertigungsprozessen des HSS zur Herstellung von Bauteilen mit funktional gradierten bzw. lokal eingestellten mechanischen Eigenschaften. Nachfolgend wird daher eine Definition für FGM gegeben, deren Gradierungsarten und Potenziale aufgezeigt, sowie Verfahren für die Fertigung von FGM diskutiert. Der Fokus liegt dabei auf FGM auf Basis von Polymeren. Diese werden häufig auch als funktional gradierte Polymermaterialien (engl. Functionally Graded Polymeric Material, FGPM) [ALM 16b] oder polymer gradierte Materialien (engl. Polymer Gradient Material, PGM) [CLA12] bezeichnet.

Definition

FGM ist definiert als Material, das eine gradierte Zusammensetzung und/oder eine gradierte Struktur über ein definiertes Volumen besitzt, wodurch sich ein gradierter Verlauf der Eigenschaften über dieses ergibt [MAH17]. Die Gradierung kann wie in Abbildung 7 schematisch dargestellt stufenweise also diskontinuierlich (diskontinuierliche FGM) oder stufenlos, also kontinuierlich (kontinuierliche FGM) erfolgen [MAH17, EL-19]. Ein diskontinuierliches FGM ist dadurch gekennzeichnet, dass es aus mehreren kleinen in sich homogenen Bereichen besteht, die zum benachbarten Bereich eine lediglich sehr kleine Eigenschaftsänderung aufweist [CLA12, MIA10]. Ein kontinuierliches FGM besitzt hingegen keine definierbaren homogenen Bereiche. FGM unterscheiden sich dadurch auch von konventionellen Verbundwerkstoffen. Diese bestehen entweder ganzheitlich aus einem homogenen Gemisch der einzelnen Materialien und weisen daher einen Kompromiss zwischen den Eigenschaften der Materialien auf (Teilchen- und Durchdringungsverbundwerkstoffe) oder besitzen eine Füge- bzw. Grenzfläche zwischen den einzelnen Materialien und weisen daher nur eine, aber abrupte Eigenschaftsänderung (Faser- und Schichtverbundwerkstoffe) auf. [MAH17]

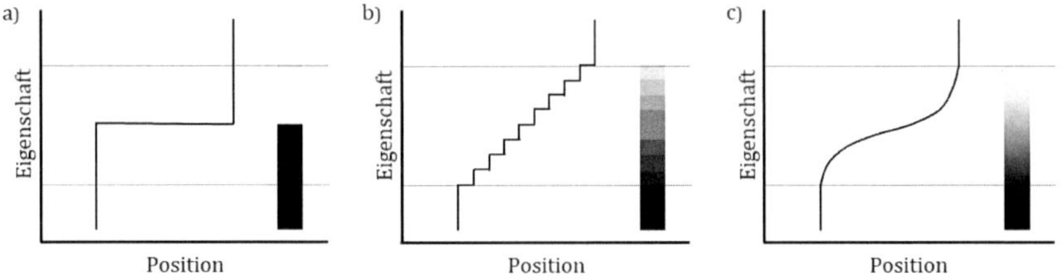

Abbildung 7: Schematische Darstellung von gestufter (a)) und diskontinuierlicher (b)) und kontinuierlicher (c)) Eigenschaftsänderung

Die gradierte Struktur kann, abhängig vom verwendeten Fertigungsverfahren, in Form einer dünnen Beschichtung (engl. coating) oder als Vollmaterial (engl. bulk) realisiert werden. FGM in Form einer dünnen Beschichtung kommen zum Einsatz, wenn sich lediglich die Eigenschaften der Oberfläche erheblich von denen des Grundmaterials unterscheiden sollen. Bei Vollmaterialien werden hingegen die Eigenschaften über definierte Bereiche (lokale Eigenschaftsanpassung) oder über das gesamte Volumen des Materials entsprechend der geforderten Bauteileigenschaften gezielt eingestellt. FGM können aus einem Material (engl. monomaterial FGM) oder aus mehreren Materialien (engl. multimaterial FGM) gefertigt werden [LOH18]. [MAH17]

<u>Gradierungsarten</u>

Grundsätzlich gibt es drei Ansätze zur Realisierung der Gradierung: Einstellung der chemischen Zusammensetzung (Materialgradient), Einstellung der Mikrostruktur (Mikrostrukturgradient) und Einstellung der Porosität (Porositätsgradient) des Materials [MAH17].

Materialgradient

Bei diesem Ansatz wird die Gradierung bzw. lokale Einstellung der Eigenschaft des Materials durch eine Variation bzw. lokale Einstellung der chemischen Struktur des Materials realisiert. Die Einstellung der chemischen Struktur erfolgt meist über das Mischungsverhältnis der einzelnen Bestandteile aus denen das FGM besteht [MAH17]. FGM mit Materialgradienten werden gefertigt u.a. durch das Mischen unterschiedlicher Polymere [CLA12, JEO00, LV16] wie bspw. Duromere und Thermoplaste sowie das Mischen dieser mit Füllstoffen [FAR21, SHA21] und/oder Fasern [SIN19, ATT22].

Mikrostrukturgradient

Bei diesem Ansatz wird die Gradierung bzw. lokale Einstellung der Eigenschaft des Materials durch eine Variation bzw. lokale Einstellung der Mikrostruktur erzielt [MAH17]. Die Einstellung der Mikrostruktur erfolgt meist über den Kristallinitätsgrad und/oder des Molekulargewichts des Materials [SUR01] und kann u. a. durch lokal variierende Prozessparameter, wie bspw. Temperaturen bzw. Temperaturverläufe [MAH17] oder Prozesszeiten und einer lokal variierenden Zugabe von Prozesshilfen [AFA17] realisiert werden.

Porositätsgradient

Bei diesem Ansatz wird die Gradierung bzw. lokale Einstellung der Eigenschaft des Materials durch eine Variation bzw. lokale Einstellung der Porosität des Materials erzielt. Die Einstellung kann über die Geometrie (Größe, Form), Ausrichtung, Anzahl sowie mengenmäßige Verteilung der Poren über das Volumen des Materials erzielt werden. Entscheidenden Einfluss auf die Eigenschaften des Materials besitzt besonders die Porenstruktur bzw. Poreninterkonnektivität [MIA10]. Hier wird differenziert, zwischen offenzelliger Struktur, bei der die Poren verbunden sind, und geschlossenzelliger

Struktur, bei der die Poren vom Material umschlossen und damit voneinander isoliert sind [AFA17]. Grundsätzlich besitzt eine offenzellige Struktur eine geringere Dichte und eine höhere Flexibilität. Bezüglich der Porenstruktur kann des Weiteren zwischen zufälliger bzw. ungeordneter und periodischer bzw. geordneter Struktur differenziert werden [RAH22]. Eine weitere Differenzierungsmöglichkeit von porösen Strukturen bildet die Porengröße. Eine weit verbreitete Einteilung bezüglich der Porengröße stammt von der International Union of Pure and Applied Chemistry (IUPAC). Diese differenziert in mikroporöse ($\varnothing_{\text{mikroporös}} < 2$ nm), mesoporöse (2 nm $< \varnothing_{\text{mesoporous}} < 50$ nm) und makroporöse ($\varnothing_{\text{makroporös}} > 50$ nm) Porosität [ROU94].

Potenziale

Ein wesentliches Potenzial von FGPM liegt in der Realisierung von mechanischen Eigenschaften und der Kombination von mechanischen Eigenschaften [KIE03], die konventionelle Materialien nicht abbilden können. Dieses Potenzial wird nachfolgend anhand von zwei konkreten Beispielen mit unterschiedlichen Belastungsarten (Zugbelastung, Stoßbelastung) exemplarisch erläutert.

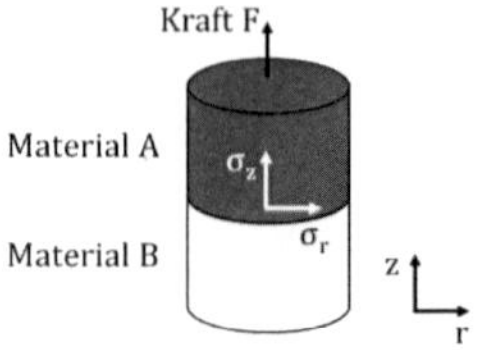

Abbildung 8: Schichtverbundwerkstoff aus den Materialien A und B bei Zugbelastung nach [WAI04]

Das erste Beispiel erfolgt anhand eines Vergleichs von FGM mit Schichtverbundwerkstoffen bei Zugbelastung. Abbildung 8 zeigt exemplarisch einen Schichtverbundwerkstoff aus den Materialien A und B. Wird dieser auf Zug belastet, liegt eine homogene Belastung über den Schichtverbundwerkstoff vor. Besitzen die Materialien A und B unterschiedliche Steifigkeitswerte bzw. Elastizitätsmodule E_A bzw. E_B ergeben sich unterschiedliche Verformungen. Dies führt im Bereich der Füge- bzw. Grenzfläche der Materialien zu einer radialen Grenzflächenspannung σ_r bzw. Umfangsspannung σ_θ, die senkrecht zur angelegten Spannung σ_z wirkt. Die radiale Grenzflächenspannung kann mit Hilfe der materialspezifischen Poissonzahlen bzw. Querkontraktionszahlen ν_A bzw. ν_B mittels Gleichung 13 berechnet werden. [WAI04]

$$\sigma_\theta = \sigma_r = \left[\nu_B - \frac{\nu_A\, E_B}{E_A}\right]\left[\frac{\sigma_z}{(1-\nu_B)}\right] \qquad (13)$$

mit	σ_θ	Umfangsspannung [N/mm²]
	σ_r	Grenzflächenspannung [N/m]
	ν	Querkontraktionszahl
	E	Elastizitätsmodul [N/m²]
	σ_z	Spannung [N/m²]

Die radiale Grenzflächenspannung hat wiederum einen direkten Einfluss auf das Versagen des Schichtverbundwerkstoffs an der Füge- bzw. Grenzfläche in Form von Delamination [CLA12]. Daher gilt auch, je größer der Unterschied der Materialien bzw. der Materialkenngrößen bezüglich Steifigkeit und Querkontraktion, desto größer die Wahrscheinlichkeit des Versagens. FGM hingegen besitzen keinen abrupten, sondern einen stetigen Eigenschaftsverlauf, wodurch die lokalen Materialunterschiede und damit auch die radiale Grenzflächenspannung erheblich verringert sind [CLA12]. Dies führt im Fall einer Zugbelastung dazu, dass die initiale Rissentstehung erst bei einer deutlich höheren Spannung einsetzt [MAR81].

Das zweite Beispiel erfolgt anhand eines Vergleichs von Schäumen mit homogener und gradierter Porenstruktur bei Stoßbelastung. Schäume mit einer gradierten Porenstruktur weisen ein lokal von der Porosität abhängiges Verfestigungsverhalten auf, was zu einem sequentiellen Kollabieren der

Struktur führt. So kann bspw. durch einen negativen Gradienten (Porositätsabnahme in Richtung Aufprall) bei Belastung eine doppelte Stoßwelle im Bauteil erzeugt werden. Diese ergibt sich durch eine vorwärts gerichtete (gebildet an der Aufprallseite) und eine rückwärtsgerichtete Verdichtungswelle (gebildet an der gegenüberliegenden Seite des Aufpralls). Dies ermöglicht die Spannung an der gegenüberliegenden Seite des Aufpralls in der frühen Verformungsphase deutlich effektiver abzuschwächen bzw. zu dämpfen. Im Gegensatz dazu kann durch einen positiven Gradienten (Porositätszunahme in Richtung Aufprall) eine deutlich stabilere Stoßwelle realisiert werden, wodurch die Gesamtenergieabsorptionsleistung bzw. die Gesamtdämpfungsleistung der Struktur deutlich verbessert wird. [RAH22]

Typische bei FGPM eingestellte Eigenschaftsverläufe sind Elastizitätsmodul [AFA17], Kompressionsmodul [CLA12] oder Härte [AFA17]. Besonders vor dem Hintergrund, die Eigenschaften bzw. die Eigenschaftsverläufe anforderungsspezifisch gezielt lokal einstellen zu können, besitzen FGM im Vergleich zu homogenen Verbundwerkstoffen erhebliche Potenziale [RAH22]. Diese sind besonders die gezielte Hemmung der Rissausbreitung im Material [FRA07, PAR98], die gezielte Optimierung von Dämpfungseigenschaften bzw. Absorptionseigenschaften [LV16, RAH22], hohe Festigkeit in Relation zum Bauteilgewicht [RAH22] sowie die Erhöhung der Biegefestigkeit [GAN12, LEE97] und der Druckfestigkeit [RAH22].

Fertigungsverfahren

Für die Herstellung von FGPM werden, abhängig von den zu verarbeitenden Materialien und der zu erzielenden funktionalen Gradierung, unterschiedlichste Fertigungsverfahren eingesetzt. Bei vielen der aktuell angewandten Fertigungsverfahren handelt es sich um standardmäßig zur Herstellung von Polymerbauteilen verwendete, die speziell für die Fertigung von FGM adaptiert wurden. Diese sind u. a. Gießen [SIN21], Formpressen [YAO12, BAR12, WEN04], Spritzgießen [TIS16] oder Photopolymerisation [LIN06, CRO10]. Daneben gibt es auch Fertigungsverfahren, die speziell für die Fertigung von FGPM entwickelt wurden. Viele davon befinden sich noch im Prototypenstatus.

Die meisten der bisher angewandten Fertigungsverfahren besitzen entscheidende technische und wirtschaftliche Limitierungen, die einer breiteren Anwendung von FGPM im Wege stehen. Diese sind besonders der geringe realisierbare Detaillierungs- und Komplexitätsgrad der lokal einstellbaren Eigenschaften bzw. der Gradierung in alle drei Raumrichtungen sowie deren geringen Reproduzierbarkeit. Auch der realisierbare Komplexitätsgrad der Bauteilgeometrie an sich ist in der Regel sehr niedrig. Des Weiteren rechtfertigen die meist hohen Fertigungskosten den im Vergleich zu konventionellen Verbundwerkstoffen erzielbaren Eigenschaftsvorteil der FGPM nicht.

Dementgegen weist die additive Fertigung bzw. weisen die Verfahren der additiven Fertigung ein großes Potenzial zur Fertigung von FGM auf. Durch das sukzessive, meist schichtweise Aufbringen von Material ergibt sich die Möglichkeit, die Materialien bzw. Materialzusammensetzung (Materialgradient), die Mikrostruktur (Mikrostrukturgradient) und die Porosität (Porositätsgradient) gezielt lokal einzustellen, wodurch komplexe mehrdimensionale Gradierungen realisiert werden können. [ZHA19, LOH18, LI20]

Derzeit befindet sich die additive Fertigung von FGM jedoch noch weitgehend im Prototypenstadium [LI20]. So gibt es kaum Untersuchungen zu den Aspekten, welche additiven Fertigungsverfahren sich grundsätzlich für die Fertigung von FGM eignen, mit welchen Materialien eine Fertigung von FGM mit diesen Verfahren möglich ist und welche gradierten Eigenschaften tatsächlich realisiert werden können [LI20]. Des Weiteren gibt es wenig Kenntnisse über die Auslegung der additiven Fertigungsprozesse der einzelnen Verfahren zur Fertigung von FGM [ZHA19, LOH18, LI20].

Eine additive Fertigung erster Bauteile mit funktionaler Gradierung erfolgte bisher mit den Verfahren MEX, DED, MJT, SHL, PolyJet, PBF-LB/M, LS und HSS [LOH18, LI20, KEM21, TEA24]. Besonders den Verfahren des PBF wird ein großes Potenzial zugesprochen, durch gezielte Einstellung der Parameter des selektiven Energieeintrags und der Prozesstemperaturen die Eigenschaften von Bauteilen lokal einzustellen [LI20]. Dieses Potenzial konnte in einer ersten Machbarkeitsstudie für das HSS unter Verwendung eines TPU nachgewiesen werden [KEM21]. Bei dieser wurde der selektive Energieeintrag durch die TM gezielt eingestellt. Hierdurch konnte insbesondere eine Einstellung der Steifigkeit (Elastizitätsmodul) und Härte (Shore-Härte A) der Bauteile über einen relativ großen Bereich erzielt werden. Dabei zeigte sich eine große Abhängigkeit der über die TM realisierbaren Einstellung der Bauteileigenschaften von den weiteren Parametern des schichtweisen Bauteilaufbaus.

3 Zielsetzung und Forschungsbedarf

Aus der in Kapitel 1 erläuterten Motivation leitet sich, unter Betrachtung der in Kapitel 2 dargestellten Grundlagen und dem Stand der Erkenntnisse, die Zielsetzung dieser Arbeit ab. Diese ist die Entwicklung bzw. Auslegung von additiven Fertigungsprozessen des HSS mit Fokus auf dem schichtweisen Bauteilaufbau, die eine Fertigung von Bauteilen aus TPU unter der Berücksichtigung der material- und prozessspezifischen Restriktionen mit maximierten Eigenschaften und/oder mit funktional gradierten bzw. mit lokal eingestellten Eigenschaften ermöglichen. Die funktionale Gradierung bzw. lokale Einstellung soll dabei durch eine lokale Einstellung des selektiven Energieeintrags erfolgen, der durch eine gezielte lokale Einstellung der TM realisiert wird. Wie in Unterabschnitt 2.5.6 erläutert, gibt es aktuell kein speziell für das HSS entwickeltes bzw. ausgelegtes TPU-Pulver. Daher soll, aufgrund der hohen Konformität bzw. Ähnlichkeit der additiven Fertigungsprozesse von HSS und LS (vgl. Unterabschnitt 2.4.1), auf ein im LS etabliertes und bewährtes TPU-Pulver zurückgegriffen werden, welches eine geeignete Verarbeitbarkeit fürs HSS aufweist. Fokus der maximierten Eigenschaften bilden für TPE sowie das PBF/P typische mechanische und geometrische Bauteileigenschaften. Fokus der funktional gradierenden bzw. der lokal eingestellten Eigenschaften bilden die Härte und die Steifigkeit der Bauteile, die anhand von typisch für TPE ermittelten Bauteileigenschaften analysiert werden sollen.

Die Ausführungen in den Abschnitten 2.4 und 2.5 zeigen, dass für die Zielerreichung tiefgreifende Kenntnisse über den additiven Fertigungsprozess des HSS notwendig sind, insbesondere im Kontext der sich ergebenden im Bauteil vorliegenden Strukturen (Bauteilstrukturen) und der mechanischen und geometrischen Bauteileigenschaften. Im Wesentlichen sind dies Kenntnisse über:

1. Größe bzw. Signifikanz des Effekts der Einflussgrößen bzw. welche Einflussgrößen grundsätzlich bestehen und eine Relevanz besitzen
2. Richtung des Effekts der Einflussgrößen, insbesondere der signifikanten Einflussgrößen auf die Bauteileigenschaften
3. Wechselwirkungen und quadratische Effekte der Einflussgrößen, insbesondere der signifikanten Wechselwirkungen und signifikanten quadratischen Effekte
4. Zielgrößenkonflikte, insbesondere zwischen den Zielgrößen der mechanischen und geometrischen Bauteileigenschaften
5. Funktionale Gradierung bzw. lokale Einstellung der Bauteilstruktur und der Bauteileigenschaften über die TM sowie deren Abhängigkeit von den Einflussgrößen des additiven Fertigungsprozesses des HSS, insbesondere dem schichtweisen Bauteilaufbau
6. Charakteristik des additiven Fertigungsprozesses bzw. des schichtweisen Bauteilaufbaus für die Verarbeitung von TPU-Pulver, insbesondere dem zu verarbeitenden TPU-Pulver

Tabelle 2 stellt die bisher veröffentlichten Untersuchungen (vgl. Unterabschnitt 2.5.3), die die prozessseitigen Einflussgrößen des additiven Fertigungsprozesses bzw. des schichtweisen Bauteilaufbaus analysieren, in den Kontext der zur Zielerreichung notwendigen Kenntnisse und zeigt damit den Forschungsbedarf bzw. die Forschungslücke auf.

Tabelle 2: Untersuchungen, die im Kontext der erforderlichen Kenntnisse für die Zielerreichung der vorliegenden Arbeit stehen

Untersuchungen	Kenntnisse					
	1 Größe bzw. Signifikanz des Effekts von Einflussgrößen	**2** Richtung der Effekte der Einflussgrößen	**3** Wechselwirkungen und quadratische Effekte der Einflussgrößen	**4** Zielgrößenkonflikt	**5** Gradierung bzw. Einstellung der Eigenschaften über TM	**6** Charakteristik des additiven Fertigungsprozesses für TPU-Pulver
[HOP04]	○	●	○	○	○	○
[MAJ07]	◑	●	◑	○	○	○
[NOR14]	○	●	○	◑	○	◑
ELL14a	○	●	○	○	◑	○
[NOB14]	○	●	○	○	◑	○
[ELL 15b]	○	●	○	○	◑	◑
[ROU16]	○	●	○	○	○	○
[BRO 18a]	○	●	○	◑	◑	◑
[NOR18]	◑	●	◑	◑	◑	○
	○	○	○	◑	○	◑
[BHA20]	○	●	○	○	◑	○
[FOX19]	◑	●	○	◑	◑	○
[ZHU 20a]	◑	●	○	◑	◑	○
[ZHU 20b]	○	●	○	○	○	○
[PEZ 22a]	○	●	○	◑	◑	○
[WIM23]	◑	●	●	●	◑	○
[PEZ24]	●	●	◑	◑	◑	○
Vorliegende Arbeit	●	●	●	●	●	●

○ keine Berücksichtigung ◑ teilweise Berücksichtigung ● Berücksichtigung

Wie Tabelle 2 zu entnehmen ist, liegt der Fokus der meisten bisher veröffentlichten Untersuchungen auf der Bestimmung der Richtung des Effekts von ausgewählten Einflussgrößen auf ausgewählte Zielgrößen. Die meisten Untersuchungen betrachten dabei nur eine geringe Anzahl an Einflussgrößen (vgl. Tabelle 1). Nur wenige Untersuchungen [PEZ24, WIM23, ZHU 20a, FOX19, NOR18, MAJ07] analysieren hingegen die Größe bzw. die Signifikanz des Effekts der Einflussgrößen. Von diesen führt nur [PEZ24] eine erste Analyse durch, welche Einflussgrößen grundsätzlich für den additiven Fertigungsprozess des HSS bestehen und relevant sind. Darüber hinaus analysieren ebenfalls nur wenige Untersuchungen die Wechselwirkungen [MAJ07, NOR18, WIM23, PEZ24] oder die quadratischen Effekte [WIM23] der Einflussgrößen. Ein erstes spezifisches in Kontext Setzen der Ergebnisse unterschiedlicher Zielgrößen mit den betrachteten Einflussgrößen und damit eine direkte Analyse von Zielkonflikten erfolgt lediglich bei [WIM23]. Nur ein geringer Anteil der Untersuchungen [NOR14, ELL 15b, BRO 18a, NOR18, WIM23] betrachten TPE. Eine Spezifizierung hinsichtlich des TPE-Typs erfolgt nur bei [WIM23]. So wird dort der TPE-Typ TPA betrachtet. Für die weiteren Untersuchungen kann auf Basis der dort erzielten Bauteileigenschaften der Rückschluss gezogen werden, dass diese wahrscheinlich den TPE-Typ TPU betrachten. Aufgrund der geringen Anzahl an Untersuchungen für TPE im Allgemeinen und somit auch für TPU liegen kaum Kenntnisse über die Charakteristik des additiven Fertigungsprozesses für TPU vor. Eine spezifische Analyse der über die TM realisierbaren funktionalen Gradierung bzw. lokalen Einstellung der Eigenschaften der Bauteile sowie ihre Abhängigkeit von den Einflussgrößen des additiven Fertigungsprozesses des HSS, insbesondere dem schichtweisen Bauteilaufbau, erfolgte bisher noch nicht. Der Großteil der Untersuchungen analysiert lediglich den Effekt der TM auf ausgewählte Zielgrößen.

4 Vorgehensweise

Die Vorgehensweise zur Erreichung der definierten Zielsetzung (vgl. Kapitel 3) unter Berücksichtigung der dafür zu schließenden Forschungslücke ist schematisch in Abbildung 9 dargestellt.

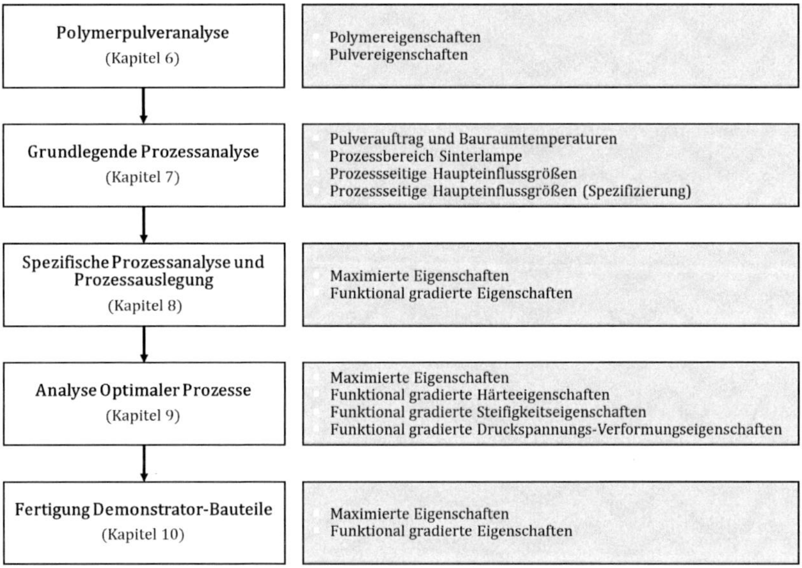

Abbildung 9: Vorgehensweise zur Erreichung der Zielsetzung und zur Analyse der entwickelten additiven Fertigungsprozesse des HSS

Im ersten Schritt, der Polymerpulveranalyse (Kapitel 6), erfolgt eine Analyse des TPU-Pulvers bzw. der Polymer- und Pulvereigenschaften des TPU-Pulvers speziell für das HSS bzw. die VX200 HSS. Hierdurch soll einerseits die grundlegende Eignung des TPU-Pulvers für das HSS bzw. die VX200 HSS überprüft werden und andererseits erste Rückschlüsse auf geeignete Prozessparameter bzw. Prozessparameterbereiche gezogen werden.

In der Grundlegende(n) Prozessanalyse (Kapitel 7) erfolgt eine grundlegende Analyse der Verarbeitbarkeit bzw. Prozessierbarkeit des TPU-Pulvers im additiven Fertigungsprozess des HSS bzw. der VX200 HSS mit Fokus auf den schichtweisen Bauteilaufbau. Hierfür sollen im ersten Schritt geeignete Prozessparameter des Pulverauftrags und der im Bauraum herrschenden Temperaturen bestimmt werden. Des Weiteren soll der Prozessbereich der Sinterlampe bzw. der Bereich der Volumenenergiedichte $E_{V,HSS}$ ermittelt werden, in dem eine grundsätzliche Prozessierbarkeit des TPU-Pulvers möglich ist. Aufbauend auf den Ergebnissen dieser Analysen sollen die Haupteinflussgrößen des additiven Fertigungsprozesses des HSS mit Fokus auf den schichtweisen Bauteilaufbau bestimmt werden. Hierfür sollen die signifikanten Effekte und deren Richtung auf ausgewählte mechanische und geometrische Bauteileigenschaften bestimmt werden. Abschließend sollen die bestimmten Haupteinflussgrößen vor dem Hintergrund der Auslegung von Prozessen zur Realisierung maximierter und/oder funktional gradierter bzw. lokal eingestellter Eigenschaften der Bauteile spezifiziert werden.

In der Spezifische(n) Prozessanalyse und Prozessauslegung (Kapitel 8) erfolgt zuerst eine Analyse des schichtweisen Bauteilaufbaus, einerseits spezifisch für die Realisierung der maximierten und andererseits spezifisch für die Realisierung der funktional gradierten bzw. lokal eingestellten Eigenschaften der Bauteile. Hierfür sollen für die jeweiligen relevanten Einflussgrößen, die Größe ihrer

Effekte, ihre Wechselwirkungen und quadratischen Effekte sowie ihre Richtung auf ausgewählte mechanische und geometrische Bauteileigenschaften bestimmt werden. Des Weiteren soll für die Realisierung der maximierten Eigenschaften spezifisch der Einfluss der Volumenenergiedichte $E_{V,\,HSS}$ und für die Realisierung der funktional gradierten bzw. lokal eingestellten Eigenschaften spezifisch der Einfluss der TM bzw. GS auf ausgewählte mechanische und geometrische Bauteileigenschaften bestimmt werden. Aufbauend auf den gewonnenen spezifischen Erkenntnissen erfolgt eine Auslegung von additiven Fertigungsprozessen des HSS bzw. des schichtweisen Bauteilaufbaus (Optimale Prozesse) zur Realisierung maximierter und funktional gradierter bzw. lokal eingestellter Eigenschaften der Bauteile unter Berücksichtigung bestehender Zielkonflikte zwischen den betrachteten mechanischen und geometrischen Bauteileigenschaften für das TPU-Pulver. Hierfür sollen je ein Modell unter der Berücksichtigung der Haupteffekte, Wechselwirkungen und quadratischen Effekte für die relevanten Einflussgrößen aufgestellt werden.

In der Analyse Optimaler Prozesse (Kapitel 9) erfolgt eine spezifische Analyse der tatsächlich mit den Optimalen Prozessen realisierbaren Bauteileigenschaften. Hierfür sollen spezifische Prüfkörper für die Analyse der maximierten und funktional gradierten bzw. lokal eingestellten Eigenschaften gefertigt und analysiert werden. Abschließend erfolgt eine Fertigung von Demonstrator-Bauteilen (Kapitel 10) mit den entwickelten bzw. ausgelegten additiven Fertigungsprozessen des HSS aus dem TPU-Pulver, wodurch ihr Potenzial verdeutlicht werden soll.

5 Methodik

In diesem Kapitel werden die für die Durchführung der Untersuchungen verwendete HSS-Maschine, Materialien (TPU-Pulver und Tinte), angewandten Methoden zur Analyse des TPU-Pulvers, in den Versuchen gefertigten Bauteile und deren Analyse sowie die genutzten Methoden zur Erstellung und Auswertung der Versuchspläne beschrieben.

5.1 Verwendete HSS-Maschine

Die Versuche bzw. die Fertigung der Bauteile und Prüfkörper werden mit der HSS-Maschine VX200 HSS der voxeljet AG durchgeführt. Der Prozessablauf bzw. der additive Fertigungsprozess der VX200 HSS entspricht dem im Unterabschnitt 2.5.1 beschriebenen.

HSS-Maschinenaufbau

Abbildung 10: Grundlegender Aufbau der VX200 HSS nach [VOX24]

Abbildung 10 zeigt den grundsätzlichen Aufbau der VX200 HSS. Der Bauraum ① hat eine Dimension von 290 x 150 x 190 mm³. Der davon effektiv nutzbare Bereich hat die Dimension 290x140x180 mm³. Sowohl die Bauplattform als auch die Bauraumwände können über Heizelemente geheizt werden. Die Temperaturregelung erfolgt mittels eines auf den Heizelementen angebrachten Temperatursensors. Das Bauplattformheizelement wird separat von den Bauraumwandheizelementen angesteuert. Die Overheadlampe ② besteht aus sechs IR-Keramikstrahlern des Typs FTE 300W der Firma Ceramicx Ltd., welche eine Leistung von jeweils 300 W besitzen. Die Steuerung der Leistung der Overheadlampe erfolgt über ein Pyrometer ③ vom Typ CT-SF22 der Firma Micro-Epsilon Messtechnik GmbH & Co. KG. Dieses ermittelt die Temperatur der Pulverbettoberfläche bzw. die T_P punktuell in einem Bereich der x-Achse von ca. 50 mm und der y-Achse von ca. 30 mm. Eine Fertigung von Bauteilen in diesem Bereich muss daher vermieden werden. Die Sinterlampe ④ und der Recoater ⑤ sind auf der gleichen Achse befestigt. Als Sinterlampe wird ein 3 kW-IR-Strahler der Firma OPTRON GMBH verwendet, dessen Leistung in ganzzahligen Prozentschritten geregelt werden kann. Die Sinterlampe befindet sich in einem fluidgekühlten Gehäuse, welches in Richtung des Pulverbetts durch zwei Glasscheiben abgeschlossen ist. Der Abstand von der Pulverbettoberfläche zur Sinterlampe beträgt ca. 51 mm und der zur Glasscheibe 13 mm [PEZ24, S. 62]. Der Recoater wird nach einer einstellbaren Anzahl an Schichten mit Polymerpulver aus dem Pulvervorrat ⑥ gefüllt. Der standardmäßig in der VX200 HSS verbaute Recoater besitzt eine Heizmatte, mit der dieser aufgeheizt werden kann. Wie in Unterabschnitt 7.1.3 beschrieben wird dieser durch einen temperierbaren Recoater ersetzt. Das sich noch nach dem Pulverauftrag vor der Klinge des Recoaters befindliche Polymerpulver fällt in den Pulverüberlauf ⑦. Kernelement des Druckwerks ⑧ bilden drei Druckköpfe des Typs Xaar 1003 GS6 der Firma Xaar plc., welche vom Tintensystem ⑨ des Typs Hydra Fluid Management System der Firma Xaar plc. versorgt werden. Die Druckköpfe sind versetzt in zwei Reihen angeordnet, so dass die gesamte Pulverbettbreite (x-y-Achse) abgedeckt wird. Das Fluidsystem und damit die Tinte wird gekühlt, um eine prozessunabhängige homogene Tintentemperatur und damit eine konstante Viskosität der Tinte zu ermöglichen. Der additive Fertigungsprozess findet bei Umgebungsdruck und -atmosphäre statt. Entstehende Prozessgase werden kontinuierlich an der Absaugung ⑩ über ein Absaug- bzw. Filtergerät des Typs MKF der Fuchs Umwelttechnik Produktions- und Vertriebs-GmbH abgesaugt. Der Volumenstrom kann dabei stufenweise eingestellt werden. [VOX19]

Sinterlampe

Wie oben beschrieben wird als Sinterlampe ein 3 kW-IR-Strahler der Firma OPTRON GMBH verwendet. Die berechnete idealisierte Peakwellenlänge der Sinterlampe beträgt ca. 1.000 nm [PEZ24, S. 62]. Abbildung 11 zeigt die von [PEZ24, S. 94] mittels UV-VIS-NIR-Spektroskopie für ausgewählte SLL ermittelte Bestrahlungsstärke der Sinterlampe über die Wellenlänge λ bzw. ermittelten Emissionsspektren.

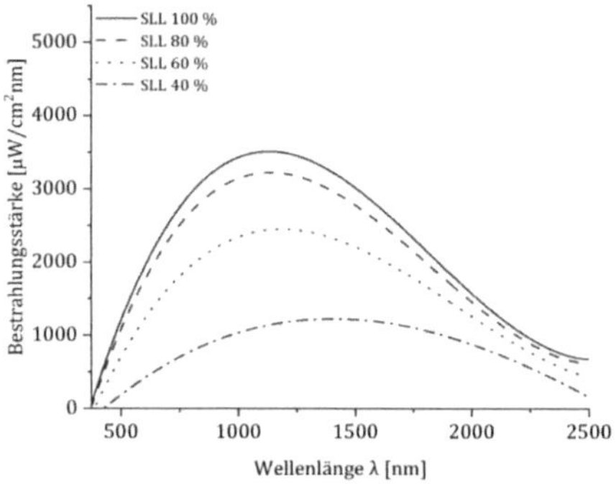

Abbildung 11: Emissionsspektren der Sinterlampe und deren Emissionsmaximum bei ausgewählten SLL [PEZ24, S. 94]

Die maximale Emission der Sinterlampe liegt bei einer SLL von 100 % vor. Das Emissionsmaximum liegt dabei bei einer Wellenlänge λ von 1.060 nm vor. Eine Reduzierung der SLL führt zu einer Reduktion der Bestrahlungsstärke und einer Verschiebung des Emissionsmaximums hin zu höheren Wellenlängen λ. [PEZ24, S. 95]

Druckwerk

Wie oben beschrieben besitzt das Druckwerk drei Druckköpfe des Typs Xaar 1003 GS6 der Firma Xaar plc.. Die Druckköpfe besitzen eine Auflösung von 360 dpi und realisieren eine Tropfengröße von 6 pl. Um die bei einer Überfahrt des Druckwerks über die Pulverbettoberfläche pro Voxel applizierte TM zu erhöhen, ermöglichen die Druckköpfe bis zu sechs Tropfen nacheinander auf ein Voxel abzugeben. Die Einstellung der auf ein Voxel zu applizierende Tropfenanzahl bzw. TM erfolgt über den Grauwert des entsprechenden Voxels bzw. Pixels der Rastergrafik-Datei (vgl. Unterabschnitt 2.5.3). Hierfür wurden die in Tabelle 3 gelisteten sechs Grauwertebereiche definiert, welche die GS bilden. [PEZ24, S. 62]

Tabelle 3: Korrelation von TM, GS und Grauwertebereiche der VX200 HSS [PEZ24, S. 62]

Farbe						
GS	1	2	3	4	5	6
Grauwertebereich	223 - 176	175 - 144	143 - 112	111 - 80	79 - 32	31 - 0
TM pro Voxel [pl]	6	12	18	24	30	36
TM pro mm² [pl/mm²]	1.206	2.412	3.618	4.824	6.030	7.236

5.2 Verwendetes Polymerpulver

Wie in Unterabschnitt 2.5.6 beschrieben gibt es aktuell kein spezifisch für das HSS entwickeltes bzw. angepasstes TPU-Pulver. Daher wird in dieser Arbeit auf das für das LS entwickelte TPU-Pulver ROLASERIT® PB01 der Firma AM POLYMERS GmbH zurückgegriffen. Das TPU-Pulver ist seit 2016 auf dem Markt und besitzt eine hohe Marktverbreitung für das LS [SCH 22b, S. 174]. Die Farbe des TPU-Pulvers wird mit „natur" angegeben. Das Ausgangsmaterial des TPU-Pulvers besteht aus mehreren thermoplastischen und elastischen Komponenten bzw. Segmenten. Relevante vom Hersteller für die verwendete Charge (C104776) des TPU-Pulvers ermittelte Kennwerte listet Tabelle 4.

Tabelle 4: Kennwerte des TPU-Pulvers für das LS [AM20]

Kennwert	Soll-Wertebereich LS	Wert/erzielter Maximalwert LS
T_P [°C]	95 - 112	102
Bauteildichte ρ_B [g/cm³]	> 1,10	1,14
Zugfestigkeit σ_{max} [MPa]	6 - 12	7,9
Bruchdehnung ε_B [%]	> 300	512

Die vom Hersteller beworbenen Vorteile des TPU-Pulvers im Vergleich zu anderen auf dem Markt verfügbaren TPU-Pulvern sind: Hohe Fließfähigkeit, geringe Alterungseffekte (wodurch ein PMV mit hohem Gebrauchtpulveranteil realisiert werden kann), keine übermäßige Rauchentwicklung und Zersetzung des Materials beim selektiven Energieeintrag durch Entstehung niedermolekularer Zersetzungsprodukte, hohe realisierbare Bruchdehnung, niedrige realisierbare Shore-Härte A und Möglichkeit der prozessseitigen Einstellung der Shore-Härte A [AM24].

5.3 Verwendete Tinte

Wie in Unterabschnitt 2.5.7 beschrieben, gibt es aktuell keine speziell für das HSS und damit auch für das TPU-Pulver entwickelte oder angepasste Tinten. Es wird, aufgrund fehlender Alternativen, daher auf die standardmäßig in der VX200 HSS verwendete Tinte voxeljet HSS Tinte Type B zurückgegriffen, die von der Firma voxeljet AG vertrieben wird. Diese besteht im Wesentlichen aus einem Erdöldestillat (Trägerflüssigkeit) und Ruß (RAM) mit einem Massenanteil von 5,3 % [PEZ24, S. 65].

Um eine Aussage über das Absorptionsverhalten der voxeljet HSS-Tinte Type B in Abhängigkeit der mit der VX200 HSS applizierbaren TM bzw. GS zu erhalten, wurde von [PEZ24, S. 92 ff.] mittels UV-VIS-NIR-Spektroskopie der Absorptionsgrad α von PA 12-Pulver-Tinten-Gemischen über eine Wellenlänge λ von 400 und 2.500 nm bestimmt (vgl. Abbildung 12). Die verwendeten PA 12-Pulver-Tinten-Gemische wurden durch einen mechanischen Rührvorgang erzeugt und spiegeln das Verhältnis von Tinte und PA 12-Pulver mit den GS 1 bis GS 6 bedrucktem PA 12-Pulver wider. Die Messungen zeigen, dass eine höhere GS zu einem höheren Absorptionsgrad α führt. Jedoch verringert sich die Zunahme des Absorptionsgrades α mit steigender GS in Relation zur Annäherung an das praktisch umsetzbare Absorptionsmaximum.

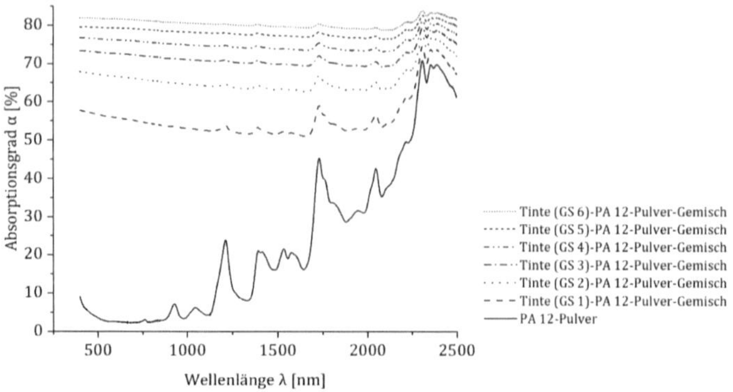

Abbildung 12: Absorptionsverhalten von PA 12-Pulver und von PA 12-Pulver-Tinten-Gemischen [PEZ24, S. 92]

5.4 Analysen des Polymerpulvers

Die zu bestimmenden Eigenschaften des Polymerpulvers und die dafür verwendeten Analysen sind in Tabelle 5 aufgeführt und werden nachfolgend erläutert.

Tabelle 5: Analysen zur Bestimmung der Eigenschaften des TPU-Pulvers

Analyse	Eigenschaft/Kriterium	Symbol	Einheit	Norm
Polymereigenschaften				
Differential Scanning Calorimetry	Schmelz- und Kristallisationsverhalten	-	-	ISO 11357
Thermogravimetrie	Zersetzungsverhalten	-	-	DIN EN ISO 11358
Schmelzindex-Messung	Schmelze-Volumenfließrate	MVR	$cm^3/10$ min	DIN EN ISO 1133
UV/VIS-NIR-Spektroskopie	Absorptionsgrad	α	%	-
Washburn-Methode	Kontaktwinkel	δ	°	-
Gaspyknometrie	Skelettdichte	ρ_S	kg/m^3	DIN 66137-2
Pulvereigenschaften				
Partikelgrößenanalyse	Partikelgrößenverteilung	-	-	ISO 13322-2
Mikroskopie	Partikelgeometrie	-	-	-

5.4.1 Polymereigenschaften

Differential Scanning Calorimetry

Die Analyse der thermischen Eigenschaften des TPU-Pulvers bezüglich Schmelz- und Kristallisationsverhalten erfolgt mittels der dynamischen Differenzkalorimetrie (engl. Differential Scanning Calorimetry, DSC) nach DIN EN ISO 11357 [DIN18, DIN23] .

Grundlegend wird bei der chemischen oder physikalischen Umwandlung von Polymeren von diesen Energie aufgenommen (endothermer Prozess) oder abgegeben (exothermer Prozess). Endotherme Effekte können sich durch Schmelz- und Verdampfungsvorgänge ergeben und exotherme durch Kristallisationsvorgänge aufgrund einer Erhöhung des Ordnungszustandes der Makromoleküle. Die sich dabei ergebenden Wärmeströme werden bei einer DSC-Messung als Funktion der Temperatur oder der Zeit gemessen. Dies erfolgt durch die Bestimmung der Temperaturdifferenz zwischen der Polymerprobe und einer Referenz, während beide ein definiertes Temperatur-Zeit-Programm mit konstanter Heiz- bzw. Kühlrate durchlaufen. [FRI13, S. 21]

Die Bestimmung der Wärmestromkurven des TPU-Pulvers erfolgt mit dem Messgerät DSC 214 Polyma der Firma NETZSCH-Gerätebau GmbH. Hierfür wird eine Masse von ca. 10 mg des TPU-Pulvers mit einer Heizrate von 20 K/min. und unterschiedlichen Kühlraten (1 K/min., 2 K/min., 5 K/min., 10 K/min. und 20 K/min.) von 25 °C auf 170 °C aufgeheizt und anschließend wieder abgekühlt. Die von der Norm abweichenden Heiz- und Kühlraten werden verwendet, da diese einen besseren Rückschluss für die beim HSS vorliegenden Temperaturen (vgl. Unterabschnitt 2.4.4) ermöglichen. Die Messungen erfolgen, wie der additive Fertigungsprozess des HSS, unter Umgebungsatmosphäre.

Thermogravimetrie

Die Analyse des Zersetzungsverhaltens und der Beständigkeit des TPU-Pulvers unter Temperatureinfluss erfolgt mittels thermogravimetrischer Analyse (TGA) nach DIN EN ISO 11358 [DIN 22b].

Bei der Thermogravimetrie (TG) wird die Masseänderung einer Probe, die mit einer konstanten Heizrate in einer definierten Atmosphäre aufgeheizt wird, in Abhängigkeit der Temperatur und/oder Zeit bestimmt. Die Masseänderungen ergeben sich u.a. durch chemische Reaktionen, Verdampfen oder Zersetzen der Probe. [FRI13, S. 17]

Die Messungen werden mit dem Messgerät STA 449F3 der Firma NETZSCH-Gerätebau GmbH durchgeführt. Dabei wird eine Masse von ca. 15 mg des TPU-Pulvers mit einer Heizrate von 20 K/min. von 25 °C auf 600 °C aufgeheizt. Die Messungen erfolgen, wie der additive Fertigungsprozess des HSS, unter Umgebungsatmosphäre.

Schmelzindex-Messung

Als Maß für die Viskosität μ der Schmelze des TPU-Pulvers wird die Schmelze-Volumenfließrate (engl. melt volume-flow rate, MVR) mittels der Schmelzindex-Messung nach DIN EN ISO 1133 [DIN 22a, DIN 12a] bestimmt.

Der MVR-Wert ist definiert als Volumen pro Zeiteinheit, welches bei einer definierten Temperatur und einem definierten Druck in zehn Minuten durch eine Düse mit definierten Abmessungen fließt. Der MVR-Wert wird in $cm^3/10$ min angegeben und bildet einen einzelnen zur Viskosität μ der Schmelze des Polymerpulvers indirekt proportionalen Wert, der bei relativ geringer Schergeschwindigkeit ermittelt wird. [GRE15, S. 68 f.]

Die Messungen werden mit dem Schmelzindex-Prüfgerät Modell MeltFloW basic der Firma Emmeram Karg Industrietechnik durchgeführt. Die Messung erfolgt mit einer Prüflast von 2,160 kg zur Realisierung des definierten Drucks. Da keine Erkenntnisse über die herrschenden Temperaturen während des selektiven Energieeintrags vorliegen, werden Messungen bei den Temperaturen 120 °C, 130 °C, 140 °C, 150 °C, 160 °C und 170 °C durchgeführt.

UV-VIS-NIR-Spektroskopie

Die Analyse des wellenlängenabhängigen Absorptionsgrades α des TPU-Pulvers erfolgt mittels UV-VIS-NIR-Spektroskopie.

Mit Hilfe der Spektroskopie kann grundsätzlich die Energiemenge einer definierten Wellenlänge λ bestimmt werden, die von einer Probe reflektiert und transmittiert wird [APR16, S. 131]. Die Messungen werden mit dem Spektralphotometer Cary 5000 UV-VIS-NIR S der Firma Agilent Technologies Inc. durchgeführt, welches einen Wellenlängenbereich von 175 nm bis 3300 nm abdeckt. Für die Messung wird das TPU-Pulver in eine Pulverküvette (Powder Cell Holder) gegeben und mit einer Messung des Spectralon®-Weißstandards referenziert. Die Messung erfolgt über den Wellenlängenbereich von 250 nm bis 2.500 nm. Aufgrund der Verwendung der Pulverküvette und der Verdichtung des Pulvers ergibt sich keine Transmission. Weiterhin ist zu beachten, dass die Reflexion durch das Glas der Pulverküvette geringfügig beeinflusst wird.

Washburn-Methode

Als Maß für die Benetzbarkeit des TPU-Pulvers mit der Tinte wird der Kontaktwinkel δ mittels der Washburn-Methode bzw. Steighöhenmethode bestimmt. Die Washburn-Methode bildet die einzige Methode zur Ermittlung des Kontaktwinkels δ, bei der das Pulver in seiner ursprünglichen Form verbleibt [EHR21, S. 159].

Bei der Washburn-Methode wird das zu analysierende Pulver in ein Glasröhrchen gegeben, welches am unteren Ende mit einer Glasfritte verschlossenen und mit einem Filterpapier versehen ist. Das Glasröhrchen wird anschließend an einer Waage aufgehängt. Darauffolgend wird ein mit der zu analysierenden Flüssigkeit gefülltes Gefäß von unten an das hängende Glasröhrchen herangeführt, so dass dieses die Oberfläche der Flüssigkeit nur leicht berührt. Die Waage ermittelt die zunehmende Masse m_l des Pulvers bzw. des Glasröhrchens über die Zeit t_l. Diese wird anfangs durch den viskosen Strömungswiderstand kontrolliert. Der sich ergebende Verlauf wird durch Quadrieren des Wertes der Masse m_l linearisiert. Für den sich ergebenden linearen Anfangsbereich wird die Steigung m_l^2/t_l bestimmt. Mit der Washburn-Gleichung (vgl. Gleichung 14) kann damit der sich zwischen dem Pulver und der Flüssigkeit bildende Kontaktwinkel δ bestimmt werden. [EHR21, S. 159 f.]

$$\cos\delta = \frac{m_l^2}{t_l}\frac{\eta_l}{\rho_l^2\sigma_l k} \qquad 14$$

mit	δ	Kontaktwinkel [°]
	m_l	Masse der eindringenden Flüssigkeit [g]
	t_l	Zeit, in der die Flüssigkeit eindringt [s]
	m^2/t	Steigung [g²/s]
	η_l	Viskosität der Flüssigkeit [mPas·s]
	ρ_l	Dichte der Flüssigkeit [g/cm³]
	σ_l	Oberflächenspannung der Flüssigkeit [mN/m]
	k	Material- bzw. Kapillarkonstante [m⁵]

Die Bestimmung der Material- bzw. Kapillarkonstante k des Pulvers erfolgt unter Anwendung des oben beschriebenen Vorgehens unter Verwendung einer vollständig benetzenden Flüssigkeit. Aufgrund deren sehr niedrigen Oberflächenspannung σ_l und der Dispersivität der zu analysierenden Flüssigkeit ist der Kontaktwinkel δ zwischen der vollständig benetzenden Flüssigkeit und Pulver 0°, wodurch sich cos (δ) = 1 ergibt. [EHR21, S. 160 f.]

Als vollständig benetzende Flüssigkeit wird n-Hexan verwendet. Die Messungen werden für Tinte und n-Hexan jeweils drei Mal wiederholt. Bei der Befüllung der Glasröhrchen mittels des TPU-Pulvers wird stets darauf geachtet, dass Korngrößenverteilung, Packungsdichte und die Masse des TPU-Pulvers vergleichbar sind. Als Packungsdichte wird die für das Pulverbett vorliegende verendet. Die Analyse erfolgt mit einem spezifisch für die Washburn-Methode ausgelegten Glasröhrchen und eines Aufhängsystems für das Glasröhrchen der Firma KRÜSS GmbH und einer Präzisionswaage der Firma KERN & SOHN GmbH.

Gaspyknometrie

Die Bestimmung der Skelettdichte ρ_S des TPU-Pulvers erfolgt mittels der Gaspyknometrie nach DIN 66137-2 [DIN 19a].

Das Prinzip der Gaspyknometrie beruht darauf, dass für das verwendete Messgas nur das Festkörperskelett einer Probe gasverdrängend ist, nicht aber die von außen zugänglichen Poren der Probe oder bei dispersen Proben die Zwischenkornvolumina. Mit dem durch dieses Prinzip bestimmten Skelettvolumen V_s der Probe und der Probenmasse bzw. Feststoffmasse m_F kann mittels Gleichung 15 die Skelettdichte ρ_S, auch häufig als Gerüstdichte bezeichnet, bestimmt werden. [DIN 19a]

$$\rho_S = \frac{m_F}{V_s} \qquad (15)$$

mit	ρ_S	Skelettdichte [kg/m³]
	m_F	Feststoffmasse [kg]
	V_S	Skelettvolumen [m³]

Die Messungen werden mit dem Gasverdrängungs-Pyknometriesystem AccuPyc™ II 1340 der Firma Micromeritics Instrument Corp. durchgeführt. Als Messgas wird Helium verwendet. Die Messungen erfolgen bei einer Temperatur von ca. 23 °C, einem Messungsfülldruck von 134,45 kPa g, einem Spülungsfülldruck von 134,4 kPa und mit einer Probenmasse von ca. 3,4 g.

5.4.2 Pulvereigenschaften

Partikelgrößenanalyse
Die Bestimmung der Partikelgröße bzw. Partikelgrößenverteilung des TPU-Pulvers erfolgt mittels dynamischer Bildanalyse nach ISO 13322-2 [ISO21].

Die Messungen werden mit dem Partikelanalysator CAMSIZER XT der Firma Retsch Technology GmbH durchgeführt. Das Funktionsprinzip des Partikelanalysators ist wie folgt: Ein dispergierter Partikelstrom des zu untersuchenden Materials passiert zwei LED-Stroboskoplichtquellen. Die entstehenden Schattenprojektionen der Partikel werden von zwei Digitalkameras erfasst, wodurch Größe und Form der Partikel ermittelt wird.

Für die Messung wird die Größendefinition Partikelbreite $x_{c\,min}$ und die Formeinstellung „kugelförmige Partikel" verwendet. Die Auswertung der Partikelgrößenverteilung erfolgt u.a. mit Hilfe der Darstellungsweisen der Verteilungssumme $Q_r(x)$ und der Verteilungsdichte $q_r(x)$ nach Norm DIN ISO 9276-1 [DIN04]. Bei beiden wird auf der x-Achse die Partikelgröße bzw. Partikelbreite $x_{c\,min}$ aufgetragen. Auf der y-Achse werden bei der Verteilungssumme $Q_r(x)$ die Mengenanteile als Anteil an der Gesamtmenge, der unterhalb einer bestimmten Partikelgröße liegt, aufgetragen und bei der Verteilungsdichte $q_r(x)$ werden die Mengenanteile als Anteil der Gesamtmenge in einem bestimmten Größenintervall bezogen auf die Intervallbreite aufgetragen [STI08, S. 25 f.]. Als Mengenart wird, wie spezifisch für das PBF/P sinnvoll, die Anzahl ($r = 0$) und das Volumen ($r = 3$) betrachtet [SCH 22b, S. 159].

Mikroskopie
Die Bestimmung der Geometrie bzw. Form und Oberfläche der TPU-Partikel erfolgt mittels Mikroskopie.

Die Mikroskopieaufnahmen werden mit einem Digitalmikroskop VHX-7000 der Firma KEYENCE unter der Anwendung verschiedener Auflösungen erstellt. Wie in Unterabschnitt 2.5.6 erläutert, wird für das PBF/P häufig die Sphärizität der Partikel als Maß für die Bewertung der Geometrie bzw. Form und Oberfläche der Polymerpartikel herangezogen. Ihre Bewertung erfolgt hierbei anhand der zweidimensionalen Größen Zirkularität (Projektion der Sphärizität auf eine Ebene), Aspektverhältnis (Verhältnis vom kleinstem und größtem Durchmesser eines Partikels) und Flächendeckung (Verhältnis vom Umkreis zur konvexen Fläche des Partikels) [SCH 22b, S. 154].

5.5 Analysen der Bauteile

Die Analyse der Prozesse erfolgt größtenteils anhand der Eigenschaften damit gefertigter Bauteile bzw. Prüfkörper. Die dafür betrachteten Bauteileigenschaften und die zu ihrer Bestimmung angewandten Analysen sind in Tabelle 6 aufgeführt und werden nachfolgend erläutert.

Die Prüfkörper werden vor der Analyse in Anlehnung an die DIN EN ISO 291 [DIN08] konditioniert. Die Konditionierung erfolgt mittels des Wechselklimaschranks MKF 115 der Firma BINDER GmbH bei 23 °C und 50 % r. F.

Tabelle 6: Analysen zur Bestimmung der Bauteileigenschaften

Analyse	Eigenschaft/Kriterium	Symbol	Einheit	Norm	Prüfkörper
Mechanische Bauteileigenschaften					
Härteprüfung	Shore-Härte A	-	-	DIN ISO 48-4	Würfel-Prüfkörper Quader-Prüfkörper FGM-Härteprüfkörper
Zugversuch I	Zugfestigkeit	σ_{max}	MPa	ISO 37	Zugstab Typ 2
	Bruchdehnung	ε_B	%		
	Spannungswert 50 %	σ_{50}	MPa		
Zugversuch II	Sekantenmodul bzw. Elastizitätsmodul	E_S	MPa	i. A. a. DIN EN ISO 527-1	FGM-Zugprüfkörper
Stauchhärteprüfung	Druckspannungs-Verformungseigenschaft	CC_{xx}	kPa	DIN EN ISO 3386-1	Lattice Puck
Geometrische Bauteileigenschaften					
3D-Scananalyse	Volumenabweichung	V_A	%	-	F&M-Prüfkörper I F&M-Prüfkörper II
3D-Profilometer-analyse	Arithmetischer Mittelwert der Höhe	S_a	-	DIN EN ISO 25178	Sinterkreuz
Pulveranhaftungs-analyse	Pulveranhaftung	-	-	-	Lochplatte
Weitere Bauteileigenschaften					
Eintauchverfahren	Bauteildichte	ρ_B	g/cm³	EN ISO 1183-1	Würfel-Prüfkörper Quader-Prüfkörper
Differential Scanning Calorimetry	Schmelzverhalten	-	-	ISO 11357	Würfel-Prüfkörper Quader-Prüfkörper
Thermogravimetrie	Zersetzungsverhalten	-	-	DIN EN ISO 11358	Würfel-Prüfkörper

Die Bestimmung der realisierten bzw. theoretisch realisierbaren funktionalen Gradierung bzw. lokal eingestellten Eigenschaften der Bauteile durch die TM erfolgt an zwei Arten von Prüfkörpern. Zum einen erfolgt die Bestimmung anhand von Prüfkörpern, die mit einer über ihr Volumen definierten Gradierung der TM gefertigt werden. Mittels diesen können die tatsächlich über ein Bauteil realisierten funktionalen Gradierungen bzw. lokalen Einstellungen der Eigenschaften bestimmt werden. Ein Großteil der für die Praxis relevanten Eigenschaften kann jedoch mittels dieser Art von Prüfkörpern nicht valide ermittelt werden. Daher werden zum anderen Prüfkörper verwendet, die mit homogener TM gefertigt werden. Für die Analyse der theoretisch über ein Bauteil realisierbaren funktionalen Gradierung bzw. lokalen Einstellung der Eigenschaften, werden diese jeweils mit unterschiedlichen TM bzw. GS gefertigt. Die Fertigung der Prüfkörper einer Parametereinstellung bzw. Faktorstufenkombination erfolgt stets in einem Prozess, um den Einfluss von Störgrößen möglichst gering zu halten.

5.5.1 Mechanische Bauteileigenschaften

Härteprüfung

Die Analyse der Härte erfolgt anhand der DIN ISO 48-4 [DIN08], die speziell für Elastomere und thermoplastische Elastomere ausgelegt ist. Bei dieser wird die Eindringhärte mittels Durometer-Verfahren (Shore-Härte) bestimmt. Hierfür wird ein Eindringkörper (Indenter) in den Prüfkörper unter Anwendung einer definierten Kraft eingedrückt und dessen Eindringtiefe während der Krafteinwirkung gemessen. Die Eindringtiefe steht in direktem Verhältnis zum Shore Wert [FRI17, S. 200]. 0 Shore entspricht dem maximal möglichen Eindringen von 2,5 mm und 100 Shore einem sehr hohen Widerstand des Prüfkörpers gegenüber dem Eindringen. Grundlegend gibt die Härte einen Rückschluss auf den Widerstand eines Körpers gegen das Eindringen eines härteren Körpers und ist besonders von den viskoelastischen Eigenschaften, insbesondere vom Elastizitätsmodul, abhängig [RÖT13].

Es wird für alle Messungen die Eindringhärte nach Shore A (Elastomere im normalen Härtebereich) ermittelt, da die Härte aller Prüfkörper materialbedingt in dem von der DIN ISO 48-4 als geeignet definierten Bereich von einer Shore-Härte A (20 bis 90) liegen. Dies ermöglicht auch eine geeignete Vergleichbarkeit aller Kennwerte. Die Versuche wurden mit einem Durometer-Prüfständer Modell OS-2 der Firma Hildebrand Prüf- und Meßtechnik GmbH durchgeführt. Die Prüfdauer beträgt 15 s, wie in der ISO 48-4 für thermoplastische Elastomere empfohlen. Die Prüfung wurde stets an der Oberseite der Prüfkörper in Relation zu deren Ausrichtung im Bauraum durchgeführt, da hier tendenziell die geringste Pulveranhaftung vorliegt und somit deren Einfluss auf das Ergebnis minimiert wird.

Die Härteprüfung erfolgt an Prüfkörpern die über ihr Volumen mit sowohl homogener als auch mit gradierter TM gefertigt werden. Mit homogener TM werden abhängig von der Baujobgestaltung würfelförmige Prüfkörper (Würfel-Prüfkörper) mit den Abmaßen 15 mm x 15 mm x 15 mm oder quaderförmige Prüfkörper (Quader-Prüfkörper) mit den Abmaßen 37 mm x 30 mm x 6 mm verwendet. Bei diesen Prüfkörpern werden je Prüfkörper fünf Messungen an verschiedenen Stellen durchgeführt. Um spezifisch Rückschlüsse auf die tatsächlich realisierte funktionale Gradierung bzw. lokal eingestellte Härte eines Bauteils ziehen zu können, wurde ein quaderförmiger Prüfkörper (FGM-Härteprüfkörper) mit den Abmaßen 15 mm x 30 mm x 2 mm ausgelegt. Abbildung 13 zeigt die Rastergrafik-Datei des Prüfkörpers. Wie dieser zu entnehmen ist, besitzt der FGM-Härteprüfkörper drei Bereiche. An den Seiten in Relation zur x-Richtung liegt jeweils ein 10 mm langer Bereich (Einspannbereich) vor, der mit der maximal definierten TM gefertigt wird. Diese Bereiche dienen dazu, den Prüfkörper unter konstanten Bedingungen zu fixieren. Neben den Einspannbereichen befindet sich ein Übergangsbereich mit einer Länge von 10 mm. Dieser wird auf der linken Seite mit der minimal und auf der rechten Seite mit der maximal definierten TM gefertigt und erfüllt zwei Funktionen. Zum einen wird dieser benötigt, um Einflüsse (bspw. Wärmeübertragung) des Einspannbereichs auf den Prüfbereich auszuschließen. Zum anderen werden diese softwareseitig für die Generierung des über den Prüfbereich vorliegenden kontinuierlich gradierten Tintenmengenanstiegs benötigt. Der in der Mitte des Prüfköpers befindliche Prüfbereich besitzt eine Länge von 110 mm. Der im Prüfbereich vorliegende kontinuierlich gradierte Tintenmengenanstieg in x-Richtung, von der minimal definierten TM zu der maximal definierten TM, erfolgt über Dithering und wurde mit der vom Fraunhofer IGD entwickelten Software GraMMaCAD realisiert. Über den Prüfbereich sind in x-Richtung elf Segmente mit einer Länge von je 10 mm definiert. Innerhalb eines jeden Segments werden drei Messungen an verschiedenen Stellen mit ausreichend Abstand zum Rand des Prüfkörpers durchgeführt.

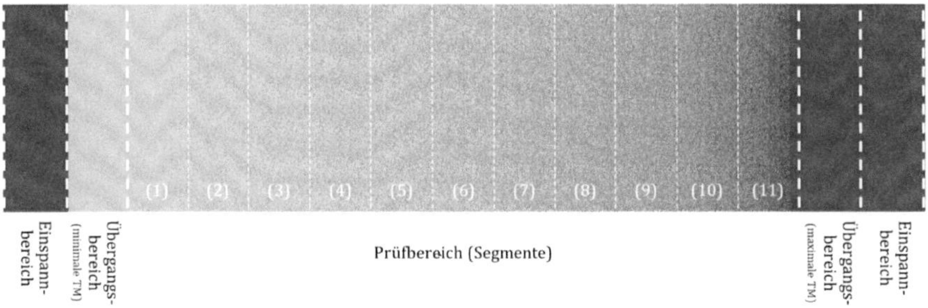

Abbildung 13: Rastergrafik-Datei des FGM-Härteprüfkörpers inkl. Visualisierung der Bereiche und Segmente

Zugversuch I

Die Analyse der Zugeigenschaften von Prüfkörpern, die mit einer über ihr Volumen homogenen TM gefertigt werden, erfolgt anhand der ISO 37 [ISO17], die speziell für Elastomere und thermoplastische Elastomere ausgelegt ist. Beim Zugversuch werden die Prüfkörper unter einer einachsigen Zugbeanspruchung bei konstanter Traversengeschwindigkeit bis zum Bruch bzw. Riss gedehnt. Dabei wird die Kraft-Weg- bzw. Spannungs-Dehnungs-Kurve aufgezeichnet, um auf deren Basis die Kennwerte zu ermitteln.

Die Spannungs-Dehnungs-Kurve von Elastomeren besitzt, aufgrund ihres ausgeprägten viskoelastischem Verhalten und dem dadurch fließenden Übergang von elastischer zur plastischer Verformung (Kriechen), keinen linearen Verlauf [ABT18]. Daher ist eine Bestimmung eines spannungsunabhängigen Elastizitätsmoduls von Elastomeren lediglich näherungsweise und nur über einen eng begrenzten Bereich am Anfang der Spannungs-Dehnungs-Kurve möglich. Als alternatives Maß für die Analyse der Steifigkeit bei Zugbelastung wird daher der Spannungswert σ_i herangezogen. Grundsätzlich gilt hier: Je höher der Spannungswert, desto steifer das Material. Die Ermittlung des Spannungswertes erfolgt für eine Dehnung von 50 % (Spannungswert σ_{50}). Weitere mit dem Zugversuch ermittelte Kennwerte sind die Bruchdehnung ε_B bzw. Reißdehnung ε_R und die Zugfestigkeit σ_{max}. Im Allgemeinen entspricht die Zugfestigkeit σ_{max} bei Elastomeren auch der Reißfestigkeit σ_R [DIN17]. Die Zugfestigkeit dient als Maß für die Festigkeit und die Bruchdehnung als Maß für die Verformungsfähigkeit bzw. Duktilität.

Die Zugversuche werden an einer Universalprüfmaschine der Serie Z020 der Firma ZwickRoell GmbH & Co. KG nach Norm ISO 37 durchgeführt. Die Bestimmung der Bruchdehnung ε_B erfolgt auf Basis der nominellen Dehnung. Hierbei wird der Verfahrweg der Prüfmaschine bzw. der Traversenweg als Längenänderung bezogen auf die freie Einspannlänge des Zugstabes zwischen dem oberen und unteren Spannzeug (Anfangsabstand der Klemmen) herangezogen [FRI17, S. 120 f.]. Als Prüfgeschwindigkeit wird die in der DIN EN ISO/ASTM 52924 [VDI19] spezifisch für additiv gefertigte Prüfkörper bzw. Zugstäbe aus thermoplastischen Elastomeren empfohlene Prüfgeschwindigkeit von 200 mm/min angewandt. Je Parametereinstellung bzw. Faktorstufenkombination werden fünf Prüfkörper getestet. Als Prüfkörper wird der in der ISO 37 definierte Zugstab Typ 2 verwendet.

Grundsätzlich besitzen die mittels PBF/P bzw. HSS gefertigten Bauteile meist anisotrope Eigenschaften. Ursache hierfür ist besonders, wie in den Unterabschnitten 2.4.7 und 2.5.4 erläutert, eine in Relation zur Schichtausrichtung komplanare Anordnung und/oder Orientierung der Poren sowie eine in Relation zur Schichtausrichtung orthogonale Änderung des Aufschmelzgrades der Polymerpartikel über eine Schicht. Daher wird abhängig vom Untersuchungsgegenstand der einzelnen Analysen der Prüfkörper Zugstab Typ 2 mit unterschiedlichen Neigungswinkeln zur x-y-Ebene bzw. Bauplattform gefertigt. Die betrachteten Neigungswinkel betragen 0°, 15° und 90°. Der Neigungswinkel von 15° wird gewählt, da dieser einen geeigneten Kompromiss bildet zwischen der für die Fertigung des Prüfkörpers notwendigen Höhe (z-Richtung) des Baujobs und der Größe der Fläche zweier aneinander bzw. zueinander liegender bzw. verschmolzener Schichten des Prüfkörpers. So beträgt die Fläche zweier aneinander bzw. zueinander liegender Schichten im Prüfbereich eines Zugstabs Typ 2 bei einer Fertigung mit einer Neigung von 90° zur Bauplattform 8 mm^2 und bei einer Neigung von 15° ca. 15,4 mm^2. Der Neigungswinkel zur Bauplattform, mit dem der Prüfkörper gefertigt wurde, wird in die Nomenklatur der Zielgröße mit aufgenommen bzw. am Ende der Nomenklatur angegeben. So lautet bspw. die Nomenklatur für die ermittelte Zugfestigkeit σ_{max} und Bruchdehnung ε_B an einem Prüfkörper, der mit einer Neigung von 15° zur x-y-Ebene hergestellt wurde: Zugfestigkeit σ_{max} 15° und Bruchdehnung ε_B 15°.

Zugversuch II

Ein spezifisches Ziehen von Rückschlüssen auf die (tatsächlich) realisierte funktionale Gradierung bzw. lokal eingestellte Steifigkeit bei Zugbelastung über ein Bauteil ist mittels der in ISO 37 [ISO17] definierten Methodik und Prüfkörper nicht möglich. In der Praxis hat sich daher als Kennwert ein Sekantenmodul E_s, meist als Elastizitätsmodul E_s bezeichnet, in Anlehnung an DIN EN ISO 527-1 [DIN

19c] bewährt, das segmentweise an einem Prüfkörper mit funktional gradierten bzw. lokal eingestellten Eigenschaften ermittelt wird.

Der verwendete Prüfkörper (FGM-Zugprüfkörper) besitzt die Abmessungen 150 mm x 10 mm x 2 mm. Der FGM-Zugprüfkörper ist bezüglich seiner Bereiche und Segmente sowie des Tintenmengenanstiegs in x-Richtung analog zum FGM-Härteprüfkörper aufgebaut (vgl. Abbildung 13: Rastergrafik-Datei des FGM-Härteprüfkörpers inkl. Visualisierung der Bereiche und SegmenteAbbildung 13). Für die Analyse der funktionalen Gradierung bzw. lokalen Einstellung des Elastizitätsmoduls E_s über den Prüfbereich wird für jedes Segment separat das Elastizitätsmodul E_S mit einer Zugprüfmaschine der Firma Instron GmbH (Modell 5565) unter Verwendung eines optischen Extensometers ermittelt. Hierbei wird wie nachfolgend vorgegangen. Zuerst wird der Prüfköper minimal auf Spannung gebracht und der Traversenweg genullt sowie das optische Extensometer optimal bezüglich des zu analysierenden Segments ausgerichtet (Minimierung Parallaxenfehler). Anschließend wird der Prüfkörper so lange auf Zug belastet, bis der betrachtete Bereich eine Dehnung von 0,15 % aufweist. Nach Erreichen der Dehnung von 0,15 % wird der Prüfkörper umgehend entlastet. Dieses Vorgehen wird für jeden Bereich analog durchgeführt. Es wird stets mit dem Bereich gestartet, der mit der minimal definierten TM gefertigt wurde und daher tendenziell die geringste Steifigkeit aufweist. Das Ziel hierbei ist es, die viskose Verformung und die damit einhergehende Beeinflussung der Bauteileigenschaften so gering wie möglich zu halten. Daher erfolgt auch die Bestimmung des Elastizitätsmoduls E_s über eine Dehnung von 0,05 % bis 0,15 % und damit bei relativ geringer maximaler Dehnung.

<u>Stauchhärteprüfung</u>

Das HSS ermöglicht eine Fertigung komplexer Gitter- und Lattice-Strukturen. Deren Anwendung besitzt besonders bei TPE ein großes Potenzial, da hierdurch Charakteristika abgebildet werden können, die ähnlich der von Schäumen aus Polymeren sind. Aktuell gibt es jedoch keine spezifische Analyse für die Ermittlung von Kennwerten, die sowohl die Struktur als auch die Eigenschaften des Materials speziell für Gitter- bzw. Lattice-Strukturen charakterisieren. In der Praxis wird daher meist auf die DIN EN ISO 3386-1 [DIN15] bzw. die darin definierte Druckspannungs-Verformungseigenschaft CC_{xx} zurückgegriffen. Die Druckspannungs-Verformungseigenschaft CC_{xx}, die auch als Stauchhärte bezeichnet wird, entspricht dem Druckwiderstand, der vom Prüfkörper bei vollflächiger Verformung um xx % der Ausgangshöhe ausgeht.

Der Prüfvorgang besteht aus vier direkt aufeinander folgenden Zyklen, bei denen der Prüfkörper zwischen einer Druckplatte und einer Grundplatte bei konstanter Traversengeschwindigkeit bis zu einer definierten Verformung zusammengedrückt und danach mit gleicher Geschwindigkeit wieder entlastet wird. Auf Basis der Kraft-Verformungs-Kurve des vierten Zyklus werden die Kennwerte abgeleitet.

Die Versuche werden mit einer Universalprüfmaschine Z050 der Firma ZwickRoell GmbH & Co. KG durchgeführt. Wie in der DIN EN ISO 3386-1 definiert, werden die Prüfkörper mit einer Traversengeschwindigkeit von 100 mm/min bis zu einer Verformung von 70 % der Anfangshöhe zusammengedrückt und entlastet.

Als Prüfkörper (Lattice-Puck) wird ein aus der Lattice-Struktur Weaire-Phelan bestehender Zylinder verwendet, der mit homogener TM gefertigt wird. Der Zylinder besitzt eine Höhe von 40 mm und einen Durchmesser von 80 mm. Die Einheitszelle der Gitter- bzw. Lattice-Struktur besitzt die Dimension 20 x 20 x 20 m und die Strebendicke beträgt 1,6 mm. Pro Faktorstufenkombination werden mindestens wie nach DIN EN ISO 3386-1 gefordert drei Prüfkörper getestet. Als Kennwerte werden die Druckspannungs-Verformungseigenschaft CC_{40} und die Druckspannungs-Verformungseigenschaft CC_{50} bestimmt, da sich diese in der Praxis etabliert haben.

5.5.2 Geometrische Bauteileigenschaften

3D-Scananalyse

Die Analyse der Form- und Maßhaltigkeit erfolgt auf Basis eines Soll-Ist-Vergleichs zwischen der Geometrie des CAD-Modells (Soll-Geometrie) und der Ist-Geometrie des gefertigten Prüfkörpers.

Als Kennwert wird die Volumenabweichung V_A herangezogen. Diese wird wie folgt ermittelt: Im ersten Schritt wird mittels eines 3D-Scanners (ATOS Compact Scan 5M der Firma GOM GmbH) ein digitales Modell der Geometrie des im HSS gefertigten Prüfkörpers erzeugt. Die im HSS gefertigten Bauteile unterliegen aufgrund des Fertigungsprinzips einem in jede Raumrichtung individuellen Schrumpf. Dieser ist stets abhängig von den verwendeten Prozessparametern. Daher wird das CAD-Modell (Soll-Geometrie) mit dem in x-y- und z-Richtung vorliegenden Schrumpf skaliert, dem der gefertigte Prüfkörper (Ist-Geometrie) unterliegt. Die Ermittlung des Schrumpfs bzw. des Skalierungsfaktors erfolgt durch die Bestimmung des Abstands bzw. der Länge des Lotes von für definierte Flächen des Prüfkörpers erzeugte Hilfsflächen. So wird eine Verfälschung der Ergebnisse durch den prozessbedingten Schrumpf sowie eine Kompensation der Schrumpfung durch Anhaften von Polymerpulver an den Prüfkörpern minimiert. Die digitalisierte Ist-Geometrie des gefertigten Prüfkörpers und das skalierte CAD-Modell (Soll-Geometrie) werden dann in der Software GOM Inspect Suite 2020 mittels der Best-Fit Methode zueinander ausgerichtet. Aus der Differenz der Vereinigungs- und Schnittmenge ergibt sich das abweichende Volumen in m^3. Die Volumenabweichung V_A in % ergibt sich durch das in Verhältnis setzen vom abweichenden Volumen zum Volumen des jeweiligen skalierten CAD-Modells (Soll-Geometrie).

Die Bestimmung der Volumenabweichung V_A erfolgt abhängig von der Baujobgestaltung mit dem in Abbildung 14 dargestellten F&M-Prüfkörper I oder F&M-Prüfkörper II.

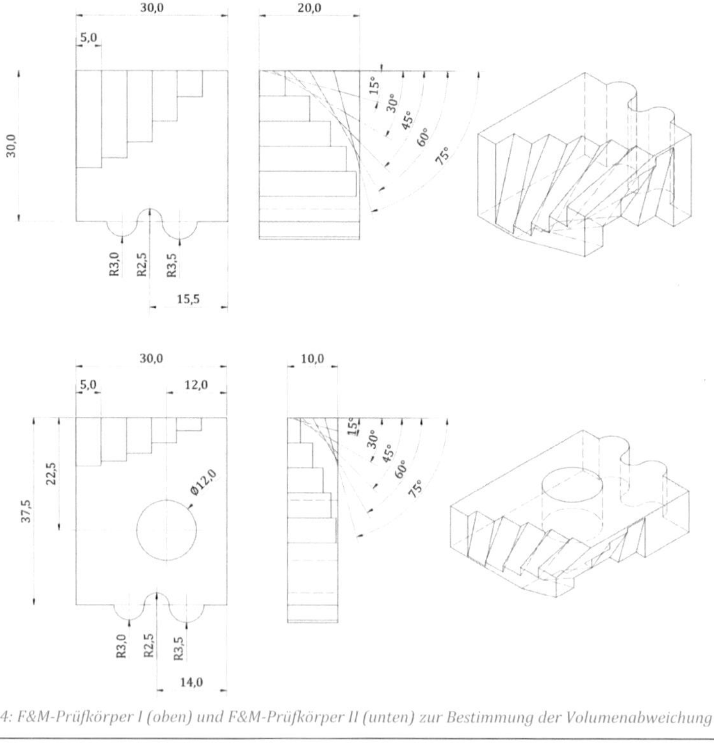

Abbildung 14: F&M-Prüfkörper I (oben) und F&M-Prüfkörper II (unten) zur Bestimmung der Volumenabweichung V_A

3D-Profilometeranalyse

Für eine aufwandsarme Analyse bzw. einen aufwandsarmen Vergleich des Verschmelzungsgrades der Polymerpartikel wird als Kennwert für den Verschmelzungsgrad der in der DIN EN ISO 25178-2 [DIN 12b] definierte Arithmetische Mittelwert der Höhe S_a verwendet, der an der Oberfläche des erstarrten Schmelzbades ermittelt wird. Der Arithmetische Mittelwert der Höhe S_a ist definiert als der Betrag des Höhenunterschieds eines jeden Punkts im Vergleich zum arithmetischen Mittel der Oberfläche [KEY24]. Dabei steht ein höherer Wert für eine geringere Oberflächengüte.

Als Prüfkörper wird ein sogenanntes Sinterkreuz (vgl. Abbildung 15) verwendet. Die Dicke des Sinterkreuzes bzw. seine Dimension in z-Richtung wurde so gewählt, dass die Fertigungsdauer möglichst gering ist, jedoch der Effekt der Akkumulation der durch den selektiven Energieeintrag eingebrachten Wärme über die einzelnen Schichten geeignet berücksichtigt wird. Um eine geeignete Analyse des Verschmelzungsgrades der Polymerpartikel zu ermöglichen, werden nach dem schichtweisen Bauteilaufbau bzw. der Fertigung der Sinterkreuze keine Leerschichten aufgetragen. Dies ermöglicht nach dem Abkühlen der Sinterkreuze eine direkte optische Erfassung der Oberfläche des erstarrten Schmelzbades. Erfahrungsgemäß steht eine höhere Oberflächengüte bzw. ein niedrigerer Wert des Arithmetischen Mittelwerts der Höhe S_a für einen höheren Verschmelzungsgrad der Polymerpartikel [REI16]. Die Bestimmung des Arithmetischen Mittelwerts der Höhe S_a erfolgt mit dem 3D-Profilometer VR-5200 der Firma Keyence, welches die Methode der Streifenlichtprojektion nutzt. Für die Gewährleistung einer hohen Reproduzierbarkeit werden die Sinterkreuze anhand einer Schablone im 3D-Profilometer ausgerichtet und es werden stets die gleichen drei Bereiche (8 mm x 5 mm) eines jeden Sinterkreuzes analysiert. Die analysierten Bereiche besitzen einen ausreichend großen Abstand zum Rand der Sinterkreuze, um Einflüsse auszuschließen, die sich aufgrund thermischer Wechselwirkungen zwischen Bauteil und Pulverbett während des schichtweisen Bauteilaufbaus ergeben.

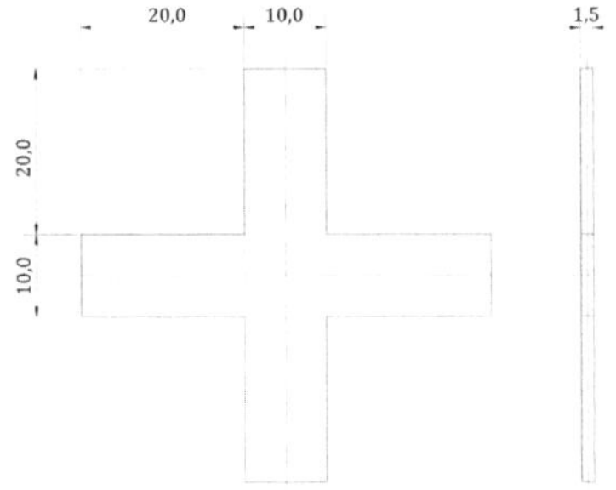

Abbildung 15: Sinterkreuz für die Bestimmung des Arithmetischen Mittelwerts der Höhe S_a

Pulveranhaftungsanalyse

Eine aufwandsarme erste Abschätzung der realisierbaren Form- und Maßhaltigkeit der Bauteile wird anhand einer subjektiven Bewertung der Pulveranhaftung durchgeführt, die an einem spezifisch dafür ausgewählten Prüfkörper (Lochplatte) vorliegt. Abbildung 16 zeigt die Lochplatte. Die Dicke der Lochplatte bzw. ihre Dimension in z-Richtung wurde so gewählt, dass die Fertigungsdauer möglichst gering ist, jedoch der Effekt der Akkumulation der durch den selektiven Energieeintrag eingebrachten Wärme über die einzelnen Schichten geeignet berücksichtigt wird. Die mit unterschiedlichen Durchmessern dimensionierten Löcher dienen der subjektiven Klassifikation der Pulveranhaftung auf Basis von Erfahrungswerten.

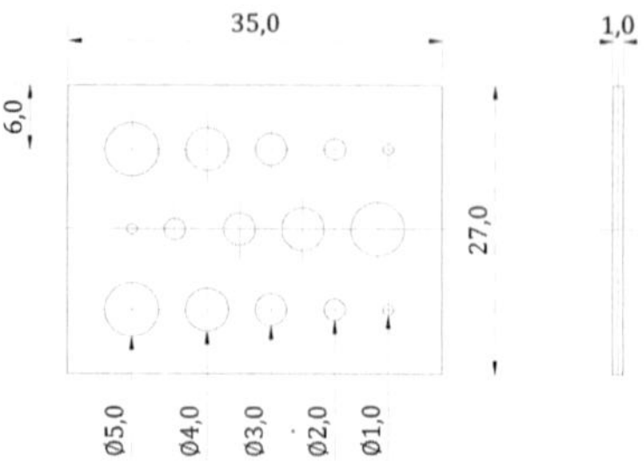

Abbildung 16: Lochplatte für die Bestimmung der Pulveranhaftung

5.5.3 Weitere Bauteileigenschaften

Eintauchverfahren

Die Bestimmung der Bauteildichte ρ_B erfolgt mittels des in der DIN EN ISO 1183-1 [DIN 19b] definierten Verfahrens A (Eintauchverfahren). Dieses basiert auf dem Prinzip der hydrostatischen Waage [FRI17] und ist speziell für blasenfreie feste Kunststoffe ausgelegt. Beim Setzen der Bauteildichte ρ_B in Relation zur nominellen Materialdichte ρ_M kann nach Gleichung 16 die relative Bauteildichte D_B bestimmt werden [VDI19]. Anhand dieser können Rückschlüsse auf die Bauteilstruktur bzw. Gesamtporosität gezogen werden.

$$D_B = \frac{\rho_B}{\rho_M} \tag{16}$$

mit	D_B	relative Bauteildichte [%]
	ρ_B	Bauteildichte [g/cm³]
	ρ_M	nominelle Materialdichte [g/cm³]

Die Messung wird mit der Analysenwaage ALS 250-4A in Kombination mit dem Set zur Dichtebestimmung YDB-03 (beide Firma KERN & SOHN GmbH) durchgeführt. Als Eintauchflüssigkeit wird deionisiertes Wasser verwendet. Die Prüftemperatur beträgt 23 °C. Als Prüfkörper werden die Würfel-Prüfkörper und Quader-Prüfkörper (vgl. Unterabschnitt 5.5.1) verwendet. Als nominelle Materialdichte wird die mittels Gaspyknometrie (vgl. Unterabschnitt 5.4.1) für das TPU-Pulver ermittelte Skelettdichte ρ_S herangezogen.

Differential Scanning Calorimetry

Wie in den Unterabschnitten 2.4.7 und 2.5.4 beschrieben, weisen die mittels PBF/P bzw. HSS gefertigten Bauteile einen vom additiven Fertigungsprozess, insbesondere vom schichtweisen Bauteilaufbau, abhängigen Aufschmelzgrad des Polymerpulvers auf. Hierdurch ergeben sich, wie in Unterabschnitt 2.4.7 erläutert, unterschiedliche Kristallinitäten. Diese können einen Einfluss auf das Schmelzverhalten des Polymers besitzen. Für einen Vergleich des Aufschmelzgrades der Polymerpartikel, der in den Bauteilen vorliegt, wird deren Schmelzverhalten verglichen. Dies erfolgt anhand durch DSC ermittelte Wärmestromkurven, insbesondere anhand der Werte T_m(onset), Schmelzpunkt bzw. Peaktemperatur beim Schmelzen T_m und Schmelzenthalpie ΔH_m.

Die Bestimmung der Wärmestromkurven des Bauteils erfolgt analog zu dem in Unterabschnitt 5.4.1 erläuterten Vorgehen zur Ermittlung der Wärmestromkurve des TPU-Pulvers. Hierfür wird aus dem Bauteil eine Probe mit einer Masse von ca. 10 mg entnommen und mit einer Heizrate von 20 K/min. unter Stickstoffatmosphäre von 25 °C auf 170 °C aufgeheizt.

Thermogravimetrie

Wie in Unterabschnitt 2.5.2 erläutert, können sich im Bauteil befindliche Rückstände der Tinte (nicht während des schichtweisen Bauteilaufbaus verdampfte Trägerflüssigkeit und Additive der Tinte) negativ auf die Bauteileigenschaften auswirken. Um Bauteile bezüglich ihrer quantitativen Zusammensetzung zu vergleichen, wird deren Zersetzungsverhalten mittels TGA analysiert.

Die Analyse des Zersetzungsverhaltens der Bauteile unter Temperatureinfluss erfolgt analog zu dem in Unterabschnitt 5.4.1 erläuterten Vorgehen zur Ermittlung des Zersetzungsverhaltens des TPU-Pulvers. Hierfür wird aus dem Bauteil eine Probe mit einer Masse von ca. 10 mg entnommen und mit einer Heizrate von 20 K/min. von 25 °C auf 800 °C aufgeheizt. Die Messung erfolgte dabei bis 600 °C unter Stickstoffatmosphäre und anschließend unter Sauerstoffatmosphäre.

5.6 Analyse des selektiven Energieeintrags

Wie in Unterabschnitt 2.5.5 beschrieben, weisen alle aktuell bestehenden Modelle zur Beschreibung des selektiven Energieeintrags beim HSS entscheidende Limitierungen auf. Für die Analyse des Zusammenhangs zwischen dem selektiven Energieeintrag und den Bauteileigenschaften sowie für die Analyse der Wechselwirkung der relevanten prozessseitigen Einflussgrößen des selektiven Energieeintrags wird daher in dieser Arbeit auf die in Abbildung 17 dargestellten Zusammenhänge der relevanten prozessseitigen Einflussgrößen des selektiven Energieeintrags zurückgegriffen. Bei diesen aus dem aktuellen Stand der Erkenntnisse abgeleiteten Beziehungen handelt es sich um eine vereinfachte Form, welche für das vorgesehene Versuchskonzept jedoch eine geeignete Validität besitzt. Es wird dabei auf die üblicherweise für die Kategorie des PBF/P verwendete Terminologie (vgl. Unterabschnitt 2.4.5) zurückgegriffen. Eine geeignete Berücksichtigung des Absorptionsgrades α des Polymerpulver-Tinte- bzw. RAM-Gemisches, welches stets materialspezifisch ist, kann aufgrund des aktuellen Stands der Erkenntnisse nicht geeignet abgebildet werden. So liegen auch keine Erkenntnisse zur Verteilung der Tinte im Polymerpulver vor, was Einfluss auf das tatsächlich beim selektiven Energieeintrag vorliegende Absorptionsverhalten und die Verteilung der eingetragenen Energie über die Pulverschicht besitzt (vgl. Unterabschnitt 2.5.2). Des Weiteren liegen keine Erkenntnisse zum Verdampfungsverhalten der Tinte bzw. der Trägerflüssigkeit unter Prozessbedingungen vor, welches stets abhängig von der Tinten- bzw. Trägerflüssigkeitsmenge ist und ebenfalls den selektiven Energieeintrag beeinflusst (vgl. Unterabschnitt 2.5.2). Daher beschränkt sich diese Arbeit auf die Flächenenergiedichte $E_{A, HSS}$ und Volumenenergiedichte $E_{V, HSS}$.

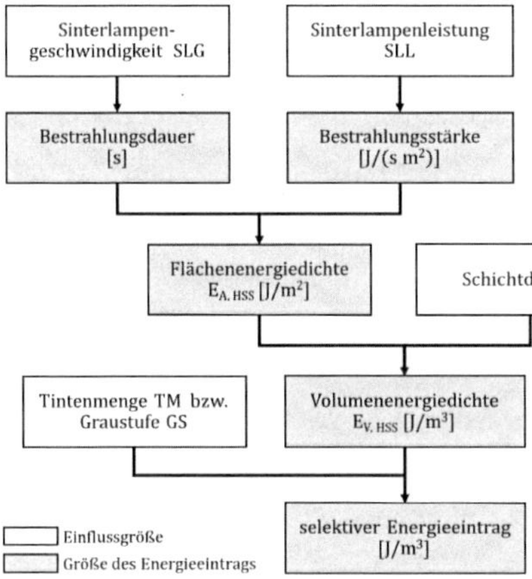

Abbildung 17: Vereinfachte Darstellungsform der Beziehungen zwischen den relevanten prozessseitigen Einflussgrößen (Steuergrößen) des selektiven Energieeintrags

Die von der Sinterlampe realisierte Flächenenergiedichte $E_{A,HSS}$ wird mit der von [PEZ24, S. 95] angewandten Methode messtechnisch bestimmt. Bei dieser wird die Leistung der Sinterlampe bzw. die während der Überfahrt auf eine definierte Fläche eingehende elektromagnetische Strahlungsenergie mittels eines thermischen Sensors bestimmt. Durch Integration der gemessenen Leistung der Sinterlampe P_{SL} über die Dauer der Überfahrt der Sinterlampe und der Berücksichtigung der (Ober-)Fläche des thermischen Sensors A_S ergibt sich nach Gleichung 17 die auf den thermischen Sensor bzw. der Pulverbettoberfläche eingehende Flächenenergiedichte $E_{V,HSS}$. Unter Berücksichtigung der SD ergibt sich des Weiteren unter Anwendung von Gleichung 18 die Volumenenergiedichte $E_{V,HSS}$.

$$E_{A,HSS} = \frac{\int P_{SL}\,dt}{A_S} \tag{17}$$

$$E_{V,HSS} = \frac{\int P_{SL}\,dt}{A_S\,SD} \tag{18}$$

mit	$E_{A,HSS}$	Flächenenergiedichte [J/mm²]
	$E_{V,HSS}$	Volumenenergiedichte [J/mm³]
	P_{SL}	Gemessene Leistung der Sinterlampe [J/mm²]
	A_S	Sensoroberfläche [mm²]
	SD	Schichtdicke [mm]

Für die Messung der Leistung der Sinterlampe P_{SL} wird der thermische Sensor 442C und die optische Leistungsmesskonsole PM400 der Firma Thorlabs Inc. verwendet. Der thermische Sensor 442C besitzt einen (Ober-)Flächendurchmesser von 17,5 mm, eine Reaktionszeit von kleiner 0,6 s, einen Wellenlängenmessbereich von 190 nm bis 10.000 nm sowie einen Wirkungsgrad η_S von ca. 90 % im gemessenen Wellenlängenbereich. Der Wirkungsgrad wird direkt vom thermischen Sensor 442C berücksichtigt. Das Messprinzip des thermischen Sensors S442C basiert auf einer Thermosäule. Aufgrund des Temperaturunterschieds zwischen der durch die elektromagnetische Strahlung der Sinterlampe aufgeheizten Sensoroberfläche und der am Kühlkörper vorliegenden Referenztemperatur wird durch den thermoelektrischen Effekt der Thermoelemente eine Spannung erzeugt. Aus der vom Temperaturunterschied abhängigen Spannung wird die gemessene Leistung der Sinterlampe P_{SL} bestimmt. [PEZ24, S. 68]

5.7 Statistische Versuchsplanung und Auswertungsmethoden

Zur effizienten Planung und Auswertung der Versuche der Prozessanalyse wird in dieser Arbeit auf die statistische Versuchsplanung (engl. Design of Experiments, DoE) zurückgegriffen. Nachfolgend wird auf die für diese Arbeit relevanten Grundlagen und Begriffe der DoE eingegangen und die verwendeten Versuchspläne und Auswertemethoden erläutert. Die Erstellung der Versuchspläne sowie die Auswertung erfolgte in dieser Arbeit mit der Statistiksoftware JMP® Pro 17 der JMP Statistical Discovery LLC.

5.7.1 Grundlagen und Begriffe

<u>Zielgrößen</u>

Zielgrößen dienen der Beschreibung der Ergebnisse der Versuche. Sie sind meist Messwerte oder Größen, die aus einem oder mehreren Messwerten bestimmt werden [KLE20, S. 12]. Grundsätzlich können bei einem Versuch mehrere Zielgrößen ermittelt werden. Häufig besteht zwischen diesen ein Zielkonflikt [KLE20, S. 41]. Dies bedeutet, dass die für eine Zielgröße geeignete Einstellung der Faktoren nicht der geeigneten Einstellung der Faktoren für eine andere Zielgröße entsprechen [KLE20, S. 268].

Einflussgrößen

Einflussgrößen bilden die Größen, die einen Einfluss auf die Zielgrößen haben bzw. diese beeinflussen. Einflussgrößen können in Steuergrößen und Störgrößen eingeteilt werden. Steuergrößen entsprechen Einflussgrößen, deren Wert eingestellt und während des Versuches gehalten werden kann. Störgrößen entsprechen Einflussgrößen, deren Wert nicht eingestellt werden kann. [KLE20, S. 12 f.]

Faktoren und Faktorstufen

Die in einem Versuch enthaltenen und damit analysierten Einflussgrößen werden als Faktoren bezeichnet. Sie können in quantitative (numerische) und qualitative (kategorische) Faktoren unterschieden werden. Quantitative Faktoren können des Weiteren in „diskret" und „stetig" klassifiziert werden. Diskrete Faktoren weisen zwischen zwei beliebigen Werten eine zählbare Anzahl an Werten auf. Stetige Faktoren weisen hingegen zwischen zwei beliebigen Werten eine unendliche Anzahl an Werten auf. Die ausgewählten Werte der Faktoren werden als Stufen bzw. Faktorstufen bezeichnet. [KLE20, S. 14 f., MIN24]

Effekt

Der Effekt kennzeichnet die Wirkung eines Faktors auf die Zielgröße [SIE10, S. 12]. Der Effekt eines Faktors wird auch als Haupteffekt bezeichnet, um diesen begrifflich von bspw. Wechselwirkungseffekten abzugrenzen [SIE10, S. 15]. Der Effekt eines Faktors ist vom Stufenabstand abhängig [SIE10, S. 6]. Grundlegend gilt: Je kleiner der Stufenabstand, desto geringer der Effekt. Es bedarf daher einer geeigneten Auswahl der Stufenabstände eines Faktors.

Signifikanz

Grundsätzlich streuen die Versuchsergebnisse aufgrund zufälliger Einflüsse. Dies führt zu einer Streuung der ermittelten Effekte. Ist ein Effekt größer als seine Zufallsstreuung (Breite des Vertrauensbereichs), so gilt er als signifikant. Es handelt sich somit um einen echten bzw. aktiven Effekt. Ist der Effekt hingegen kleiner als seine Zufallsstreuung, gilt er als nicht signifikant. Dies bedeutet nicht notwendigerweise, dass der Effekt eines Faktors 0 ist, es besteht jedoch die Möglichkeit. [KLE20, S. 40]

Zur Beurteilung der Signifikanz wird häufig der p-Wert verwendet. Dieser gibt an, mit welcher Wahrscheinlichkeit der Effekt zufällig auftritt und damit nicht signifikant ist [KLE20, S. 335]. Für die geeignete Darstellung des p-Werts wird häufig die Logwertigkeit herangezogen. Diese wird nach Gleichung 19 aus dem p-Wert ermittelt [JMP 24g]. Daher gilt: Je höher die Logwertigkeit, desto höher das Signifikanzniveau.

$$Logwertigkeit = -log_{10}(p - Wert) \qquad (19)$$

In dieser Arbeit werden die 95 %-, 99 %-, und 99,9 %-Vertrauensbereiche herangezogen, um die Größe des Effekts zu bewerten. Die Bewertung des Effekts erfolgt dabei gemäß der in Tabelle 7 angegebenen Abstufungen.

Tabelle 7: Gewählte Abstufungen für die Bewertung der Größe der Effekte

Vertrauensbereich	p-Wert	Logwertigkeit	Effekt
95,0 %	≤ 0,05	1,3	signifikant
99,0 %	≤ 0,01	2	sehr signifikant
99,9 %	≤ 0,001	3	hoch signifikant

Wechselwirkung

Ist der Effekt eines Faktors von der Einstellung bzw. dem Wert eines anderen Faktors abhängig, besteht eine sogenannte Wechselwirkung zwischen diesen Faktoren [SIE10, S. 15]. Dieser Effekt wird auch als Wechselwirkungseffekt bezeichnet. Besteht ein signifikanter Wechselwirkungseffekt, bedarf es einer gemeinsamen Betrachtung der Faktoren [KLE20, S. 106].

Bestimmtheitsmaß R^2

Das Bestimmtheitsmaß R^2 dient der Beurteilung der Güte eines Modells und entspricht dem Anteil der Summe der quadrierten Abweichungen der Versuchsergebnisse vom Mittelwert des aufgestellten Modells [KLE20, S. 334]. Das Bestimmtheitsmaß R^2 nimmt daher Werte zwischen 0 und 1 an. Es gilt: Je höher der Wert bzw. je näher der Wert an 1 herankommt, desto höher die Modellgüte.

5.7.2 Versuchspläne

Definitive Screening Pläne

Screening-Versuchspläne eignen sich besonders, wenn lediglich ein geringer Informationsgrad zum Untersuchungsgegenstand vorliegt bzw. der Effekt für eine große Anzahl an Faktoren und die Richtung der Effekte mit möglichst wenig Einzelversuchen ermittelt werden soll [KLE20, S. 129, 164]. Einen guten Kompromiss zwischen Aufwand und Vermengungsrisiko bieten Pläne der Auflösung IV [KLE20, S. 164]. Eine bewährte Form von Plänen der Auflösung IV bilden Definitive Screening Pläne [KLE20, S. 164]. Diese können die Haupteffekte sicher darstellen [SIE10, S. 29] und im Vergleich zu üblichen Screening-Versuchsplänen bei Bedarf auch die quadratischen Effekte der Faktoren unabhängig voneinander bestimmen [KLE20, S. 164]. Definitive Screening Pläne besitzen stets drei Stufen pro stetigem Faktor, die einen gleichen Abstand voneinander besitzen. Für k Faktoren besitzt der Plan mindestens 2k+1 Faktorstufenkombinationen [KLE20, S. 162].

Optimale Pläne

Optimale Pläne bestehen meist aus den wichtigsten Faktorstufenkombinationen eines Vollfaktoriellen Plans. Diese werden mittels eines Auswahlalgorithmus iterativ ausgewählt, so dass diese den bestmöglichen Kompromiss bzw. das Optimum in Bezug auf das vorgesehene Modell bilden. [SIE10, S. 53, KLE20, S. 229]

Optimale Pläne ermöglichen eine beliebige Vorgabe des Versuchsraums. So können bei der Planung nicht realisierbare oder nicht sinnvolle Faktorstufenkombinationen bzw. Bereiche von Faktorstufenkombinationen durch sogenannte constraints ausgeschlossen werden [KLE20, S. 230]. Der Ausschluss erfolgt dabei durch eine gegenseitige Begrenzung der Faktoren [SIE10, S. 55, KLE20, S. 284]. Daneben können der Modellansatz bzw. die zu berücksichtigenden Effekte des Modells (Modelleffekte) und die Stufenwerte jedes Faktors festgelegt werden. Die Anzahl der Einzelversuche kann beliebig vorgegeben werden, muss aber einer vom gewählten Modellansatz abhängigen Mindestanzahl entsprechen [KLE20, S. 229]. Aufgrund dieser Aspekte ist für die Erstellung eines Optimalen Plans stets eine entsprechende Software wie bspw. JMP® Pro 17 notwendig.

5.7.3 Auswertemethoden

Effekttest

Der Effekttest wird, wie in JMP® Pro 17 standardmäßig, auf Basis der Methode der kleinsten Quadrate durchgeführt. Die Bestimmung der Größe des Effekts bzw. des p-Werts erfolgt mittels des F-Verhältnisses [JMP 24d]. Das F-Verhältnis ist das Verhältnis des mittleren Quadrats des Effekts geteilt durch das mittlere Quadrat des Fehlers [JMP 24c]. Das mittlere Quadrat des Effekts ist wiederum die Summe der Quadrate des Effekts geteilt durch seine Freiheitsgrade.

Haupteffekt-Residuen-Diagramm

Die von JMP® Pro 17 standardmäßig erstellten Haupteffekt-Residuen-Diagramme zeigen die Residuen gegen die Faktorstufen für ein Modell, welches die Haupteffekte berücksichtigt. Besitzt ein Faktor Residuen, die sich zwischen den Faktorstufen unterscheiden, weist dies auf einen bedeutsamen Haupteffekt hin. [JMP 24f]

Prediction Profiler

Der in JMP® Pro 17 implementierte Prediction Profiler [JMP 24i] dient einer tiefgreifenden Analyse von in JMP® Pro 17 erstellten Modellen. So können mit diesem u.a. Analysediagramme [JMP 24h] erstellt werden. Diese zeigen für definierte Werte der Faktoren die Profilkurve der Werte der Zielgröße über den betrachteten Wertebereich der Faktoren. Des Weiteren ermöglicht die Desirability Function eine Optimierung der Zielgrößen in Richtung deren Maxima, Minima oder eines Zielwertes [JMP 24a]. Die Optimierung erfolgt anhand von Desirability Functions (Wünschbarkeitsfunktionen), welche aus abschnittsweise definierten Funktionen bestehen. Detaillierte Informationen zu den abhängig vom Modell verwendeten Desirability Functions können [JMP 24a] entnommen werden. Bei der Optimierung von Zielgrößen, für die ein Zielkonflikt vorliegt, wird in diese Arbeit auf das geometrische Mittel der sich für die einzelnen Zielgrößen ergebenden Desirability Functions zurückgegriffen [JMP 24b]

6 Polymerpulveranalyse

In diesem Kapitel wird eine spezifische Analyse des TPU-Pulvers durchgeführt, um einerseits die Eignung des TPU-Pulvers für das HSS bzw. die VX200 HSS zu überprüfen und andererseits erste Rückschlüsse auf geeignete Prozessparameter und Prozessparameterbereiche zu ziehen.

6.1 Polymereigenschaften

Schmelz- und Kristallisationsverhalten

Wie u. a. den Erläuterungen in den Unterabschnitten 2.4.4 und 2.5.6 entnommen werden kann, hat das Schmelz- und Kristallisationsverhalten des Polymerpulvers einen entscheidenden Einfluss auf seine Verarbeitbarkeit im HSS.

Die mit der DSC (vgl. Unterabschnitt 5.4.1) für das TPU-Pulver ermittelten Wärmestromkurven für die betrachteten Heiz- und Kühlraten sind in Abbildung 18 dargestellt. Für die Analyse wurde ein PMV von 80/20 kg/kg verwendet. Hintergrund hierfür ist, dass für das TPU-Pulver ein PMV im Bereich von 80/20 kg/kg bis 70/30 kg/kg dem Standard für das LS und das angestrebte PMV für das HSS entspricht. Wie Abbildung 18 entnommen werden kann, weist das TPU-Pulver kein eindeutiges Sinterfenster auf, wie die im PBF/P standardmäßig verwendeten teilkristallinen Thermoplasten (vgl. Unterabschnitt 2.4.4). Ursache hierfür ist, dass das TPU-Pulver aus mehreren thermoplastischen und elastischen Komponenten bzw. Segmenten besteht. Der beim Aufheizen bei einer Temperatur von ca. 118 °C vorliegende Beginn eines starken Anstiegs des Wärmestroms entspricht vermutlich dem T_m(onset) einer „dominierenden“ thermoplastischen Komponente. Dieser T_m(onset) liegt knapp über der vom Materialhersteller angegebenen oberen Grenze der T_P für das LS von 112 °C und ist wahrscheinlich der Grund für diese Grenze. Die Wärmestromkurven der unterschiedlichen Kühlraten unterscheiden sich teilweise deutlich. Tendenziell gilt, je geringer die Kühlrate, desto flacher bzw. homogener die Wärmestromkurve. Einen für das PBF/P typischen T_K(onset), und damit das untere Ende des Sinterfensters, kann für das TPU-Pulver nicht ausgemacht werden. Tendenziell liegen unabhängig von der Kühlrate erste exotherme Effekte ab einer Temperatur von ca. 110 °C und damit deutlich über der vom Materialhersteller genannten unteren Grenze der T_P für das LS von 95 °C vor. Diese ersten exothermen Effekte weisen eine relativ geringe Enthalpie auf. Eine untere Grenze der T_P für das TPU-Pulver kann daher auf Basis des Kristallisationsverhaltens nicht definiert werden. Die Wärmestromkurve der Abkühlrate von 1 K/min, die dem Abkühlprozess des HSS am nächsten ist, zeigt ab ca. 70 °C ein annähernd lineares Verhalten. Daher kann davon ausgegangen werden, dass ab dieser Temperatur beim Abkühlprozess die Kristallisationsvorgänge abgeschlossen sind.

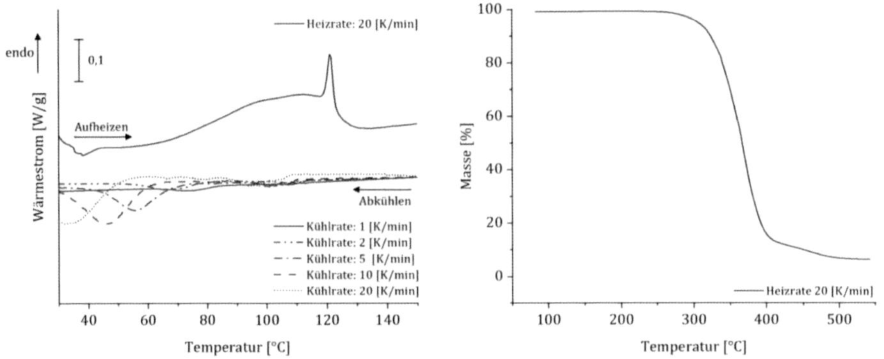

Abbildung 18: Schmelz- und Kristallisationsverhalten (links) sowie Zersetzungsverhalten (rechts) des TPU-Pulvers

Zersetzungsverhalten

Aufgrund der beim additiven Fertigungsprozess, insbesondere beim schichtweisen Bauteilaufbau, vorliegenden Temperaturen muss das Polymerpulver eine geeignete thermische Beständigkeit aufweisen, damit es nicht zu einer Schädigung des Polymerpulvers kommt, die sich negativ auf die Bauteileigenschaften auswirkt.

Die mit der TGA (vgl. Unterabschnitt 5.4.1) ermittelte Massenänderung des TPU-Pulvers in Abhängigkeit der Temperatur ist in Abbildung 18 dargestellt. Es zeigt sich, dass ab einer Temperatur von ca. 233 °C die erste relevante Massenänderung vorliegt. Im Temperaturbereich von ca. 233 °C bis 299 °C ergibt sich eine Massenänderung von ca. 3 %. Bei weiterer Erhöhung der Temperatur ergibt sich eine deutlich höhere Massenänderung über die Temperatur. Diese ist vermutlich auf ein Zersetzen des TPU-Pulvers zurückzuführen. Aufgrund der deutlich unterhalb dieser Temperatur liegenden T_P ergibt sich tendenziell ein ausreichend großes Temperaturfenster, so dass die beim schichtweisen Bauteilaufbau vorliegenden Temperaturen nicht zu einer entscheidenden Schädigung des TPU-Pulvers führen.

Schmelze-Volumenfließrate

Wie in Unterabschnitt 2.4.6 erläutert, bedarf es für eine geeignete Koaleszenz des aufgeschmolzenen Polymerpulvers einer möglichst geringen Viskosität μ der Schmelze. Für das PBF/P wird diese in der Praxis meist mit dem MVR-Wert betrachtet [SCH 22b, S. 128]. Bisher gibt es jedoch keine Erkenntnisse darüber, welcher MVR-Wert für das HSS geeignet ist. Für das LS haben sich MVR-Werte im Bereich von 30 cm^3/10 min bis 50 cm^3/10 min bewährt [SCH 22b, S. 131]. Da beim HSS im Vergleich zum LS die Dauer des selektiven Energieeintrags deutlich länger ist, und der Faktor Zeit einen direkten Einfluss auf die Koaleszenz hat (vgl. Unterabschnitt 2.4.6) wird davon ausgegangen, dass auch ein niedrigerer MVR-Wert geeignet ist.

Die mittels der Schmelzindex-Messung (vgl. Abschnitt 5.4) bei unterschiedlichen Temperaturen ermittelten MVR-Werte des TPU-Pulvers können Abbildung 19 entnommen werden. Es ist zu erkennen, dass der MVR-Wert über den betrachteten Temperaturbereich (120 °C bis 170 °C) einen tendenziell exponentiell ansteigenden Verlauf mit zunehmender Temperatur aufweist. Aktuell liegen keine Erkenntnisse über die herrschenden Temperaturen während des selektiven Energieeintrags beim HSS vor. Es wird aber davon ausgegangen, dass die durch den selektiven Energieeintrag aufgeschmolzenen Bereiche des Pulverbetts eine Temperatur aufweisen, die deutlich höher als die verwendete T_P ist. Ein MVR-Wert von 30 cm^3/min wird bereits bei ca. 140 °C erreicht. Daher kann davon ausgegangen werden, dass das TPU-Pulver einen geeigneten MVR-Wert und damit eine geeignete Viskosität μ der Schmelze für die Verarbeitung im HSS hat.

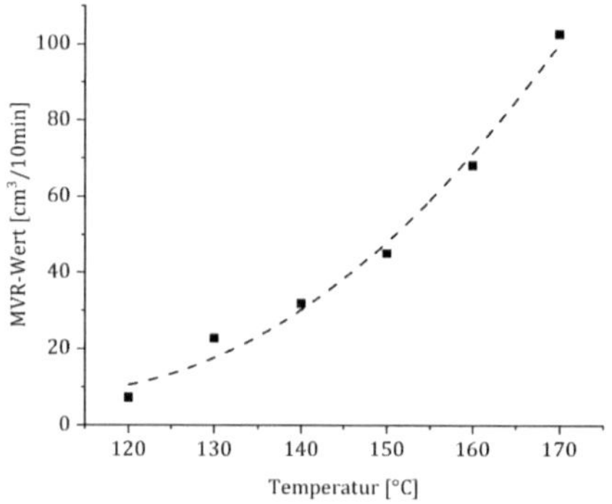

Abbildung 19: MVR-Wert des TPU-Pulvers in Abhängigkeit der Temperatur

Absorptionsverhalten

Wie den Erläuterungen in Unterabschnitt 2.5.2 entnommen werden kann, muss für eine geeignete Verarbeitbarkeit das Polymerpulver im Wellenlängenbereich der von der Overheadlampe emittierten Strahlung eine hohe Absorption und im Bereich des Wellenlängenschwerpunkts der von der Sinterlampe emittierten Strahlungsenergie eine geringe Absorption besitzen.

Der mittels UV-VIS-NIR-Spektroskopie (vgl. Unterabschnitt 5.4.1) ermittelte wellenlängenabhängige Absorptionsgrad α des TPU-Pulvers über den für den schichtweisen Bauteilaufbau der VX200 HSS relevanten Wellenlängenbereich (vgl. Abschnitt 5.1) ist in Abbildung 20 dargestellt. Um das Absorptionsverhalten des TPU-Pulvers besser beurteilen bzw. in Relation setzen zu können, ist in Abbildung 20 zusätzlich die Bestrahlungsstärke der Sinterlampe über die Wellenlänge λ bzw. die ermittelten Emissionsspektren für ausgewählte SLL und das Absorptionsverhalten des PA 12-Pulvers HSS-Pulver Typ B dargestellt, welches üblicherweise in der VX200 HSS verarbeitet wird. Das TPU-Pulver besitzt grundsätzlich ein relativ ähnliches Absorptionsverhalten wie das PA 12-Pulver. Über den Wellenlängenbereich der SLL mit hoher Bestrahlungsstärke ist der Absorptionsgrad α des TPU-Pulvers relativ gering. Im Bereich hoher Wellenlängen λ, wo tendenziell der Wellenlängenschwerpunkt der Overheadlampe liegt, besitzt das TPU-Pulver hingegen einen relativ hohen Absorptionsgrad α. Es kann daher davon ausgegangen werden, dass das TPU-Pulver ein für das HSS geeignetes Absorptionsverhalten aufweist.

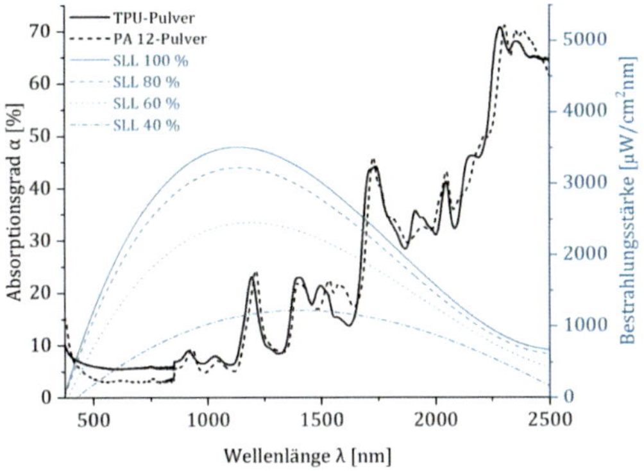

Abbildung 20: Wellenlängenabhängiger Absorptionsgrad α des TPU-Pulvers und des Standard-Polymerpulver für das HSS (PA 12-Pulver) [PEZ24, S. 93] und Bestrahlungsstärke der Sinterlampe [PEZ24, S. 94]

Benetzungsverhalten

Wie den Unterabschnitten 2.5.2 und 2.5.6 entnommen werden kann, bedarf es eines geeigneten Benetzungsverhaltens des Polymerpulvers mit der Tinte. Ein Maß für das Benetzungsverhalten bildet der Kontaktwinkel δ. Bisher gibt es jedoch keine Erkenntnisse darüber, welches Benetzungsverhalten bzw. welcher Kontaktwinkel δ für das HSS geeignet ist (vgl. Unterabschnitt 2.5.2). Grundlegend wird bei einem Kontaktwinkel $\delta \leq 90$ ° von einer Benetzung gesprochen [EHR21, S. 122]. Je kleiner der Kontaktwinkel δ, desto besser die Benetzung. Bei einem Kontaktwinkel δ von 0° liegt eine völlige Benetzung vor [EHR21, S. 132]. Um den für das TPU-Pulver ermittelten Kontaktwinkel δ besser in Relations setzen zu können, wird zusätzlich der Kontaktwinkel δ für das PA 12-Pulver HSS-Pulver Typ B bestimmt, welches standardmäßig in der VX200 HSS verarbeitet wird.

Der für das TPU-Pulver bestimmte Kontaktwinkel δ beträgt 71°. Das TPU-Pulver wird daher grundsätzlich von der Tinte benetzt. Für das PA 12-Pulver HSS-Pulver Typ B wurde ein Kontaktwinkel δ von 70 ° bestimmt. Das TPU-Pulver besitzt daher ein relativ ähnliches Benetzungsverhalten wie das PA 12-Pulver.

Skelettdichte

Die mittels der Gaspyknometrie (vgl. Abschnitt 5.4) ermittelte Skelettdichte ρ_S des TPU-Pulvers beträgt 1,19 g/cm³. Der Wert ist damit wie erwartet leicht höher als der vom Materialhersteller im LS erzielte Maximalwert für die Bauteildichte ρ_B von 1,14 g/cm³.

Fazit

Das TPU-Pulver weist ein für das HSS grundsätzlich geeignetes Zersetzungs-, Absorptions- und Benetzungsverhalten sowie eine geeignete Viskosität μ der Schmelze auf. Hinsichtlich des Schmelz- und Kristallisationsverhaltens des TPU-Pulvers bzw. des Vorhandenseins eines geeigneten Sinterfensters kann kein valider Rückschluss gezogen werden. Dies ist auch vor dem Hintergrund zu sehen, dass speziell für die Verarbeitung von TPU im HSS diesbezüglich noch keine Kenntnisse vorliegen. Es sind daher Versuche unter Prozessbedingungen zielführend.

6.2 Pulvereigenschaften

Partikelgrößenverteilung

Wie in Unterabschnitt 2.5.6 erläutert, hat die Partikelgrößenverteilung einen Einfluss auf das Fließverhalten des Polymerpulvers sowie allgemein auf das sich ausbildende Pulverbett. Des Weiteren dürfen die einzelnen Pulverpartikel eine gewisse Größe in Relation zur SD nicht überschreiten, da sonst von ihnen ausgehend beim Pulverauftrag Streifen und Risse im Pulverbett verursacht werden.

Die für das TPU-Pulver mit einem PMV von 80/20 kg/kg mittels der Partikelgrößenanalyse (vgl. Unterabschnitt 5.4.2) ermittelte Verteilungssumme und Verteilungsdichte der Anzahl $Q_0(x_{c\,min})$ bzw. $q_0(x_{c\,min})$ und des Volumens $Q_3(x_{c\,min})$ bzw. $q_3(x_{c\,min})$ sind in Abbildung 21 dargestellt. Wie der Anzahlverteilungssumme $Q_0(x_{c\,min})$ und Anzahlverteilungsdichte $q_0(x_{c\,min})$ entnommen werden kann, besitzt der Großteil der TPU-Polymerpartikel, in Relation zur standardmäßig im HSS verwendeten SD, eine relativ kleine Partikelbreite $x_{c\,min}$. Dies spiegelt sich auch in den Perzentilen der Anzahlverteilungssumme $Q_0(x_{c\,min})$ (d_010 = 0,9 μm; d_050: 1,4 μm; d_090 = 2,4 μm) wider. Die Anzahlverteilungssumme $Q_0(x_{c\,min})$ bei einer Partikelbreite von < 80 μm beträgt ca. 99,64 %. Da die typischerweise im HSS angewandte kleinste SD 80 μm beträgt und das TPU-Pulver vor der Verwendung grundsätzlich gesiebt wird, kann davon ausgegangen werden, dass eine Bildung von Streifen und Rissen im Pulverbett weitestgehend ausgeschlossen werden kann. Die Anzahlverteilungsdichte $q_0(x_{c\,min})$ weist eine sehr enge monomodale Verteilung auf. Die Volumenverteilungsdichte $q_3(x_{c\,min})$ weist hingegen eine breite, tendenziell monomodale Verteilung auf. Dies spiegelt sich auch in den Perzentilen der Volumenverteilungssumme $Q_3(x_{c\,min})$ (d_310 = 42,3 μm; d_350: 89,2 μm; d_390 = 131,3 μm) wider. Wie in Unterabschnitt 2.5.6 erläutert, nimmt die Fließfähigkeit eines Pulvers erfahrungsgemäß mit abnehmender Partikelgröße und breiterer Partikelgrößenverteilung ab.

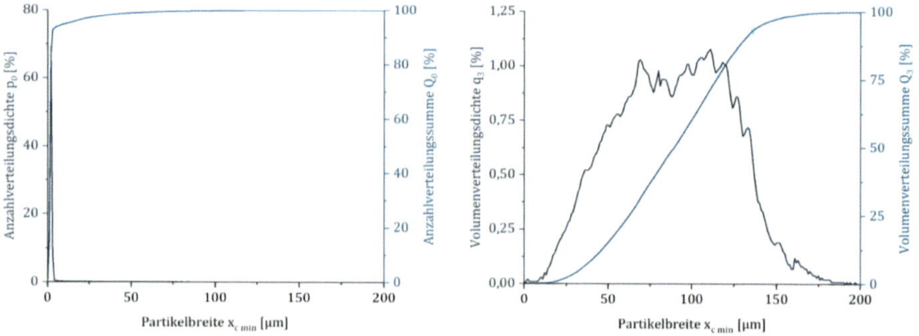

Abbildung 21: Verteilungssumme und Verteilungsdichte der Anzahl $Q_0(x_{c\,min})$ bzw. $q_0(x_{c\,min})$ (links) und des Volumens $Q_3(x_{c\,min})$ bzw. $q_3(x_{c\,min})$ (rechts) des TPU-Pulvers

Partikelgeometrie

Wie in Unterabschnitt 2.5.6 erläutert, hat die Partikelgeometrie einen Einfluss auf das Fließverhalten des Polymerpulvers sowie allgemein auf das sich ausbildende Pulverbett.

Abbildung 22 zeigt mittels Mikroskopie (vgl. Unterabschnitt 5.4.2) erstellte Aufnahmen des TPU-Pulvers. Die TPU-Partikel weisen eine für das verwendete Herstellungsverfahren (kryogenes Mahlen) typische Oberflächengeometrie auf [SCH 22b, S. 156]. So haben die TPU-Partikel grundsätzlich eine kantige Struktur. Darüber hinaus variiert die Geometrie der einzelnen TPU-Partikel sehr stark, was sich in einer großen Variation der Werte für die betrachteten zweidimensionalen Größen Zirkularität, Aspektverhältnis und Flächendeckung widerspiegelt. Die tendenziell geringe Sphärizität der TPU-Partikel kann, wie in Unterabschnitt 2.5.6 beschrieben, einen negativen Einfluss auf das Fließverhalten und das sich ausbildende Pulverbett besitzen.

Abbildung 22: Mikroskop-Aufnahmen des TPU-Pulvers bei 100-facher (links) und 300-facher (rechts) Vergrößerung

Fazit

Auf Basis der Ergebnisse der Analyse der Partikelgrößenverteilung und der Partikelgeometrie kann vor dem Hintergrund des bisher geringen Kenntnisstandes für das HSS (vgl. Unterabschnitt 2.5.6) allgemein bzw. speziell für den in der VX200 HSS vorliegenden Pulverauftrag (vgl. Unterabschnitt 2.5.1) keine valide Aussage getroffen werden, ob das TPU-Pulver eine geeignete Fließfähigkeit sowie die Bildung eines geeigneten Pulverbetts ermöglicht. Es müssen daher Versuche unter Prozessbedingungen durchgeführt werden. Dies ist auch vor dem Hintergrund zu sehen, dass die speziell für das PBF/P ausgelegten Polymerpulver meist mit Additiven zur Einstellung der Fließfähigkeit versehen sind (vgl. Unterabschnitt 2.5.6).

7 Grundlegende Prozessanalyse

In diesem Kapitel erfolgt eine grundlegende Analyse der Verarbeitbarkeit bzw. Prozessierbarkeit des TPU-Pulvers im additiven Fertigungsprozess des HSS bzw. der VX200 HSS mit Fokus auf den schichtweisen Bauteilaufbau.

7.1 Bestimmung Pulverauftrag und Bauraumtemperaturen

7.1.1 Pulverauftragsanalyse

Untersuchungsgegenstand ist die Bestimmung der Werte der relevanten Parameter bzw. Faktoren des Pulverauftrags, mit denen ein geeigneter und reproduzierbarer Auftrag des TPU-Pulvers realisiert werden kann. Da der Konditionierungszustand des Polymerpulvers beim Pulverauftrag einen entscheidenden Einfluss auf die Fließfähigkeit des Polymerpulvers hat (vgl. Unterabschnitt 2.5.6), soll im ersten Schritt eine geeignete Konditionierung des TPU-Pulvers bestimmt werden. Die zu betrachtenden Faktoren sind in Tabelle 8 gelistet. Um den Versuchsaufwand gering zu halten, erfolgt die Bestimmung der Werte iterativ auf Basis von Erfahrungswerten.

Bei der Analyse der Fließfähigkeit des TPU-Pulvers in Abhängigkeit vom Konditionierungszustand zeigte sich, dass das TPU-Pulver tendenziell eine bessere Fließfähigkeit bei geringem Feuchtigkeitsgehalt aufweist. Daher wurde als Wert für die Luftfeuchtigkeit, die bei der Konditionierung vorherrscht, 10 % r. F. bestimmt. Der Wert für die Lufttemperatur, unter der die Konditionierung stattfindet, wurde aus der mit der DSC ermittelten Wärmestromkurve beim Aufheizen des TPU-Pulvers abgeleitet (vgl. Abschnitt 6.1). So zeigt die Wärmestromkurve einen ersten relevanten Anstieg ab ca. 60 °C. Daher wird als Temperatur 60 °C bestimmt, um die thermisch induzierten Veränderungen des TPU-Pulvers bei der Konditionierung zu verhindern.

Die Bestimmung der Werte der zu betrachtenden Faktoren des Pulverauftrags erfolgt anhand der Analyse der sich vor der Klinge des Recoaters ausbildenden Pulverwalze und der realisierten Pulverbettoberfläche. Zur Bestimmung der T_{Rec} wird diese ausgehend von Raumtemperatur sukzessive erhöht. Hierbei zeigte sich, dass ab einer T_{Rec} von ca. 35 °C die Fließfähigkeit des TPU-Pulvers grundsätzlich abnimmt. Vor dem Hintergrund der Realisierung eines robusten Prozesses wird eine T_{Rec} von 30 °C definiert. Für die Bestimmung der Recoatergeschwindigkeit wurde diese in Schritten von 0,01 m/s variiert. Dabei zeigte sich, dass bei einer Recoatergeschwindigkeit von 0,08 m/s ein Optimum bezüglich der Pulverbettoberflächengüte vorliegt. Dieses wird in Kombination mit dem bei einem Recoaterspalt von 3 mm und einer Recoatervibrationsstärke von 80 % austretendem Volumenstrom des TPU-Pulvers aus dem Recoater erzielt. Ein Auffüllen des Recoaters nach drei Schichten erwies sich im Vergleich zu einer höheren Anzahl als geeignet, um einer Zeitverfestigung des TPU-Pulvers im Pulvervorrat und im Recoater entgegenzuwirken.

Tabelle 8: Faktoren und bestimmte Werte für die Konditionierung und des Pulverauftrags des TPU-Pulvers

Analyse	Faktor	Einheit	Bestimmter Wert
Konditionierung	Luftfeuchtigkeit	% r. F.	10
	Lufttemperatur	°C	60
Pulverauftrag	T_{Rec}	°C	30
	Recoaterspalt	mm	3
	Recoatervibrationsstärke	%	80
	Recoatergeschwindigkeit	m/s	0,08
	Recoaterauffüllzyklus	Schicht	3

7.1.2 Bauraumtemperaturanalyse

Aufschmelzversuche

Untersuchungsgegenstand ist die Bestimmung des (Auf-)Schmelzverhaltens des TPU-Pulvers in der VX200 HSS unter Prozessbedingungen. Hierdurch soll zum einen das mittels der DSC ermittelte temperaturspezifische Schmelzverhalten des TPU-Pulvers überprüft werden. Dies ist notwendig, da die Temperaturen erfahrungsgemäß maschinenspezifisch sind. Zum anderen soll der Prozessbereich bzw. der Bereich der T_P für das TPU-Pulver spezifiziert werden.

Für die Bestimmung der maschinenspezifischen Temperaturen werden mit dem Recoater mehrere Schichten TPU-Pulver aufgetragen, so dass sich ein Pulverkuchen von ca. 5 mm bildet. Anschließend wird der Pulverkuchen bzw. das Pulverbett über die Bauplattform und die Overheadlampe auf die gewünschte T_P aufgeheizt. Dazu wird die Temperatur der Bauplattform auf die zu erreichende T_P eingestellt und die Leistung der Overheadlampe sukzessive erhöht. Die Bestimmung der T_P erfolgt über die IR-Kamera und das Pyrometer der VX200 HSS. Nach Erreichen der T_P und einer kurzen Karenzzeit wird die VX200 HSS geöffnet und die Pulverbettoberfläche optisch und mechanisch hinsichtlich des sich ergebenden Verschmelzungsgrades der einzelnen Polymerpartikel analysiert. Ausgehend von den Ergebnissen des mittels der DSC bestimmten Schmelz- und Kristallisationsverhaltens (vgl. Abschnitt 6.1) soll der Verschmelzungsgrad des TPU-Pulvers über den Bereich einer T_P von 93 °C bis 120 °C in 3 °C Schritten ermittelt werden.

Bei einer T_P von 93 °C bis 102 °C ist kein Verschmelzen der Polymerpartikel und damit auch keine Zunahme der „Härte" des Pulverbetts festzustellen. Ab einer T_P von 105 °C ist mit steigender T_P ein steigender Verschmelzungsgrad der TPU-Partikel zu erkennen, was sich auch in einer Zunahme der „Härte" des Pulverkuchens widerspiegelt. Bei einer T_P von 120 °C liegt ein vollständiges Verschmelzen der TPU-Partikel vor. Diese Temperatur spiegelt sich auch in dem mittels DSC ermittelten Schmelzverhalten des TPU-Pulvers wider (vgl. Abschnitt 6.1). Daher wird für die nachfolgenden Analysen als obere Grenze für die T_P der Wert 102 °C definiert.

Bauraumwandtemperaturversuche

Untersuchungsgegenstand ist die Bestimmung einer geeigneten T_{BW} für das TPU-Pulver während des schichtweisen Bauteilaufbaus auf Basis der in Unterabschnitt 2.5.1 erläuterten Randbedingungen.

Für die Bestimmung wird der Bauraum unter Prozessbedingung bis zur Hälfte mit TPU-Pulver gefüllt. Danach wird die T_{BW} sukzessive, ausgehend von der bestimmten T_{Rec} (30 °C), erhöht. Nach jeder Erhöhung der T_{BW} wird nach einer Karenzzeit die Bauplattform mehrmals in z-Richtung bewegt und dabei der an die Bauraumwand angrenzende Bereich der Pulverbettoberfläche beobachtet. Es zeigte sich, dass ab einer T_{BW} von 70 °C, eine nicht mehr akzeptable Beeinträchtigung der Pulverbettoberfläche aufgrund von Adhäsion des TPU-Pulvers an der Bauraumwand vorliegt. Daher wird für die T_{BW} der Wert 70 °C definiert.

7.1.3 HSS-Maschinenanpassung

Zwischen der oben bestimmten geeigneten T_{Rec} und der voraussichtlich geeigneten T_P besteht eine relativ große Differenz. Dies hat zur Folge, dass das auf T_P aufgeheizte Pulverbett sowie die Overheadlampe den Recoater bzw. das darin befindliche TPU-Pulver über die Dauer des Prozesses auf eine Temperatur von weit über 30 °C aufheizen. Um ein Überschreiten der Temperatur des TPU-Pulvers im Recoater von 30 °C zu vermeiden und somit ein geeignetes und reproduzierbares Fließverhalten des TPU-Pulvers zu realisieren, wurde ein temperierbarer Recoater entwickelt. Dieser besitzt die gleiche Außengeometrie wie der standardmäßig in der VX200 HSS verbaute Recoater. Der wesentliche Unterschied besteht darin, dass in den Wänden des entwickelten Recoaters großflächig ein Fluidkanal integriert ist, durch den ein Thermofluid mit definierter Temperatur geführt wird. Mittels diesem kann der Recoater und damit das darin befindliche TPU-Pulver temperiert werden. Die Temperierung des Thermofluids erfolgt mit einem Kälte-Wärme-Thermostat vom Typ Ministat 230 der Firma Peter Huber Kältemaschinenbau SE. Für alle nachfolgenden Betrachtungen entspricht die T_{Rec} der am Kälte-Wärme-Thermostat eingestellten Temperatur des Thermofluids.

7.1.4 Fazit

Für die Konditionierung des TPU-Pulvers und den Pulverauftrag konnte eine Faktorstufenkombination bzw. konnten Werte der Faktoren bestimmt werden, die eine geeignete Fließfähigkeit sowie ein geeignetes Pulverbett ermöglichen. Die nachfolgenden Untersuchungen werden daher stets mit diesen Werten für diese Faktoren bzw. Parameter durchgeführt.

Die Aufschmelzversuche haben gezeigt, dass bis zu einer T_P von 102 °C eine Verarbeitbarkeit des TPU-Pulvers grundsätzlich gegeben ist. Dieser Wert stellt daher für die nachfolgenden Untersuchungen die obere Grenze für die T_P dar. Um die definierte T_{Rec} von 30 °C bei den sich daraus ergebenden voraussichtlich geeigneten T_P zu realisieren, wurde ein temperierbarer Recoater entwickelt, der für alle nachfolgenden Untersuchungen verwendet wird.

Für die T_{BW} zeigte sich, dass bis zu einem Wert von 70 °C diese keinen negativen Einfluss auf die Pulverbettoberfläche hat. Da sich eine höhere T_{BW} positiv auf die Realisierung der isothermen Prozessführung auswirkt, wird für alle nachfolgenden Untersuchungen eine T_{BW} von 70 °C definiert.

7.2 Bestimmung Prozessbereich Sinterlampe

7.2.1 Untersuchungsgegenstand

Untersuchungsgegenstand ist die Bestimmung des Bereichs der Volumenenergiedichte $E_{V,\,HSS}$, in dem eine grundsätzliche Verarbeitbarkeit bzw. Prozessierbarkeit (Prozessbereich) des TPU-Pulvers möglich ist. Fokus soll auf der Abhängigkeit des Prozessbereichs von den von der Sinterlampe ausgehenden Einflussgrößen SLG und SLL liegen. Die Bestimmung des Prozessbereichs soll vor dem Hintergrund erfolgen, dass dieser als Ausgangsbasis für die zu betrachtenden Werte der SLG und SLL für die Bestimmung der prozessseitigen Haupteinflussgrößen (Abschnitt 7.3) und der Spezifizierung der prozessseitigen Haupteinflussgrößen (Abschnitt 7.4) dient.

Auf Berücksichtigung des Faktors SD kann an dieser Stelle verzichtet werden, da hierdurch der Versuchsaufwand bei vergleichsweise geringem Erkenntnisverlust deutlich reduziert werden kann. Hintergrund ist, dass unter Berücksichtigung der zu betrachtenden Wertebereiche die SD im Vergleich zu der SLG und der SLL einen relativ kleinen Einfluss auf die Volumenenergiedichte $E_{V,\,HSS}$ besitzt.

7.2.2 Vorgehensweise

Bestimmung Flächenenergiedichte Sinterlampe

Ausgangsbasis für die Bestimmung des Bereichs der Volumenenergiedichte $E_{V,\,HSS}$ bildet die in Abhängigkeiten der SLG und SLL von der Sinterlampe technisch realisierbare Flächenenergiedichte $E_{A,\,HSS}$. Daher erfolgt im ersten Schritt ihre Bestimmung mittels der in Abschnitt 5.6 beschriebenen Methode. Die Grenzen der Wertebereiche der Faktoren SLG und SLL werden aus den Grenzen der von der VX200 HSS technisch realisierbaren Einstellungen abgeleitet. Für den Faktor SLL beträgt der minimale Wert 5 % und der maximale 100 %. Der minimale Wert ergibt sich, da bei einem niedrigeren Wert die von der Sinterlampe emittierte Energie keine Relevanz besitzt. Der maximale Wert bildet das realisierbare Maximum der VX200 HSS. Für den Faktor SLG beträgt der minimale Wert 0,04 m/s und der maximale 0,36 m/s. Der Wert der unteren Grenze des Faktors SLG ergibt sich daraus, dass bei hohen Werten des Faktors SLL die Leistung der Kühlung der Sinterlampe bei niedrigeren Werten der SLG nicht ausreichend ist. Den Wert der oberen Grenze des Faktors SLG begrenzt die Geschwindigkeit der Sinterlampe, bei der noch eine Überfahrt der Sinterlampe mit homogener Geschwindigkeit über das gesamte Pulverbett realisiert werden kann. Für die Erzielung einer hohen Genauigkeit der Interpolation der Flächenenergiedichte $E_{A,\,HSS}$ über die Wertebereiche der Faktoren wird für den Faktor SLL eine Stufengröße von 5 % und für den Faktor SLG eine Stufengröße von 0,02 m/s gewählt. Für jede Kombination der Faktoren SLL und SLG werden drei Messungen durchgeführt und deren Mittelwert berechnet.

Bestimmung Prozessbereich Volumenenergiedichte

Die Bestimmung des Bereichs der Volumenenergiedichte $E_{V,HSS}$ in Abhängigkeit der Faktoren SLG und SLL, in dem eine grundsätzliche Prozessierbarkeit des TPU-Pulvers möglich ist, erfolgt anhand zweier Bewertungskriterien. Zum einen wird der Bereich anhand des Arithmetischen Mittelwerts der Höhe S_a bestimmt, der an der Oberfläche des erstarrten Schmelzbades der Sinterkreuze ermittelt wird (vgl. Unterschnitt 5.5.2). Dieser dient, wie dort beschrieben, als Maß für den Verschmelzungsgrad der Polymerpartikel. Zum anderen wird der Bereich anhand der vorhandenen Pulveranhaftungen an den Lochplatten (vgl. Unterabschnitt 5.5.2) bestimmt, welche subjektiv ermittelt bzw. bewertet werden.

Abbildung 23 zeigt den für die Fertigung der Prüfkörper verwendeten Baujob. Dieser ist so ausgelegt, dass die Sinterkreuze in z-Richtung höher platziert sind als die Lochplatten. Hintergrund hierfür ist, dass auf die Lochplatten im Vergleich zu den Sinterkreuzen Leerschichten aufgetragen werden sollen.

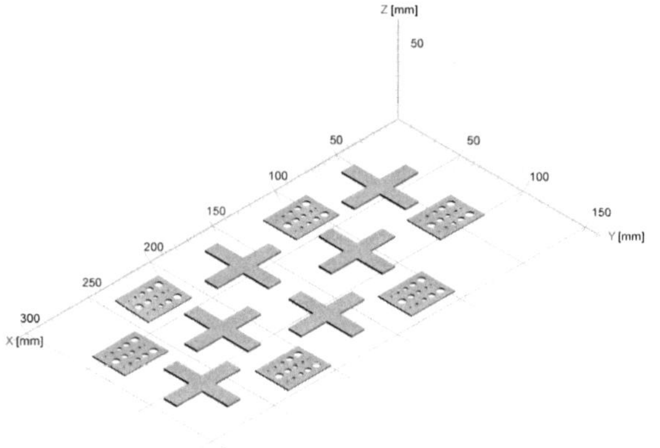

Abbildung 23: Baujob zur Bestimmung des Prozessbereichs der Sinterlampe

Für eine geeignete Allgemeingültigkeit der Ergebnisse, bezogen auf den selektiven Energieeintrag, werden die Prüfkörper mit jeder von der VX200 HSS realisierbaren GS (GS 1 bis GS 6) gefertigt. Für die SD wird der Wert 0,10 mm verwendet. Dieser bildet zum einen den Standard für die Verarbeitung des TPU-Pulvers im LS und zum anderen den Mittelwert des Wertebereichs, über den die SD üblicherweise im HSS variiert wird. Alle weiteren relevanten Einflussgrößen des Prozesses bzw. der Prozessparameter wurden auf Basis der Ergebnisse von Kapitel 6 definiert und sind in Tabelle A 1 gelistet.

Die Definition der betrachteten Kombinationen der Faktoren SLG und SLL erfolgt iterativ während der Versuchsdurchführung. Die Stufenwerte des Faktors SLL sind dabei mit 20 %, 40 %, 60 %, 80 % und 100 % fest definiert. Der untere und obere Stufenwert des Faktors SLG wird für jeden Stufenwert des Faktors SLL iterativ unter der Verwendung einer maximalen Stufengröße von 0,03 m/s bestimmt. Die unteren Stufenwerte des Faktors SLG bilden die Werte, ab denen ein deutlich zu hoher selektiver Energieeintrag vorliegt. Sie werden mittels des Bewertungskriteriums Pulveranhaftung bestimmt. Die oberen Stufenwerte des Faktors SLG bilden die Werte, ab denen ein deutlich zu niedriger Energieeintrag vorliegt. Sie werden mittels des Bewertungskriteriums Arithmetischer Mittelwert der Höhe S_a bestimmt.

7.2.3 Flächenenergiedichte Sinterlampe

Die von der Sinterlampe realisierbare Flächenenergiedichte $E_{A,HSS}$ in Abhängigkeit der Faktoren SLG und SLL ist in Abbildung 24 dargestellt. Die für die einzelnen betrachteten Faktorstufenkombinationen bestimmten Werte können Tabelle A 2 entnommen werden. Es ist zu erkennen, dass ein konkreter Wert der Flächenenergiedichte $E_{A, HSS}$ theoretisch durch mehrere Kombinationen der Faktoren SLL und SLG realisiert werden kann. Wie erwartet steigt die Flächenenergiedichte $E_{A, HSS}$ mit abnehmendem Wert der SLG und mit zunehmendem Wert der SLL an. Der Anstieg der Flächenenergiedichte $E_{A, HSS}$ mit abnehmendem Wert der SLG erfolgt ähnlich dem eines exponentiellen Verlaufs. Dabei ist der Anstieg im Bereich kleiner Werte der SLL insgesamt sehr gering und nimmt mit steigendem Wert der SLL zu. Der Anstieg der Flächenenergiedichte $E_{A, HSS}$ mit zunehmendem Wert der SLL weist annähernd einen logistischen Verlauf auf. So ist der Anstieg im Bereich hoher Werte der SLG insgesamt sehr klein und steigt mit einem abnehmenden Wert der SLG an. Die Sättigung tritt abhängig von der SLG in einem Bereich der SLL von ca. 80 % bis 90 % ein. Aufgrund dieser Abhängigkeiten besteht zwischen den Faktoren SLG und SLL, bezogen auf die Flächenenergiedichte $E_{A, HSS}$, eine relevante Wechselwirkung.

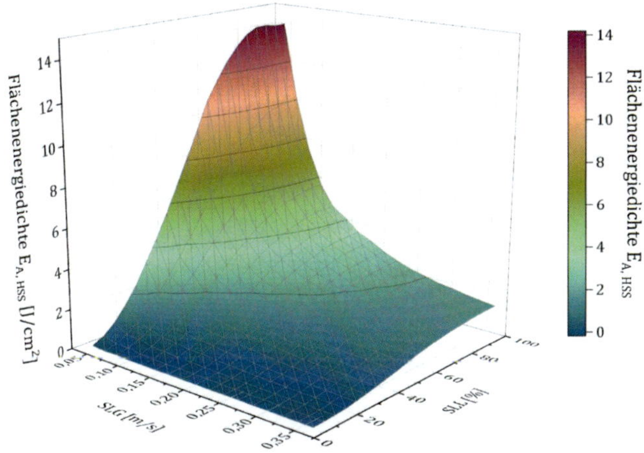

Abbildung 24: Interpolierte Flächenenergiedichte $E_{A, HSS}$ der Sinterlampe in Abhängigkeit von SLG und SLL

7.2.4 Prozessbereich Sinterlampe

Für den Stufenwert 20 % des Faktors SLL zeigte sich, dass für den gesamten betrachteten Wertebereich des Faktors SLG (0,05 m/s bis 0,35 m/s) der selektive Energieeintrag grundlegend zu niedrig ist. So ist selbst bei der höchsten für den Stufenwert 20 % des Faktors SLL realisierbaren Volumenenergiedichte $E_{V, HSS}$ (120 J/cm³) eine zerstörungsfreie Entnahme der Prüfkörper aus dem Pulverkuchen aufgrund ihrer geringen Festigkeit nicht möglich.

Die Analyse der Lochplatten zeigt, dass bei allen weiteren Stufenwerten des Faktors SLL (40 %, 60 %, 80 % und 100 %) und bei einer Volumenenergiedichte $E_{V, HSS}$ von 225 J/cm³ eine deutlich zu hohe Pulveranhaftung und damit ein zu hoher selektiver Energieeintrag vorliegt. Dies ist auch der Fall für die mit GS 1 gefertigten Lochplatten. Als obere Grenze der Kombinationen der Werte der Faktoren SLG und SLL wird daher eine Volumenenergiedichte $E_{V, HSS}$ von 225 J/cm³ definiert. Als untere Grenze wird eine Volumenenergiedichte $E_{V, HSS}$ von 100 J/cm³ definiert, da bei dieser für alle Stufenwerte des Faktors SLL die Prüfkörper eine deutlich zu geringe Festigkeit aufweisen. Abbildung 25 zeigt ausgewählte Lochplatten, die mit einer Volumenenergiedichte $E_{V, HSS}$ von 100 J/cm³ bis 196 J/cm³ mit dem Stufenwert 60 % des Faktors SLL und GS 4 gefertigt wurden. Es ist deutlich zu erkennen, dass mit abnehmendem Wert der SLG bzw. zunehmender Volumenenergiedichte $E_{V, HSS}$, die Pulveranhaftung steigt.

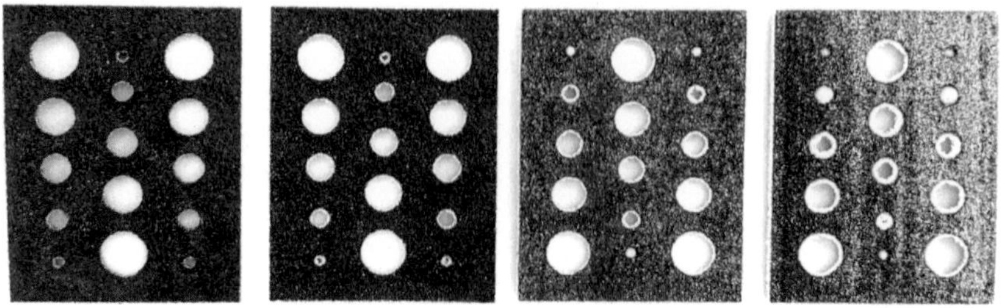

SLG: 0,36 m/s
SLL: 60 %
$E_{V,HSS}$: 100 J/cm³

SLG: 0,28 m/s
SLL: 60 %
$E_{V,HSS}$: 131 J/cm³

SLG: 0,24 m/s
SLL: 60 %
$E_{V,HSS}$: 155 J/cm³

SLG: 0,20 m/s
SLL: 60 %
$E_{V,HSS}$: 196 J/cm³

Abbildung 25: Lochplatten gefertigt mit unterschiedlichen Faktorstufenkombinationen

Die Analyse der Sinterkreuze zeigt, dass tendenziell bei allen betrachteten Faktorstufenkombinationen eine höhere GS zu einem niedrigeren Arithmetischen Mittelwert der Höhe S_a führt. Die relative Verringerung des Arithmetischen Mittelwerts der Höhe S_a nimmt dabei mit einem zunehmenden Wert der GS ab. So erfolgt meist ab GS 4 nur noch eine relativ geringe Abnahme des Arithmetischen Mittelwerts der Höhe S_a. Ursache für den abnehmenden Arithmetischen Mittelwert der Höhe S_a ist, dass mit einem zunehmenden Wert der GS, aufgrund des höheren Absorptionsgrades α des TPU-Pulver-Tinten- bzw. RAM-Gemisches, der selektive Energieeintrag und damit der Verschmelzungsgrad der Polymerpartikel steigt. Die im Vergleich relativ geringe Abnahme des Arithmetischen Mittelwerts der Höhe S_a ab GS 4 ergibt sich wahrscheinlich hauptsächlich daraus, dass ab dieser GS der Absorptionsgrad α des TPU-Pulver-Tinten- bzw. RAM-Gemisches mit zunehmender GS nicht mehr entscheidend steigt (vgl. Abschnitt 5.3).

Abbildung 26 zeigt den bei GS 4 ermittelten Arithmetischen Mittelwert der Höhe S_a der Sinterkreuze interpoliert über den betrachteten Wertebereich der Faktoren SLG und SLL. Die betrachteten Faktorstufenkombinationen und der für diese bei GS 4 ermittelten Arithmetischen Mittelwerte der Höhe S_a können Tabelle A 3 entnommen werden. Es ist zu erkennen, dass der Arithmetische Mittelwert der Höhe S_a mit zunehmendem Wert des Faktors SLL und/oder abnehmendem Wert des Faktors SLG bis zu einem Schwellenwert abnimmt. Der Schwellenwert entspricht dem Wert, ab dem eine weitere Erhöhung des selektiven Energieeintrags keinen relevanten Einfluss mehr auf den Arithmetischen Mittelwert der Höhe S_a hat. Auf Basis der aktuellen Erkenntnisse kann jedoch kein Rückschluss gezogen werden, ob bei diesem Wert des Arithmetischen Mittelwerts der Höhe S_a, zumindest im obersten Bereich der Schicht, der maximal erzielbare Verschmelzungsgrad der Polymerpartikel vorliegt. Die Volumenenergiedichte $E_{V,HSS}$, bei der der Schwellenwert vorliegt, ist abhängig von der Kombination der Werte der Faktoren SLG und SLL. Der Verlauf der relativen Änderung der Werte des Arithmetischen Mittelwerts der Höhe S_a und der Volumenenergiedichte $E_{V,HSS}$ über die Faktoren SLG und SLL weisen ein ähnliches Verhalten auf. Die Verläufe sind jedoch nicht gleich. Daraus kann gefolgert werden, dass der Einfluss der Volumenenergiedichte $E_{V,HSS}$ auf den Arithmetischen Mittelwert der Höhe S_a, von der Kombination der Faktoren SLG und SLL abhängt, mit der die Volumenenergiedichte $E_{V,HSS}$ realisiert wird.

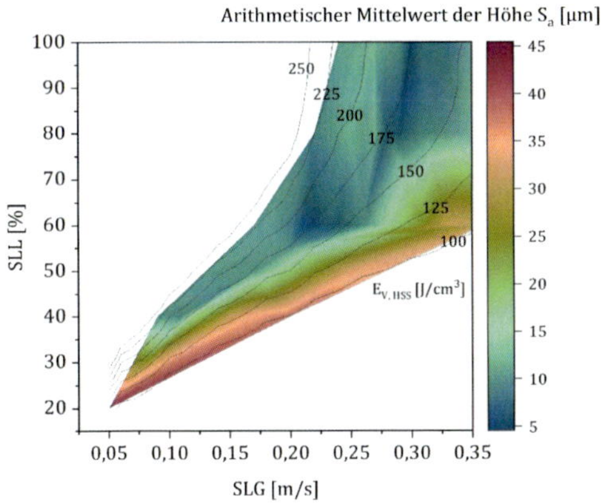

Abbildung 26: Arithmetischer Mittelwert der Höhe S_a der Sinterkreuze bei GS 4, interpoliert über die SLG und SLL

Wie Abbildung 26 entnommen werden kann, liegt ein Arithmetischer Mittelwert der Höhe S_a von 15 µm tendenziell ab einer Volumenenergiedichte $E_{V,HSS}$ von ca. 150 J/cm³ vor. Abbildung 26 kann des Weiteren entnommen werden, dass grundsätzlich eine Realisierung eines Arithmetischen Mittelwerts der Höhe S_a von 15 µm erst ab einer SLG von ca. 0,08 m/s und einer SLL von ca. 35 % möglich ist.

Abbildung 27 zeigt die mittels des 3D-Profilometers aufgenommenen Bilder des erstarrten Schmelzbades von ausgewählten Sinterkreuzen, die mit einer Volumenenergiedichte $E_{V,HSS}$ zwischen 100 J/cm³ und 196 J /cm³ bei dem Stufenwert 60 % des Faktors SLL und GS 4 gefertigt wurden. Es ist deutlich zur erkennen, dass anfangs mit zunehmender Volumenenergiedichte $E_{V,HSS}$ der Verschmelzungsgrad der Polymerpartikel zunimmt. Ab einer Volumenenergiedichte $E_{V,HSS}$ von ca. 150 J/cm³ liegt tendenziell der optisch erkennbare maximale Verschmelzungsgrad der Oberfläche vor. Eine weitere Erhöhung der Volumenenergiedichte $E_{V,HSS}$ zeigt keine wesentliche Verbesserung. Dies bestätigt auch die Ergebnisse des Arithmetischen Mittelwerts der Höhe S_a. Die in Abbildung 27 zu erkennende leicht inhomogenere Oberfläche bei der Volumenenergiedichte $E_{V,HSS}$ von 196 J/cm³ im Vergleich zu der Oberfläche bei einer Volumenenergiedichte $E_{V,HSS}$ von 150 J/cm³ muss vor dem Hintergrund betrachtet werden, dass der schichtweise Bauteilaufbau bei Umgebungsdruck stattfindet.

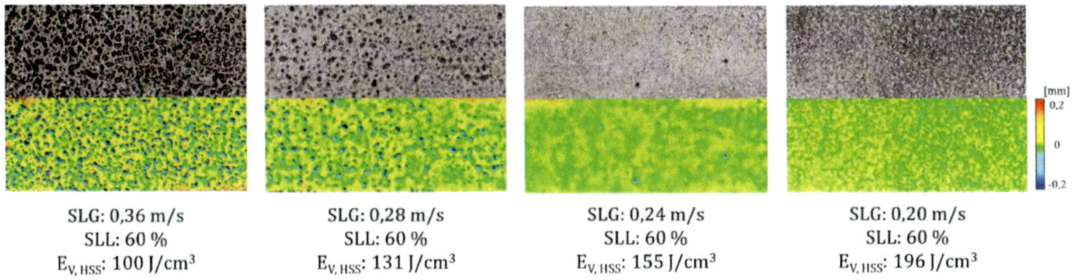

Abbildung 27: Oberfläche des erstarrten Schmelzbades von Sinterkreuzen

7.2.5 Fazit

Nachfolgend wird auf Basis der oben beschriebenen Ergebnisse ein geeigneter Bereich der Volumenenergiedichte $E_{V,HSS}$ definiert, in dem eine grundsätzliche Prozessierbarkeit des TPU-Pulvers möglich ist. Da der Einfluss der Volumenenergiedichte $E_{V,HSS}$ von der Kombination von SLG und SLL abhängt, mit der die Volumenenergiedichte $E_{V,HSS}$ realisiert wird, werden die Schlussfolgerungen für jede betrachtete Größe einzeln gezogen.

Volumenenergiedichte $E_{V,\,HSS}$
Grundsätzlich führt eine Volumenenergiedichte $E_{V,\,HSS}$ größer 225 J/cm³ zu einer zu hohen Pulveranhaftung und damit zu einer nicht geeigneten Form- und Maßhaltigkeit der Bauteile. Eine Volumenenergiedichte $E_{V,\,HSS}$ kleiner 150 J/cm² führt dagegen stets zu einem zu geringen Verschmelzungsgrad der Polymerpartikel und damit zu einer zu geringen Festigkeit der Bauteile.

Sinterlampengeschwindigkeit
Für die Realisierung eines geeigneten Verschmelzungsgrades der Polymerpartikel bedarf es mindestens einer SLG von 0,08 m/s. Eine Limitierung bis zur VX200 HSS spezifisch maximal realisierbaren SLG von 0,36 m/s konnte nicht festgestellt werden.

Sinterlampenleistung
Als untere Grenze für die Realisierung eines geeigneten Verschmelzungsgrades der Polymerpartikel wurde eine SLL von ca. 35 % ermittelt. Eine Limitierung bis zur VX200 HSS spezifisch maximal realisierbaren SLL von 100 % konnte nicht festgestellt werden.

Tintenmenge bzw. Graustufe
Eine Fertigung der Prüfkörper ist mit allen betrachteten und damit auch realisierbaren GS (GS 1 bis GS 6) der VX200 HSS möglich. Es zeigte sich, dass die GS einen großen Einfluss auf den Verschmelzungsgrad der Polymerpartikel besitzt. So steigt mit zunehmender GS der Verschmelzungsgrad der Polymerpartikel tendenziell bis GS 4 relativ stark und danach nur noch sehr geringfügig.

7.3 Bestimmung prozessseitige Haupteinflussgrößen

7.3.1 Untersuchungsgegenstand

Untersuchungsgegenstand ist die Bestimmung der Haupteinflussgrößen des additiven Fertigungsprozesses des HSS mit Fokus auf den schichtweisen Bauteilaufbau speziell für das TPU-Pulver. Konkret sollen die prozessseitigen Einflussgrößen bestimmt werden, die einen signifikanten Effekt (Haupteinflussgrößen) auf ausgewählte Bauteileigenschaften haben. Vor dem Hintergrund der anschließenden Spezifizierung der bestimmten Haupteinflussgrößen soll die Richtung der Effekte der betrachteten Einflussgrößen auf die betrachteten Bauteileigenschaften analysiert werden.

7.3.2 Vorgehensweise

Aufgrund der bisher sehr begrenzten Kenntnisse speziell für die Verarbeitung des TPU-Pulvers im HSS werden alle in Unterabschnitt 2.5.3 auf Basis des Standes der Erkenntnisse ermittelten relevanten prozessseitigen Einflussgrößen des HSS betrachtet. Ausnahme bildet die T_{Rec}, da für diese in Unterabschnitt 7.1.1 (bereits) ein geeigneter Wert definiert wurde. Zum anderen wird ergänzend dazu der Einfluss der T_E und des PMV betrachtet. Hintergrund ist, dass die T_E, wie in Unterabschnitt 2.5.1 beschrieben, bei TPE einen relevanten Einfluss auf die Entfernung des an den Bauteilen anhaftenden Polymerpulvers und damit auf die geometrischen Bauteileigenschaften hat. Generell ist der Einfluss des PMV im HSS bisher kaum untersucht worden. Spezifisch für TPU-Pulver liegen keine Kenntnisse vor. Wie in Unterabschnitt 2.5.1 beschrieben, kann das PMV jedoch einen relevanten Einfluss haben.

Aufgrund der relativ großen Anzahl der zu untersuchenden Faktoren, der geringen Kenntnisse über die definierten Faktoren speziell für das TPU-Pulver und eines geeigneten Kompromisses zwischen Versuchsaufwand und Güte der Ergebnisse, wird für die Versuchsplanung auf einen Definitiven Screening Plan (vgl. Unterabschnitt 5.7.2) zurückgegriffen. Tabelle 9 listet die zu untersuchenden Faktoren sowie die für jeden Faktor definierten drei Stufenwerte. Die sich daraus ergebenden einzelnen Faktorstufenkombinationen (17 Stück) des Versuchsplans können Tabelle A 4 entnommen werden.

Tabelle 9: Faktoren des Definitiven Screening Plans für die Bestimmung der prozessseitigen Haupteinflussgrößen

Faktor	Einheit	Faktorart	Stufenanzahl	Stufenwerte
SLG	m/s	stetig	3	0,11 / 0,13 / 0,15
SLL	%	stetig	3	38 / 42 / 46
Pre-SLL	%	stetig	3	0 / 15 / 30
GS	-	stetig	3	1 / 3 / 5
SD	mm	stetig	3	0,08 / 0,10 / 0,12
T_P	°C	stetig	3	98 / 100 / 102
T_E	°C	stetig	3	22 / 47 / 70
PMV	kg/kg	stetig	3	0/100 / 50/50 / 100/0

Der betrachtete Wertebereich des Faktors SD entspricht dem Bereich, über den die SD standardmäßig im HSS variiert wird. Ein kleinerer Wert führt aufgrund der Partikelgröße bzw. Partikelgrößenverteilung zu einer ungeeigneten Pulverbettoberfläche (vgl. Unterabschnitt 5.4.2). Ein höherer Wert führt hingegen aufgrund der Limitation der realisierbaren Tiefe (z-Richtung) des selektiven Energieeintrags in das Pulverbett (vgl. Unterabschnitt 2.5.2) zu unzureichenden mechanischen Bauteileigenschaften. Der Wertebereich für die Faktoren SLL und SLG wurde auf Basis der Ergebnisse der Bestimmung des Prozessbereichs der Sinterlampe (vgl. Unterabschnitt 7.2.5) definiert. Die Faktoren SLG und SLL haben über den betrachteten Wertebereich einen annähernd gleich großen Einfluss auf die Volumenenergiedichte $E_{V,HSS}$. Darüber hinaus liegt der Großteil der sich ergebenden Volumenenergiedichten $E_{V,HSS}$ für die einzelnen Faktorstufenkombinationen innerhalb des bestimmten Prozessbereichs der Sinterlampe. Ein akzeptables Unter- sowie Überschreiten des Bereiches für wenige Faktorstufenkombinationen wurde bewusst gewählt. Hierdurch werden zum einen geeignet große Stufenabstände der Faktoren SLG und SLL ermöglicht, die für eine valide Bestimmung ihrer Effekte erforderlich sind. Zum anderen können so für jeden der drei Stufenwerte des Faktors SD Volumenenergiedichten $E_{V,HSS}$ über den gesamten Bereich realisiert werden, in dem eine geeignete Prozessierbarkeit des TPU-Pulvers möglich ist.

Der Wertebereich des Faktors GS wurde möglichst groß gewählt, um eine erste Aussage über die Realisierbarkeit der funktional gradierten bzw. lokal eingestellten Eigenschaften treffen zu können. Prämisse bei der Definition der Stufenwerte war, dass der für den Versuchsplan notwendige Mittelwert realisiert werden kann. Da die Ergebnisse in der Bestimmung des Prozessbereichs der Sinterlampe (Unterabschnitt 7.2.5) zeigen, dass der Einfluss des Faktors GS ab einem Wert von 4 deutlich geringer ist, wird als unterer Stufenwert 1 und als oberer 5 definiert. Da über den Einfluss des Faktors Pre-SLL bisher nur wenige Erkenntnisse vorliegen, wird ein relativ großer Wertebereich definiert. Der obere Stufenwert des Faktors Pre-SLL wurde so gewählt, dass die Pre-Sinterlampe in erster Linie einer schnellen Erwärmung des frisch aufgetragenen TPU-Pulvers dient (vgl. Unterabschnitt 2.5.1) und weniger dem Energieeintrag in das unter der zuletzt aufgetragenen Schicht liegende RAM. Daher wird als oberer Stufenwert ein Wert gewählt, bei dem die Pre-Sinterlampe eine Volumenenergiedichte $E_{V,HSS}$ realisiert, die nahe der unteren Grenze des für die Sinterlampe ermittelten Prozessbereichs (vgl. Unterabschnitt 7.2.5) liegt, in dem eine geeignete Verarbeitung des TPU-Pulvers ermöglicht wird (150 J/cm^3).

Der Wertebereich des Faktors T_P wurde auf Basis der Ergebnisse der Aufschmelzversuche (vgl. Unterabschnitt 7.1.2) definiert. Aufgrund der Erläuterungen in Unterabschnitt 2.4.2 wird als oberer Stufenwert 102 °C definiert. Hintergrund ist, dass dieser Wert die obere Grenze bildet, bei der die einzelnen TPU-Pulverpartikel noch nicht verschmelzen. Von dort ausgehend wird die T_P in Schritten von 2 °C betrachtet, da dies die kleinste Differenz ist, die valide mit der VX200 HSS abbildbar ist (Trägheit des Systems). Der obere Stufenwert des Faktors T_E von 70° wird gewählt, da auf Basis der Ergebnisse der DSC (vgl. Abschnitt 6.1) ab dieser Temperatur, unter Berücksichtigung der beim Abkühlprozess vorliegenden Abkühlgeschwindigkeit, die wesentlichen Kristallisationsvorgänge abgeschlossen sind. So wird ein Verzug der Bauteile aufgrund eines inhomogenen Abkühlens oder einer mechanischen Beschädigung beim Entpacken verhindert. Als unterer Stufenwert wird Raumtemperatur gewählt, da dies den Standard beim HSS bildet. Für den Faktor PMV wird der maximal mögliche Bereich gewählt, da für diesen noch keine Erfahrungswerte vorliegen. Alle weiteren relevanten Einflussgrößen des Prozesses bzw. der Prozessparameter wurden auf Basis der bisherigen Ergebnisse definiert.

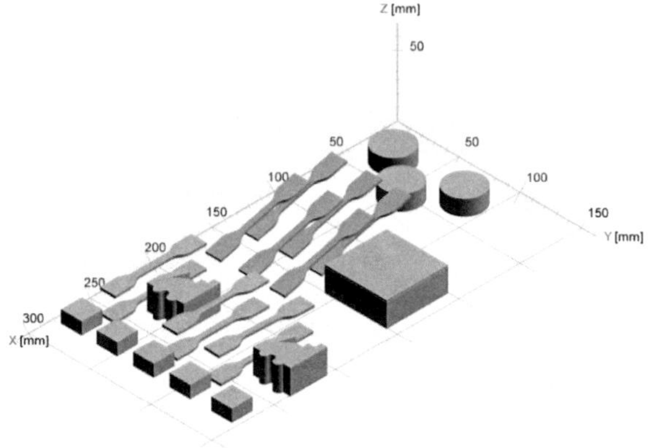

Abbildung 28: Baujob für die Bestimmung der prozessseitigen Haupteinflussgrößen

Die zu betrachtenden Zielgrößen sind Bauteildichte ρ_B, Shore-Härte A, Zugfestigkeit σ_{max} 0°, Zugfestigkeit σ_{max} 15°, Bruchdehnung ε_B 0°, Bruchdehnung ε_B 15° und Volumenabweichung V_A. Abbildung 28 zeigt den für die Fertigung der Prüfkörper verwendeten Baujob. Die Bauteildichte ρ_B und die Shore-Härte A wird an je fünf Würfel-Prüfkörpern mittels Eintauchverfahren (vgl. Unterabschnitt 5.5.3) bzw. Härteprüfung (vgl. Unterabschnitt 5.5.1) bestimmt. Die Zugfestigkeit σ_{max} und die Bruchdehnung ε_B werden an je sechs mit einem Neigungswinkel zur Bauplattform von 0° (Zugfestigkeit σ_{max} 0° und Bruchdehnung ε_B 0°) und 15° (Zugfestigkeit σ_{max} 15° und Bruchdehnung ε_B 15°) gefertigten Zugstäben Typ 2 mittels Zugversuch I (vgl. Unterabschnitt 5.5.1) ermittelt. Die Volumenabweichung V_A wird an zwei F&M-Prüfkörpern I mittels 3D-Scannanalyse (vgl. Unterabschnitt 5.5.2) bestimmt.

7.3.3 Signifikante Haupteffekte

Die Analyse der Signifikanz der Effekte der betrachteten Faktoren (Haupteffekte) und damit die Bestimmung der Haupteinflussgrößen erfolgte mit dem Effekttest (vgl. Unterabschnitt 5.7.3). Die Bestimmung des Signifikanzniveaus der Effekte erfolgte für jede Zielgröße getrennt. Für die Erzielung einer hohen Güte der Modelle wurden identifizierte Ausreißer ausgeschlossen. Wie Tabelle A 5 entnommen werden kann, ist die mit dem Bestimmtheitsmaß R^2 und dem p-Wert bewertete Güte der Modelle stets sehr hoch.

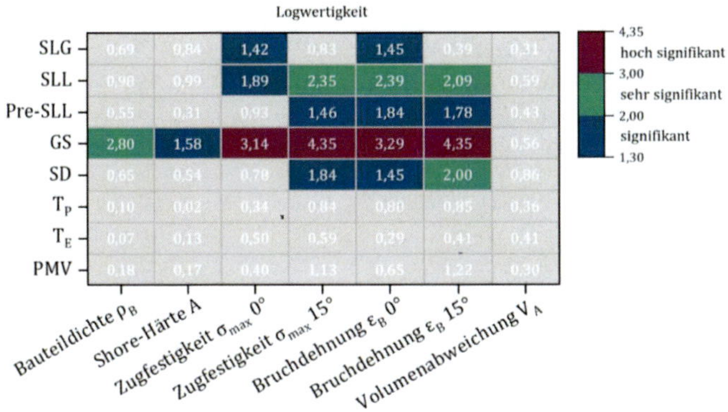

Abbildung 29: Signifikanzniveau der Effekte der Faktoren auf die betrachteten Zielgrößen

Abbildung 29 zeigt das mit dem Effekttest ermittelte Signifikanzniveau der Effekte der Faktoren (Haupteffekte) auf die betrachteten Zielgrößen. Es zeigt sich, dass alle Faktoren, die den selektiven Energieeintrag bestimmen (vgl. Abschnitt 5.6), und der Faktor Pre-SLL einen signifikanten Effekt auf mindestens zwei Zielgrößen haben. Die weiteren betrachteten Faktoren (T_P, T_E, PMV) haben hingegen keinen signifikanten Effekt auf die betrachteten Zielgrößen. Auch ist auffällig, dass keiner der betrachteten Faktoren einen signifikanten Effekt auf die Zielgröße Volumenabweichung V_A hat. Ein Grund hierfür ist u. a., dass die Definition der Wertebereiche der Faktoren SLG und SLL, unter Berücksichtigung des Wertebereichs des Faktors GS, auf Basis der Ergebnisse der Bestimmung des Prozessbereichs der Sinterlampe (vgl. Unterabschnitt 7.2.4) erfolgte. Bei dieser bildete das Bewertungskriterium Pulveranhaftung, die einen direkten Einfluss auf die Volumenabweichung V_A, hat, einen entscheidenden Aspekt. Daher wurden ihre Wertebereiche bereits so definiert, dass geringe Volumenabweichungen V_A und damit eine geringe Variation realisiert werden.

Der Faktor GS hat im Vergleich zu allen anderen Faktoren einen signifikanten Effekt auf alle Zielgrößen der mechanischen Eigenschaften und weist stets das höchste Signifikanzniveau auf. Für die Einordnung dieses Aspekts muss berücksichtigt werden, dass der betrachtete Wertebereich des Faktors GS im Vergleich zu den betrachteten Wertebereichen der Faktoren SLG, SLL und SD in Bezug auf den selektiven Energieeintrag relativ groß ist. Auffällig ist auch, dass der Faktor SLL tendenziell einen größeren Effekt auf die Zielgrößen besitzt als der Faktor SLG. Die Faktoren SLL und SLG besitzen jedoch bezogen auf ihren betrachteten Wertebereich einen relativ gleich großen Einfluss auf die Volumenenergiedichte $E_{V,HSS}$. Daraus kann geschlossen werden, dass für den betrachteten Wertebereich die Bestrahlungsstärke (SLL) einen größeren Einfluss auf die Zielgrößen hat als die Bestrahlungsdauer (SLG). Ein auffälliger Unterschied zeigt sich auch zwischen der Größe des Effekts des Faktors SD auf die Zielgrößen Zugfestigkeit 0° und Zugfestigkeit 15° sowie Bruchdehnung ε_B 0° und Bruchdehnung ε_B 15°. So ist der Effekt des Faktors SD auf die mit einem Neigungswinkel zur Bauplattform von 15° gefertigten Prüfkörper stets höher. Wie in den Unterabschnitten 2.4.7 und 2.5.4 erläutert, besitzen die mittels PBF/P bzw. HSS gefertigten Bauteile eine Anisotropie. So ergibt sich eine in Relation zur Schichtausrichtung komplanare Anordnung und/oder Orientierung der Poren sowie eine orthogonale Änderung des Aufschmelzgrads der Polymerpartikel. Wesentlichen Einfluss darauf hat vermutlich die beim HSS vorliegende Limitation der realisierbaren Tiefe (z-Richtung) des selektiven Energieeintrags in das Pulverbett (vgl. Unterabschnitt 2.5.2). So nimmt die in eine Schicht eingebrachte Energie in z-Richtung und damit die Aufschmelztiefe ab. Der Faktor Pre-SLL hat einen relativ großen Effekt auf die Zielgrößen der Zugeigenschaften. Hintergrund ist wahrscheinlich, dass die Pre-SLL einen relevanten Einfluss auf die Anbindung bzw. das Verschmelzen der einzelnen Schichten hat.

7.3.4 Richtung der Effekte

Die Analyse der Richtung der Effekte der Faktoren auf die Zielgrößen erfolgt mittels in JMP® Pro 17 erstellten Haupteffekt-Residuen-Diagrammen (vgl. Unterabschnitt 5.7.3). Abbildung 30 zeigt die Haupteffekt-Residuen-Diagramme für die betrachteten Faktoren und Zielgrößen. Die ermittelten Werte (arithmetischer Mittelwert (MIW) und Standardabweichung (STABW)) der Zielgrößen der einzelnen Faktorstufenkombinationen können ergänzend Tabelle A 6 entnommen werden.

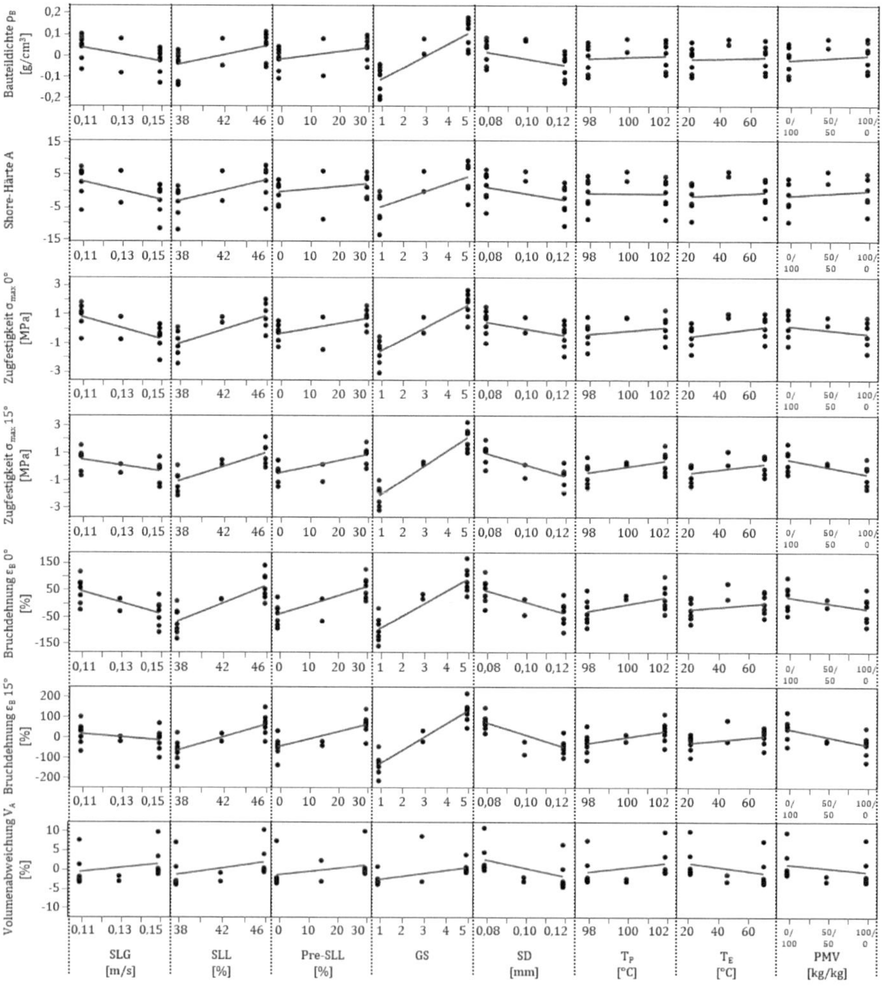

Abbildung 30: Haupteffekt-Residuen-Diagramme zur Bestimmung der Richtung der Effekte

<u>Sinterlampengeschwindigkeit, Sinterlampenleistung, Graustufe und Schichtdicke</u>

Für die Faktoren SLG, SLL, GS und SD, die den selektiven Energieeintrag bestimmen, zeigt sich, dass ihr Effekt im Kontext des selektiven Energieeintrags stets die gleiche Richtung besitzt. So führt ein zunehmender selektiver Energieeintrag, realisiert durch eine höhere SLL oder GS sowie eine geringere SLG oder SD, tendenziell zu einer höheren Bauteildichte ρ_B, Shore-Härte A, Zugfestigkeit σ_{max} 0°,

Zugfestigkeit σ_{max} 15°, Bruchdehnung ε_B 0°, Bruchdehnung ε_B 15° und Volumenabweichung V_A. Dies hat zur Folge, dass ein Zielkonflikt zwischen den betrachteten Zielgrößen der mechanischen und geometrischen Eigenschaften vorliegt.

Die Erhöhung der mechanischen Eigenschaften mit steigendem selektivem Energieeintrag ist vor allem auf folgenden Aspekt zurückzuführen: Tendenziell führt ein höherer selektiver Energieeintrag zu einem höheren Aufschmelzgrad der einzelnen Polymerpartikel und einer höheren Temperatur der Schmelze (vgl. Unterabschnitt 2.4.6). Dies führt zu einem höheren Verschmelzungsgrad der Polymerpartikel (vgl. Ergebnisse Unterabschnitt 7.2.4) und zu einer geringeren Gesamtporosität der Bauteile. Je höher der Verschmelzungsgrad und je geringer die Gesamtporosität der Bauteile, desto höher sind tendenziell die mechanischen Bauteileigenschaften (vgl. Unterabschnitt 2.4.7. und 2.5.4). Die Verringerung der Gesamtporosität spiegelt sich auch in den Ergebnissen der Zielgröße Bauteildichte ρ_B wider.

Die tendenzielle Zunahme der Volumenabweichung V_A und damit eine Verschlechterung der geometrischen Eigenschaften der Bauteile mit steigendem selektiven Energieeintrag ergibt sich im Wesentlichen aufgrund des nachfolgenden Aspekts: So führt ein höherer selektiver Energieeintrag in das aufzuschmelzende TPU-Pulver bzw. in das Bauteil zu einer höheren Menge an Wärme, die vom Bauteil ins Pulverbett übertragen wird. Dies kann zu einer Erhöhung des Anschmelzens bzw. der Anhaftung des das Bauteil umgebenden TPU-Pulvers am Bauteil führen (vgl. Unterabschnitt 2.5.3).

Des Weiteren kann aus der Lage der einzelnen Residuen gefolgert werden, dass die realisierten selektiven Energieeinträge bzw. die betrachteten Energieeinträge in Summe nicht zu einer Zersetzung bzw. Degradation des Polymers führen. So führt ein höherer selektiver Energieeintrag stets zu einem höheren Wert der Zielgröße Bauteildichte ρ_B und den Zielgrößen der mechanischen Eigenschaften.

<u>Pre-Sinterlampenleistung</u>
Der Effekt der Pre-SLL ist gleich dem Effekt der Faktoren des selektiven Energieeintrags. So führt eine höhere Pre-SLL und damit ein höherer Energieeintrag in das Pulverbett zu höheren Werten aller Zielgrößen. Entsprechend besteht auch für den Faktor Pre-SLL ein Zielkonflikt zwischen den betrachteten Zielgrößen der mechanischen und geometrischen Eigenschaften. Die Ursache für die Erhöhung der Werte der Zielgrößen der mechanischen Eigenschaften kann sich aus folgendem Zusammenhang ergeben: So führt der Energieeintrag der Pre-Sinterlampe in das kurz zuvor aufgetragene TPU-Pulver zu einer schnelleren Erwärmung des frisch aufgetragenen TPU-Pulvers und ggf. zusätzlich zu einem Energieeintrag in die vorhergehende Schicht, besonders in das dort vorhandene RAM. Dies kann zu einer Verringerung des thermischen Schocks und damit zu einem besseren Anbinden bzw. Verschmelzen der einzelnen Schichten führen. Die Verschlechterung der geometrischen Eigenschaften resultiert aus einer Erhöhung der Pulveranhaftung an den Bauteilen aufgrund eines Energieeintrags der Pre-Sinterlampe in das Pulverbett und damit in das die Bauteile umgebende TPU-Pulver.

<u>Prozesstemperatur, Entnahmetemperatur und Pulvermischungsverhältnis</u>
Für die Richtung der Effekte der Faktoren T_P, T_E und PMV, die keinen signifikanten Effekt auf die analysierten Zielgrößen besitzen, können lediglich für einzelne Zielgrößen Tendenzen abgeleitet werden. Tendenziell führt ein höherer Wert des Faktors T_P zu einem höheren Wert der Zielgrößen Zugfestigkeit σ_{max} 0°, Zugfestigkeit σ_{max} 15°, Bruchdehnung ε_B 0°, Bruchdehnung ε_B 15° und Volumenabweichung V_A. Ursache hierfür ist wahrscheinlich, dass durch eine höhere T_P der gesamte Energieeintrag in das Bauteil erhöht wird. Dies führt zu einem höheren Verschmelzungsgrad der Polymerpartikel und auch einer höheren Pulveranhaftung (vgl. Unterabschnitt 2.5.3). Ein höherer Wert des Faktors T_E führt tendenziell ebenfalls zu einem höheren Wert der Zielgrößen Zugfestigkeit σ_{max} 0°, Zugfestigkeit σ_{max} 15°, Bruchdehnung ε_B 0° und Bruchdehnung ε_B 15°, jedoch zu einem niedrigeren Wert der Zielgröße Volumenabweichung V_A. Die Verringerung des Werts der Volumenabweichung V_A kann sich daraus ergeben, dass, wie in Unterabschnitt 2.5.1 beschrieben, bei einer höheren T_E bzw. höheren Temperatur, bei der die Pulverentfernung stattfindet, eine bessere Entfer-

nung des anhaftenden Pulvers realisiert werden kann. Die sich dadurch tendenziell ergebende höhere Oberflächengüte kann auch eine Verringerung der Kerbwirkung verursachen und damit zu besseren mechanischen Eigenschaften der Bauteile führen. Ein höherer Wert des Faktors PMV führt tendenziell zu einem geringeren Wert der Zielgrößen Zugfestigkeit σ_{max} 0°, Zugfestigkeit σ_{max} 15°, Bruchdehnung ε_B 0° und Bruchdehnung ε_B 15°. Die Ursache könnte darin liegen, dass die realisierbare Packungsdichte des Pulverbetts mit einem höheren Anteil an Neupulver höher ist.

7.3.5 Fazit

Nachfolgend wird für jeden untersuchten Faktor im Kontext der nachfolgenden Analysen Fazit gezogen:

Sinterlampengeschwindigkeit
Die SLG hat für den untersuchten Wertebereich einen entscheidenden Effekt auf die Zielgrößen Bauteildichte ρ_B, Shore-Härte A, Zugfestigkeit 0° und Bruchdehnung ε_B 0°. Für die Richtung des Effekts zeigte sich, dass mit abnehmender SLG, was einer Erhöhung der Volumenenergiedichte $E_{V,HSS}$ und damit des selektiven Energieeintrags entspricht, die Bauteildichte ρ_B und die mechanischen Bauteileigenschaften steigen sowie die geometrischen Bauteileigenschaften verschlechtern sich.

Sinterlampenleistung
Die SLL hat für den untersuchten Wertebereich für alle Zielgrößen außer der Volumenabweichung V_A einen entscheidenden Effekt. Für die Richtung des Effekts zeigte sich, dass mit steigender SLL, was einer Erhöhung der Volumenenergiedichte $E_{V,HSS}$ und damit des selektiven Energieeintrags entspricht, die Bauteildichte ρ_B und die mechanischen Bauteileigenschaften steigen sowie die geometrischen Bauteileigenschaften sich verschlechtern.

Pre-Sinterlampenleistung
Die Pre-SLL hat für den untersuchten Wertebereich einen entscheidenden Effekt auf die Zielgrößen Zugfestigkeit 15°, Bruchdehnung ε_B 0° und Bruchdehnung ε_B 15°. Für die Richtung des Effekts zeigte sich, dass mit zunehmender Pre-SLL, was einer Erhöhung der Volumenenergiedichte $E_{V,HSS}$ und damit des selektiven Energieeintrags entspricht, die Bauteildichte ρ_B und die mechanischen Eigenschaften steigen und die geometrischen Bauteileigenschaften sich verschlechtern.

Tintenmenge bzw. Graustufe
Die GS hat für den untersuchten Wertebereich für alle Zielgrößen, außer der Volumenabweichung V_A, einen entscheidenden Effekt. Für die Richtung des Effekts zeigte sich, dass mit steigender TM bzw. GS, was einer Erhöhung des selektiven Energieeintrags entspricht, die Bauteildichte ρ_B und die mechanischen Eigenschaften steigen und die geometrischen Bauteileigenschaften sich verschlechtern.

Schichtdicke
Die SD hat für den untersuchten Wertebereich einen entscheidenden Effekt auf die Zielgrößen Bauteildichte ρ_B, Shore-Härte A, Zugfestigkeit 15°, Bruchdehnung ε_B 0° und Bruchdehnung ε_B 15°. Für die Richtung des Effekts zeigte sich, dass mit abnehmender SD, was einer Erhöhung der Volumenenergiedichte $E_{V,HSS}$ und damit des selektiven Energieeintrags entspricht, die Bauteildichte ρ_B und die mechanischen Eigenschaften steigen und die geometrischen Bauteileigenschaften sich verschlechtern.

Prozesstemperatur
Die T_P besitzt für den untersuchten Wertebereich keinen signifikanten Effekt auf die Zielgrößen. Darüber hinaus ist die mittels des Effekttests der Haupteffekte ermittelte Logwertigkeit für alle Zielgrößen deutlich kleiner als 1,3. Die T_P wird daher nachfolgend nicht weiter analysiert. Wie in Unterabschnitt 2.5.3 beschrieben, führt eine zunehmende T_P tendenziell zu einer Zunahme von Pulveranhaftungen an den Bauteilen und der Pulverkuchenhärte. Es wird daher eine T_P von 98 °C für die nachfolgenden Versuche definiert.

Entnahmetemperatur
Die T_E besitzt für den untersuchten Wertebereich keinen signifikanten Effekt auf die Zielgrößen. Darüber hinaus ist die mittels des Effekttests der Haupteffekte ermittelte Logwertigkeit für alle Zielgrößen deutlich kleiner als 1,3. Der Einfluss der T_E wird daher nachfolgend nicht weiter analysiert. Wie die in der Praxis gesammelten Erfahrungen mit verschiedenen TPE deutlich machen (vgl. Unterabschnitt 2.5.1), zeigte sich, dass bei höherer T_E eine bessere Entfernung des anhaftenden TPU-Pulvers möglich ist. Dies hat insbesondere einen positiven Einfluss auf die geometrischen Eigenschaften der Bauteile. Es wird daher eine T_E von 70 °C für die nachfolgenden Versuche definiert.

Pulvermischungsverhältnis
Das PMV hat für den untersuchten Wertebereich keinen signifikanten Effekt auf die Zielgrößen. Darüber hinaus ist die mittels des Effekttests der Haupteffekte ermittelte Logwertigkeit für alle Zielgrößen deutlich kleiner als 1,3. Dies entspricht auch den in der Praxis im LS mit dem TPU-Pulver gesammelten Erfahrungen. Der Einfluss der PMV wird daher nachfolgend nicht weiter analysiert. Vor dem Hintergrund des in der Praxis angestrebten PMV, wird ein PMV von 80/20 kg/kg definiert.

7.4 Spezifizierung prozessseitige Haupteinflussgrößen

7.4.1 Untersuchungsgegenstand

Untersuchungsgegenstand ist die detaillierte Spezifizierung der prozessseitigen Haupteinflussgrößen SLG, SLL und GS. Der Fokus liegt dabei auf der Bestimmung des Wertebereichs von SLG und SLL, in dem die maximierten und geeigneten funktional gradierten bzw. lokal eingestellten Eigenschaften der Bauteile vorliegen. Dies soll insbesondere vor dem Hintergrund erfolgen, dass, wie bei der Bestimmung des Prozessbereichs der Sinterlampe (vgl. Unterabschnitt 7.2.4) nachgewiesen, die Kombination von SLG und SLL, mit der die Volumenenergiedichte $E_{V,HSS}$ realisiert wird, einen entscheidenden Einfluss auf den Verschmelzungsgrad und damit vermutlich auch auf die Bauteileigenschaften hat.

7.4.2 Vorgehensweise

Die Definition der Wertebereiche der Faktoren SLG und SLL basiert auf den Ergebnissen der Bestimmung des Prozessbereichs der Sinterlampe (vgl. Unterabschnitt 7.2.5). Diese werden zum einen durch die sich aus der Kombination der Faktoren SLG, SLL und SD ergebenden Volumenenergiedichte $E_{V,HSS}$ begrenzt. Als untere Grenze wird 150 J/cm³ und als obere Grenze 225 J/cm³ definiert. Zum anderen werden faktorspezifische Grenzen definiert. Diese sind für den Faktor SLG 0,1 m/s (untere Grenze) und 0,35 m/s (obere Grenze) und für den Faktor SLL 37 % (untere Grenze) und 100 % (obere Grenze). Um eine möglichst große über die TM bzw. GS realisierbare funktionale Gradierung bzw. lokale Einstellung der Eigenschaften der Bauteile zu erzielen, werden die Prüfkörper für jede Faktorstufenkombination mit GS 1 und GS 4 gefertigt. Die Definition der Werte der GS erfolgt auf Basis der Ergebnisse der Bestimmung des Prozessbereichs der Sinterlampe (vgl. Unterabschnitt 7.2.5). Für die SD wird vor dem gleichen Hintergrund wie bei der Bestimmung des Prozessbereichs der Sinterlampe (vgl. Unterabschnitt 7.2.2) der Wert 0,10 mm definiert. Alle weiteren relevanten Einflussgrößen des Prozesses bzw. der Prozessparameter wurden auf Basis der bisherigen Ergebnisse definiert und sind in Tabelle A 7 gelistet.

Für die Erzielung einer hohen Güte der Interpolation der Zielgrößen über den zu betrachtenden Bereich der Faktoren SLG und SLL werden über diesen Faktorstufenkombinationen von SLG und SLL realisiert, die einen Abstand in Relation zur Volumenenergiedichte $E_{V,HSS}$ von ca. 20 J/cm³ aufweisen. Die sich dadurch ergebenden Faktorstufenkombinationen (51 Stück) können Tabelle A 8 entnommen werden. Die Volumenenergiedichte $E_{V,HSS}$ als Kriterium für die Definition der Faktorstufenkombinationen wurde gewählt, da diese die Abhängigkeit der Bauteileigenschaften von den Faktoren SLG, SLL und SD geeignet in Relation setzt.

Die betrachteten Zielgrößen sind die Bauteildichte ρ_B, die Shore-Härte A, die Zugfestigkeit σ_{max}, die Bruchdehnung ε_B, der Spannungswert σ_{50} und die Volumenabweichung V_A sowie die über die GS realisierbare Differenz der Shore-Härte A (ΔShore-Härte A $_{(GS\,4-GS\,1)}$) und des Spannungswerts σ_{50} (ΔSpannungswert $\sigma_{50\,(GS\,4-GS\,1)}$). Die Zielgrößen ΔShore-Härte A $_{(GS\,4-GS\,1)}$ und ΔSpannungswert $\sigma_{50\,(GS\,4-GS\,1)}$ entsprechen der Differenz bzw. der absoluten Änderung der für die Zielgrößen Shore-Härte A bzw. Spannungswert σ_{50} erzielten Werte bei GS 4 und GS 1.

Abbildung 31 zeigt den für die Fertigung der Prüfkörper verwendeten Baujob. Die Bauteildichte ρ_B und die Shore-Härte A werden an sechs Würfel-Prüfkörpern mittels Eintauchverfahren (vgl. Unterabschnitt 5.5.3) bzw. Härteprüfung (vgl. Unterabschnitt 5.5.1) bestimmt. Die Zugfestigkeit σ_{max} und die Bruchdehnung ε_B werden an je sechs mit einem Neigungswinkel zur Bauplattform von 0° gefertigten Zugstäben Typ 2 mittels Zugversuch I (vgl. Unterabschnitt 5.5.1) ermittelt. Die Volumenabweichung V_A wird an zwei F&M-Prüfkörpern II mittels 3D-Scannanalyse (vgl. Unterabschnitt 5.5.2) bestimmt.

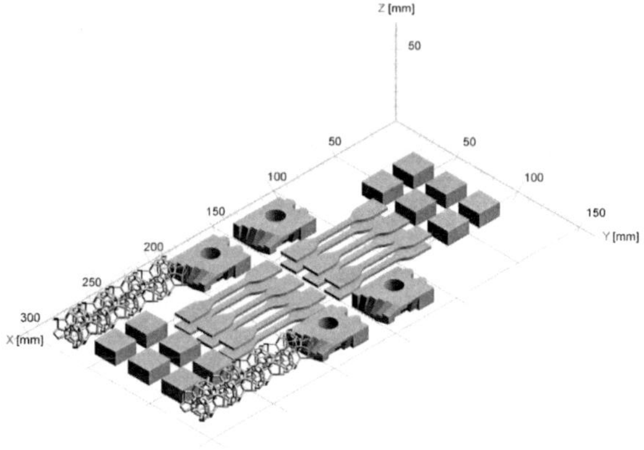

Abbildung 31: Baujob für die Spezifizierung der prozessseitigen Haupteinflussgrößen

7.4.3 Einfluss von Sinterlampenleistung, Sinterlampengeschwindigkeit und Graustufe

Die Analyse des Einflusses der Faktoren SLG, SLL und GS sowie der Volumenenergiedichte $E_{V,\,HSS}$ auf die betrachteten Zielgrößen und der damit einhergehenden Bestimmung der geeigneten Wertebereiche der Faktoren SLG und SLL zur Realisierung der maximierten Bauteileigenschaften und geeigneter funktional gradierter bzw. lokal eingestellter Bauteileigenschaften, erfolgt mittels Konturdiagrammen. Diese zeigen die Werte der jeweiligen Zielgröße interpoliert über den betrachteten Wertebereich der Faktoren SLG und SLL. Die ermittelten Werte (MIW und STABW) der einzelnen Zielgrößen für die einzelnen Faktorstufenkombinationen können Tabelle A 9 entnommen werden.

<u>Bauteildichte</u>

Abbildung 32 zeigt die Bauteildichte ρ_B in Abhängigkeit der Faktoren SLG und SLL sowie der Volumenenergiedichte $E_{V,\,HSS}$ für GS 1 und GS 4. Grundsätzlich liegt bei GS 4 ein deutlich höheres Niveau der Bauteildichte ρ_B als bei GS 1 vor. Dies ist darauf zurückzuführen, dass aufgrund des höheren Absorptionsgrads α des TPU-Pulver-Tinten- bzw. RAM-Gemisches der selektive Energieeintrag bei gleicher Kombination von SLG und SLL bzw. Volumenenergiedichte $E_{V,\,HSS}$ bei GS 4 höher ist als bei GS 1. Die erzielten Minima und Maxima bei GS 1 betragen 0,68 g/cm³ bzw. 1,04 g/cm³ und bei GS 4 1,03 g/cm³ bzw. 1,14 g/cm³. Damit wird auch der vom Hersteller des TPU-Pulvers im LS erzielte Maximalwert von 1,14 g/cm³ erreicht. Bezogen auf die ermittelte Skelettdichte ρ_S des TPU-Pulvers von 1,19 g/cm³ entspricht dies einer maximalen relativen Bauteildichte D_B von 96 %. Bezogen auf die im HSS standardmäßig realisierbaren relativen Bauteildichten D_B entspricht dies einem hohen Wert.

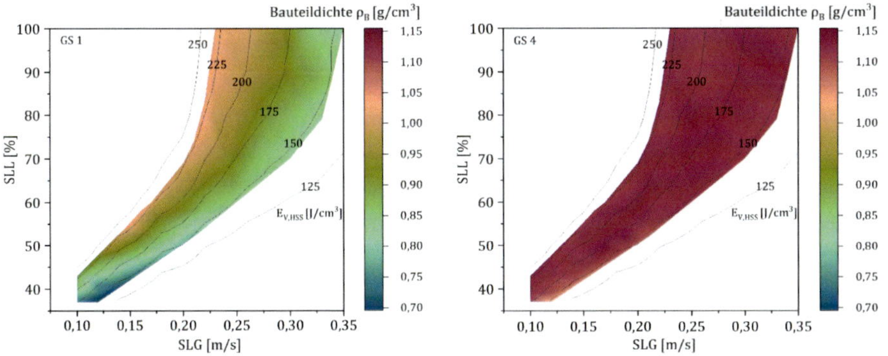

Abbildung 32: Bauteildichte ρ_B über SLG und SLL interpoliert für GS 1 (links) und GS 4 (rechts)

Für GS 1 zeigt sich, dass über den betrachteten Bereich unterschiedliche Abhängigkeiten zwischen der Bauteildichte ρ_B und den Faktoren SLG und SLL sowie der Volumenenergiedichte $E_{V,HSS}$ bestehen. Grundsätzlich führt bei gleicher SLL eine geringere SLG zu einer höheren Bauteildichte ρ_B. Des Weiteren führt bis zu einer SLL von ca. 90 % bei gleicher SLG eine höhere SLL zu einer höheren Bauteildichte ρ_B. Ab einer SLL von ca. 90 % hat eine Erhöhung der SLL keinen relevanten Einfluss mehr auf die Bauteildichte ρ_B. Dieses Verhalten ist ähnlich, wie in Abbildung 32 erkennbar, dem in der Bestimmung des Prozessbereichs der Sinterlampe (vgl. Unterabschnitt 7.2.3) ermittelten Einfluss der Sinterlampe auf die Flächenenergiedichte $E_{A,HSS}$ bzw. der Volumenenergiedichte $E_{A,HSS}$. Das Verhältnis von Volumenenergiedichte $E_{V,HSS}$ zu Bauteildichte ρ_B ist bis zu einer SLL von ca. 70 % abhängig von der Kombination der SLG und SLL mit der die Volumenenergiedichte $E_{V,HSS}$ realisiert wird. So steigt in diesem Bereich bei gleicher Volumenenergiedichte $E_{V,HSS}$ die Bauteildichte ρ_B mit zunehmendem Wert der SLL. Entsprechend sinkt in dem Bereich mit abnehmendem Wert der SLG, bei gleicher Volumenenergiedichte $E_{V,HSS}$ die Bauteildichte ρ_B. Daraus kann gefolgert werden, dass bei gleicher Volumenenergiedichte $E_{V,HSS}$ die Kombination mit höherer SLL bzw. niedriger SLG zu einer höheren Bauteildichte ρ_B führt. So liegt auch die maximal realisierte Bauteildichte ρ_B bei der maximal betrachteten Volumenenergiedichte $E_{V,HSS}$ von 225 J/cm² erst ab einer SLL von ca. 55 % vor. Bei ganzheitlicher Betrachtung des untersuchten Bereichs führt mehrheitlich eine höhere Volumenenergiedichte $E_{V,HSS}$ zu einer höheren Bauteildichte ρ_B. Ab einer SLL von ca. 70 % ist das Verhältnis von Volumenenergiedichte $E_{V,HSS}$ zu Bauteildichte ρ_B relativ proportional, so dass eine höhere Volumenenergiedichte $E_{V,HSS}$ grundsätzlich zu einer höheren Bauteildichte ρ_B führt. Die Erhöhung der Bauteildichte ρ_B durch eine niedrigere SLG bzw. höhere SLL ergibt sich im Wesentlichen aus nachfolgendem Aspekt: Eine niedrigere SLG bzw. höhere SLL führt zu einem höheren selektiven Energieeintrag. Dieser führt zu einem höheren Aufschmelzgrad der einzelnen Polymerpartikel und einer höheren Temperatur der Schmelze. Die sich daraus ergebende geringere Viskosität μ der Schmelze führt wiederum zu einer höheren Koaleszenz bzw. einem höheren Verschmelzungsgrad der Polymerpartikel, wodurch sich eine geringere Gesamtporosität ergibt (vgl. Unterabschnitt 2.4.6). Die Abhängigkeit des Einflusses der Volumenenergiedichte $E_{V,HSS}$ von der Kombination aus SLG und SLL auf die Bauteildichte ρ_B, mit der diese erzielt wird, ergibt sich vermutlich daraus, dass die Bestrahlungsstärke (SLL) einen größeren Einfluss als die Bestrahlungsdauer (SLG) auf die Viskosität μ der Schmelze besitzt. Der größere Einfluss der Bestrahlungsstärke im Vergleich zur Bestrahlungsdauer in Relation zur Volumenenergiedichte $E_{V,HSS}$ zeigte sich auch bei der Bestimmung der prozessseitigen Haupteinflussgrößen (vgl. Unterabschnitt 7.3.3).

Im Gegensatz dazu liegt bei GS 4, unter Berücksichtigung der Standardabweichung, kaum eine Variation der Bauteildichte ρ_B über dem untersuchten Bereich der Faktoren SLG und SLL sowie der Volumenenergiedichte $E_{V,HSS}$ vor. Eine Ausnahme bildet lediglich der Bereich bei niedriger SLL und niedriger Volumenenergiedichte $E_{V,HSS}$. Grund für die relativ konstante Bauteildichte ρ_B über den Bereich ist wahrscheinlich, dass der selektive Energieeintrag bei GS 4 fast über dem gesamten Bereich von SLG und SLL ein Niveau besitzt, welches hoch genug ist, um einen Verschmelzungsgrad zu erzielen, bei dem eine sehr geringe Gesamtporosität vorliegt, die nahe dem realisierbaren Optimum ist.

Shore-Härte A

Abbildung 33 zeigt die Shore-Härte A in Abhängigkeit der Faktoren SLG und SLL sowie der Volumenenergiedichte $E_{V,HSS}$ für GS 1 und GS 4. Grundsätzlich liegt bei GS 4 ein deutlich höheres Niveau der Shore-Härte A als bei GS 1 vor. Die erzielten Minima und Maxima der Shore-Härte A betragen bei GS 1 53 bzw. 81 und bei GS 4 76 bzw. 84.

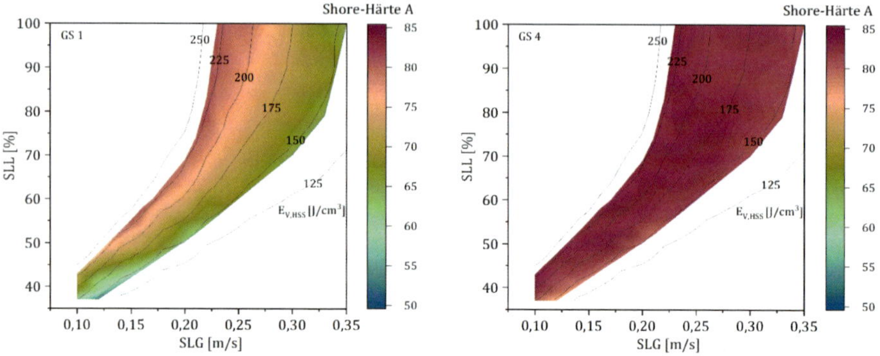

Abbildung 33: Shore-Härte A über SLG und SLL interpoliert für GS 1 (links) und GS 4 (rechts)

Beim Vergleich der Konturdiagramme der Shore-Härte A (vgl. Abbildung 33) und der Bauteildichte ρ_B mit gleicher GS (vgl. Abbildung 32) kann gefolgert werden, dass das Verhältnis von Shore-Härte A zu Bauteildichte ρ_B positiv korreliert. Daraus kann abgeleitet werden, dass die Shore-Härte A im Wesentlichen durch die Bauteildichte ρ_B bzw. der Gesamtporosität des Bauteils bestimmt wird. Entsprechend besteht für die Shore-Härte A die gleiche Abhängigkeit von den Faktoren SLG, SLL und GS sowie der Volumenenergiedichte $E_{V,HSS}$ wie für die Bauteildichte ρ_B.

Zugfestigkeit und Bruchdehnung

Abbildung 34 zeigt die Zugfestigkeit σ_{max} und Abbildung 35 die Bruchdehnung ε_B in Abhängigkeit der Faktoren SLG und SLL sowie der Volumenenergiedichte $E_{V,HSS}$ für GS 1 und GS 4. Die erzielten Minima und Maxima bei GS1 betragen für die Zugfestigkeit σ_{max} 0,59 MPa bzw. 4,72 MPa sowie für die Bruchdehnung σ_B 38 % bzw. 257 %. Bei GS 4 betragen die erzielten Minima und Maxima für die Zugfestigkeit σ_{max} 2,01 MPa bzw. 6,91 MPa sowie für die Bruchdehnung ε_B 71 % bzw. 388 %. Hierdurch wird der vom Hersteller des TPU-Pulvers im LS erzielte Maximalwert von 7,9 MPa für die Zugfestigkeit σ_{max} und 512 % für die Bruchdehnung ε_B nicht erreicht.

Grundsätzlich besteht bei GS 1 und GS 4 eine Abhängigkeit der Zugfestigkeit σ_{max} und der Bruchdehnung ε_B von den Faktoren SLG und SLL sowie der Volumenenergiedichte $E_{V,HSS}$ wie bei der Bauteildichte ρ_B bei GS 1. Wesentlicher Unterschied zwischen GS 1 und GS 4 ist dabei, dass bei GS 4 das Niveau der Werte der Zielgrößen grundsätzlich höher ist. Ursache hierfür ist wie bei der Bauteildichte ρ_B, dass bei GS 4 im Vergleich zu GS 1 aufgrund des höheren Absorptionsgrades α des TPU-Pulver-Tinten- bzw. RAM-Gemisches der selektive Energieeintrag bei gleicher Volumenenergiedichte $E_{V,HSS}$, höher ist. Die Bandbreite der Variation der Zugfestigkeit σ_{max} und der Bruchdehnung ε_B über den untersuchten Bereich der Faktoren SLG und SLL ist bei GS 4 mit einer maximalen Differenz von 4,90 MPa bzw. 317 % im Vergleich zu 4,13 MPa bzw. 219 % etwas höher als bei GS 1. Dies könnte daran liegen, dass sich aufgrund des bei GS 4 im Vergleich zu GS 1 höheren Absorptionsgrads α des

TPU-Pulver-Tinten- bzw. RAM-Gemisches der Effekt des Einflusses der SLG und SLL bzw. der Volumenenergiedichte $E_{V,HSS}$ erhöht.

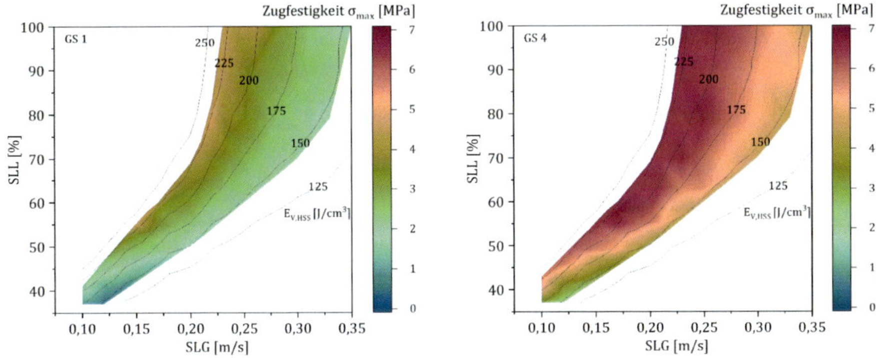

Abbildung 34: Zugfestigkeit σ_{max} über SLG und SLL interpoliert für GS 1 (links) und GS 4 (rechts)

Die bei GS 4 erzielte maximale Zugfestigkeit σ_{max} sowie Bruchdehnung ε_B liegt, unter der Berücksichtigung der Standardabweichung, über einem relativ großen Teil des untersuchten Bereichs der Faktoren SLG und SLL vor. So führt eine Verringerung der SLG oder eine Erhöhung der SLL bzw. eine Erhöhung der Volumenenergiedichte $E_{V,HSS}$ über deren untersuchten Bereich nicht zu einer relevanten Änderung bzw. Erhöhung der Zugfestigkeit σ_{max} oder Bruchdehnung ε_B. Hieraus lässt sich schließen, dass bei der maximal erzielten Zugfestigkeit σ_{max} und Bruchdehnung ε_B ein Optimum für die betrachteten Prozessparameter vorliegt. Für die Erzielung potentiell höherer Werte für die Zugfestigkeit σ_{max} oder die Bruchdehnung ε_B bedarf es daher der Betrachtung weiterer Einflussgrößen.

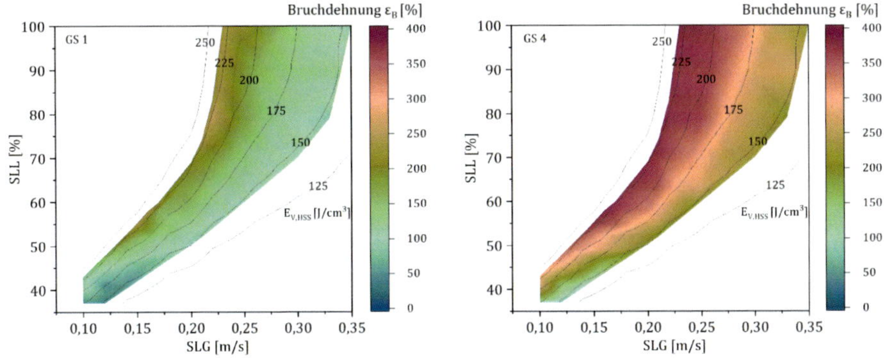

Abbildung 35: Bruchdehnung ε_B über SLG und SLL interpoliert für GS 1 (links) und GS 4 (rechts)

Aus dem Vergleich der Ergebnisse der Bauteildichte ρ_B mit der Zugfestigkeit σ_{max} und der Bruchdehnung ε_B können zwei wesentliche Schlussfolgerungen gezogen werden: Zum einen führt eine höhere Bauteildichte ρ_B tendenziell zu einer höheren Zugfestigkeit σ_{max} und Bruchdehnung σ_B. Zum andern liegt bei der maximal realisierbaren Bauteildichte ρ_B nicht zwangsweise auch die maximal realisierbare Zugfestigkeit σ_{max} und Bruchdehnung ε_B vor. So ist bei GS 4 der Bereich, in dem die maximal erzielbare Bauteildichte ρ_B realisiert wird, deutlich größer als der, in dem die maximal erzielbare Zugfestigkeit σ_{max} und Bruchdehnung σ_B realisiert wird.

Wie in den Unterabschnitten 2.4.7 und 2.5.4 beschrieben, haben neben der Gesamtporosität besonders die Porendichte, der Verschmelzungsgrad der Polymerpartikel und die Kristallinität der Bauteile einen entscheidenden Einfluss auf deren Eigenschaften. Daraus kann geschlossen werden, dass der selektive Energieeintrag, ab dem die minimal realisierte Gesamtporosität vorliegt, nicht zum realisierbaren Optimum mindestens einer dieser Einflussgröße führt. Daher ist die Erhöhung der Zugfestigkeit σ_{max} und Bruchdehnung ε_B bei GS 4 wahrscheinlich hauptsächlich auf eine Verringerung der Porendichte, eine Erhöhung des Verschmelzungsgrads der Polymerpartikel und/oder einer geeigneteren Kristallinität zurückzuführen. Für das Ziehen von Rückschlüssen auf den Aufschmelzgrad der TPU-Partikel und damit indirekt auf den Verschmelzungsgrad der TPU-Partikel wurde das Aufschmelzverhalten mittels DSC für mit ausgewählten Faktorstufenkombinationen gefertigte Würfel-Prüfkörper analysiert (vgl. Unterabschnitt 5.5.3). So wurden Würfel-Prüfkörper bzw. Proben von diesen, gefertigt mit einer SLL von 52 % und einer SLG von 0,15 m/s, 0,17 m/s, 0,19 m/s und 0,21 m/s sowie einer SLL von 89 % und einer SLG von 0,23 m/s, 0,26 m/s, 0,30 m/s und 0,34 m/s, analysiert. Es konnte jedoch keine belastbare Regelmäßigkeit zwischen den Wärmestromkurven beim Aufheizen und den bei gleicher SLL, aber mit unterschiedlichen SLG, und damit bei gleicher SLL, aber unterschiedlicher Volumenenergiedichte $E_{V,\,HSS}$ bzw. selektivem Energieeintrag, gefertigten Bauteilen bestimmt werden. Dies ist jedoch vor dem Hintergrund zu sehen, dass das Ausgangsmaterial des TPU-Pulvers aus mehreren thermoplastischen und elastischen Komponenten bzw. Segmenten besteht, was die Interpretation der Ergebnisse stark beeinträchtigen kann.

Bei GS 1 hingegen erfolgt die Erhöhung der Zugfestigkeit σ_{max} und Bruchdehnung ε_B, aufgrund des niedrigeren Niveaus des selektiven Energieeintrags vermutlich analog zur Bauteildichte ρ_B und damit hauptsächlich durch eine Verringerung der Gesamtporosität.

<u>Spannungswert</u>

Abbildung 36 zeigt den Spannungswert σ_{50} in Abhängigkeit der Faktoren SLG und SLL sowie der Volumenenergiedichte $E_{V,\,HSS}$ für GS 1 und GS 4. Grundsätzlich liegt bei GS 4 ein deutlich höheres Niveau des Spannungswerts σ_{50} als bei GS1 vor. Die erzielten Minima und Maxima bei GS 1 betragen 0,85 MPa bzw. 2,98 MPa und bei GS 4 2,76 MPa bzw. 4,15 MPa.

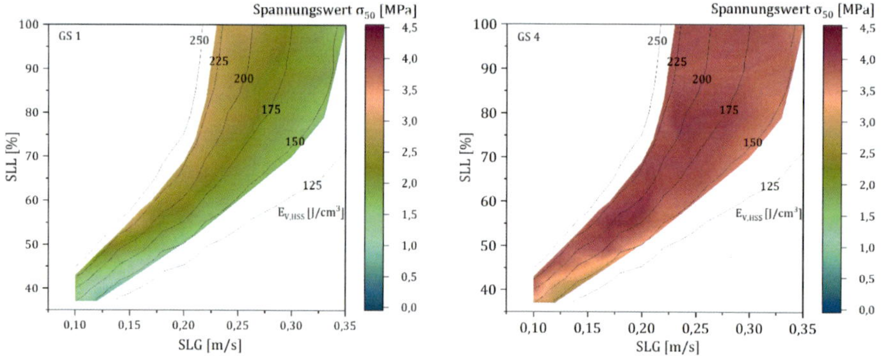

Abbildung 36: Spannungswert σ_{50} über SLG und SLL interpoliert für GS 1 (links) und GS 4 (rechts)

Beim Vergleich der Konturdiagramme des Spannungswerts σ_{50} (vgl. Abbildung 36) und der Bauteildichte ρ_B mit gleicher GS (vgl. Abbildung 32) kann gefolgert werden, dass das Verhältnis von Spannungswert σ_{50} zu Bauteildichte ρ_B positiv korreliert. Daraus kann abgeleitet werden, dass der Spannungswert σ_{50} im Wesentlichen durch die Bauteildichte ρ_B bzw. die Gesamtporosität des Bauteils bestimmt wird. Entsprechend besteht für den Spannungswert σ_{50} die gleiche Abhängigkeit von den Faktoren SLG, SLL und GS sowie der Volumenenergiedichte $E_{V,\,HSS}$ wie für die Bauteildichte ρ_B. Die Variation über den untersuchten Bereich der Faktoren SLG und SLL ist bei GS 4 mit einer Differenz von 1,39 MPa daher im Vergleich zu GS 1 mit 2,13 MPa deutlich geringer. Daher ist zur Erzielung des maximal erreichbaren Spannungswerts σ_{50} tendenziell ein geringerer selektiver Energieeintrag erforderlich als zur Erzielung der maximal erreichbaren Zugfestigkeit σ_{max} und Bruchdehnung ε_B.

Volumenabweichung

Abbildung 37 zeigt die Volumenabweichung V_A in Abhängigkeit der Faktoren SLG und SLL sowie der Volumenenergiedichte $E_{V,HSS}$ für GS 1 und GS 4. Die erzielten Minima und Maxima bei GS 1 betragen 2,45 % und 3,96 % und bei GS 4 2,22 % und 6,96 %. Unter Berücksichtigung der Standardabweichung wird sowohl bei GS 1 als auch bei GS 4 eine geringe Volumenabweichung V_A erzielt.

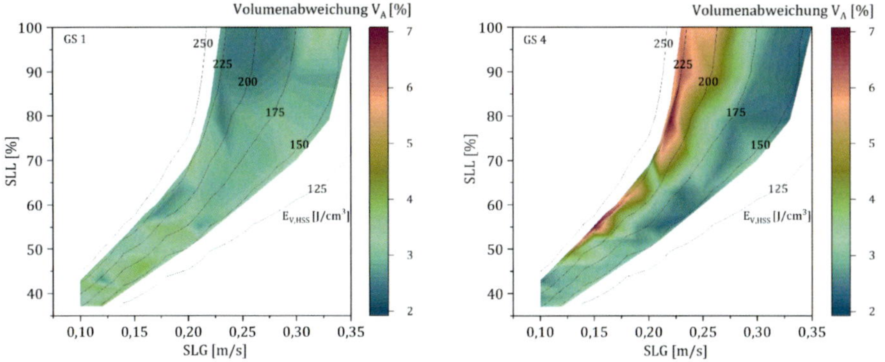

Abbildung 37: Volumenabweichung V_A über SLG und SLL interpoliert für GS 1 (links) und GS 4 (rechts)

Bei GS 1 liegt unter Berücksichtigung der Standardabweichung eine geringe Variation der Volumenabweichung V_A über dem untersuchten Bereich der Faktoren SLG und SLL sowie der Volumenenergiedichte $E_{V,HSS}$ vor. Grundlegend ist bei GS 1 die Volumenabweichung V_A und somit die Pulveranhaftung an den Bauteilen sehr gering. Ursache ist, dass der selektive Energieeintrag in das aufzuschmelzende TPU-Pulver bzw. in das Bauteil bei GS 1 über den gesamten Bereich ein Niveau aufweist, bei dem die Menge an Wärme, die vom Bauteil ins Pulverbett übertragen wird, zu gering ist, als dass es zu einem entscheidenden Anhaften des dem Bauteil umgebenden TPU-Pulvers am Bauteil kommt. Tendenziell liegt bei einer niedrigen SLL eine etwas höhere Volumenabweichung V_A vor. Ursache könnte sein, dass im Bereich einer niedrigen SLL der von der Sinterlampe ausgehende Energieeintrag in das Polymerpulver größer ist, wodurch sich eine höhere Pulveranhaftung an den Bauteilen ergibt. Der höhere Energieeintrag ergibt sich durch die Verschiebung des Emissionsmaximums der Sinterlampe hin zu höheren Wellenlängen λ (vgl. Abschnitt 5.1), in denen der Absorptionsgrad α des TPU-Pulvers höher ist (vgl. Abschnitt 6.1).

Bei GS 4 liegt bei einer Volumenenergiedichte $E_{V,HSS}$ kleiner 175 J/cm³ ebenfalls ein relativ niedriges Niveau der Volumenabweichung V_A vor. Dabei besteht im Bereich einer niedrigen SLL eine etwas höhere Volumenabweichung V_A. Der Grund hierfür ist vermutlich der gleiche wie bei GS 1. Ab einer SLL von 55 % und einer Volumenenergiedichte $E_{V,HSS}$ von 175 J/cm³ nimmt die Volumenabweichung V_A mit steigender Volumenenergiedichte $E_{V,HSS}$ zu. Die Ursache für die Zunahme der Volumenabweichung V_A ergibt sich daraus, dass tendenziell mit steigendem selektiven Energieeintrag auch die Menge an Wärme steigt, die vom Bauteil in das Pulverbett übertragen wird. Hierdurch ergibt sich eine höhere Pulveranhaftung an dem Bauteil.

Differenz von Shore-Härte A und Spannungswert

Abbildung 38 zeigt die sich über die GS ergebende Differenz (absolute Änderung) der Shore-Härte A (ΔShore-Härte A $_{(GS\,4\text{-}GS\,1)}$) und des Spannungswerts σ_{50} (ΔSpannungswert $\sigma_{50\,(GS\,4\text{-}GS\,1)}$). Die erzielten Minima und Maxima der Zielgröße ΔShore-Härte A $_{(GS\,4\text{-}GS\,1)}$ betragen 1,8 bzw. 22,8 und der Zielgröße $\Delta_{(GS\,4/GS\,1)}$ Spannungswert σ_{50} 0,29 MPa bzw. 1,63 MPa.

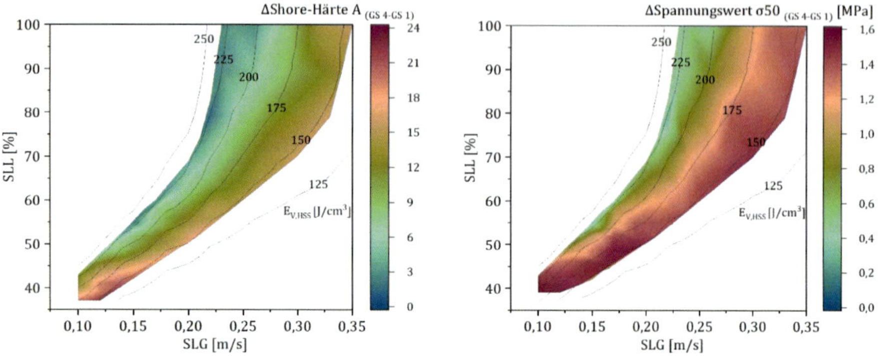

Abbildung 38: $\Delta_{(GS\,4,\,GS\,1)}$ Shore-Härte A (links) und $\Delta_{(GS\,4,\,GS\,1)}$ Spannungswert σ_{50} (rechts) über SLG und SLL interpoliert

Wie oben beschrieben variieren die Shore-Härte A und der Spannungswert σ_{50} bei GS 4 über dem untersuchten Bereich der Faktoren SLG und SLL relativ gering. Es besteht daher tendenziell eine negative Korrelation zwischen den Werten von ΔShore-Härte A $_{(GS\,4\text{-}GS\,1)}$ und ΔSpannungswert $\sigma_{50\,(GS\,4\text{-}GS\,1)}$ und dem jeweiligen Wert der Shore-Härte A bzw. dem Spannungswert σ_{50}, der sich bei der entsprechenden Faktorstufenkombination für GS 1 ergibt. So sinkt tendenziell der Wert von ΔShore-Härte A$_{(GS\,4,\,GS\,1)}$ bzw. ΔSpannungswert $\sigma_{50\,(GS\,4\text{-}GS\,1)}$ mit zunehmendem Wert der Shore-Härte A bzw. des Spannungswerts σ_{50} bei GS 1., bzw. steigt tendenziell der Wert von ΔShore-Härte A $_{(GS\,4\text{-}GS\,1)}$ bzw. ΔSpannungswert $\sigma_{50\,(GS\,4\text{-}GS\,1)}$ mit abnehmendem Wert der Shore-Härte A bzw. des Spannungswerts σ_{50} bei GS 1.

7.4.4 Fazit

Es zeigte sich, dass der Einfluss der Faktoren SLG, SLL und GS auf alle betrachteten Zielgrößen abhängig voneinander ist. Bezogen auf die Volumenenergiedichte $E_{V,\,HSS}$, zeigt sich, dass die Kombination von SLG und SLL, mit der die Volumenenergiedichte $E_{V,\,HSS}$ realisiert wird, meist einen relevanten Einfluss auf die Zieleigenschaften hat.

Nachfolgend wird für die betrachteten Faktoren über ihre untersuchten Wertebereiche spezifisch für die zu realisierenden maximierten und funktional gradierten bzw. lokal eingestellten Eigenschaften Fazit gezogen.

<u>Maximierte Eigenschaften</u>
Zur Erzielung maximaler bzw. sehr guter mechanischer Eigenschaften ist grundlegend eine hohe GS und eine hohe SLL in Kombination mit einer SLG, die eine hohe Volumenenergiedichte $E_{V,\,HSS}$ realisiert, Erfolg versprechend. Hinsichtlich der verwendeten Prozessparameter ist bei GS 4 eine SLL größer 55 % und eine Volumenenergiedichte $E_{V,\,HSS}$ größer 200 J/cm³ geeignet. Tendenziell könnte eine höhere SLL sogar geeigneter sein, da bei GS 1 die maximal realisierten Werte für die Zielgrößen Zugfestigkeit σ_{max} und Bruchdehnung ε_B erst bei einer SLL von ca. 70 % vorliegen.

Zur Erzielung maximaler bzw. sehr guter geometrischer Bauteileigenschaften ist eine hohe SLL in Kombination mit einer SLG, die eine niedrige Volumenenergiedichte $E_{V,\,HSS}$ realisiert, Erfolg versprechend. Der zielführende Wert für die GS ist abhängig von der Kombination von SLG und SLL. Grundsätzlich sind sowohl bei GS 1 und GS 4 sehr gute geometrische Bauteileigenschaften realisierbar. Spezifisch für die verwendeten Prozessparameter ist bei GS 4 eine SLL größer 55 % und eine Volumenenergiedichte $E_{V,\,HSS}$ kleiner 175 J/cm³ zielführend.

Daher ergibt sich für die Realisierung maximierter Eigenschaften, wie bereits in Unterabschnitt 7.3 festgestellt, ein Zielkonflikt zwischen den Zielgrößen der mechanischen und geometrischen Bauteileigenschaften. Daher sind spezifische Untersuchungen erforderlich, um geeignete anwendungsspezifische Kompromisse zwischen den Zielgrößen zu erzielen.

Funktional gradierte bzw. lokal eingestellte Eigenschaften

Eine prozessseitige Einstellung der mechanischen Bauteileigenschaften mittels der TM bzw. GS ist grundsätzlich gegeben. Dies ist auch der Fall für die im Kontext der funktional gradierten bzw. lokal einzustellenden Eigenschaften im Fokus stehenden Zielgrößen Shore-Härte A (Härte) und Spannungswert σ_{50} (Steifigkeit).

Zur Erzielung einer hohen Differenz der Shore-Härte A über die GS ist eine niedrige SLL in Kombination mit einer SLG, die eine niedrige Volumenenergiedichte $E_{V,\,HSS}$ realisiert, Erfolg versprechend. Spezifisch für die verwendeten Prozessparameter ist für die Realisierung der maximalen Differenz zwischen GS 1 und GS 4 eine SLL kleiner 45 % und eine Volumenenergiedichte $E_{V,\,HSS}$ kleiner 175 J/cm³ geeignet.

Zur Erzielung einer hohen Differenz des Spannungswerts σ_{50} über die GS ist zum einen eine Kombination von SLG und SLL, die eine niedrige Volumenenergiedichte $E_{V,\,HSS}$ realisiert, und zum anderen generell eine niedrige SLL Erfolg versprechend. Spezifisch für die verwendeten Prozessparameter ist für die Realisierung der maximalen Differenz zwischen GS 1 und GS 4 eine Volumenenergiedichte $E_{V,\,HSS}$ kleiner 175 J/cm³ sowie eine SLL kleiner 45 % zielführend.

Auch für die funktional gradierten bzw. lokal eingestellten Eigenschaften besteht ein Zielkonflikt. So besteht tendenziell eine negative Korrelation zwischen den Werten der Differenz der Shore-Härte A (ΔShore-Härte A $_{(GS\,4\text{-}GS\,1)}$) sowie der Differenz des Spannungswerts σ_{50} ($\Delta_{(GS\,4,\,GS\,1)}$ Spannungswert σ_{50}) und den Werten der Zielgrößen Shore-Härte A, Zugfestigkeit σ_{max} sowie Bruchdehnung ε_B. Daher sind spezielle Untersuchungen erforderlich, um anwendungsspezifische Kompromisse zu ermitteln.

8 Spezifische Prozessanalyse und Prozessauslegung

In diesem Kapitel erfolgt zuerst eine Analyse des schichtweisen Bauteilaufbaus einerseits spezifisch für die Realisierung der maximierten und andererseits spezifisch für die Realisierung der funktional gradierten bzw. lokal eingestellten Eigenschaften der Bauteile für das TPU-Pulver. Aufbauend auf den gewonnenen spezifischen Erkenntnissen erfolgt anschließend eine Auslegung von additiven Fertigungsprozessen des HSS bzw. des schichtweisen Bauteilaufbaus (Optimale Prozesse) für das TPU-Pulver zur Realisierung maximierter und funktional gradierter bzw. lokal eingestellter Eigenschaften der Bauteile unter Berücksichtigung bestehender Zielkonflikte zwischen den betrachteten mechanischen und geometrischen Bauteileigenschaften.

8.1 Maximierte Eigenschaften

8.1.1 Untersuchungsgegenstand

Untersuchungsgegenstand ist die spezifische Analyse des Prozesses des schichtweisen Bauteilaufbaus für die Realisierung maximierter Eigenschaften in Abhängigkeit von den dafür relevanten prozessseitigen Einflussgrößen. Die Auswahl des Versuchsplans sowie der Faktoren und der Wertebereiche der Faktoren soll vor dem Hintergrund erfolgen, dass diese die Basis für das Modell zur Auslegung der Optimalen Prozesse für die maximierten Eigenschaften bilden. Darüber hinaus ist die anwendungsspezifische Auslegung von Optimalen Prozessen und deren Interpretation Gegenstand der Untersuchung.

8.1.2 Vorgehensweise

Für die Bestimmung der maximierten Eigenschaften werden für die mechanischen Bauteileigenschaften die Zielgrößen Shore-Härte A, Zugfestigkeit σ_{max} 0°, Zugfestigkeit σ_{max} 15°, Bruchdehnung ε_B 0° und Bruchdehnung ε_B 15° und für die geometrischen Bauteileigenschaften die Zielgröße Volumenabweichung V_A verwendet. Die zu betrachtenden Faktoren sind die Faktoren, die nach der Bestimmung der prozessseitigen Haupteinflussgrößen (vgl. Unterabschnitt 7.3.3) mindestens einen signifikanten Effekt auf die in dieser Analyse zu betrachtenden Zielgrößen haben. Die zu betrachtenden Faktoren und deren Wertebereiche sind in Tabelle 10 gelistet.

Tabelle 10: Faktoren des Optimalen Plans für die Spezifische Prozessanalyse der maximierten Bauteileigenschaften

Faktor	Einheit	Faktorart	Stufen	Wertebereich/Stufenwerte	constraints
SLG	m/s	stetig	-	0,20 - 0,32	SD = 0.08 & SLG ≤ 0.0019 * SLL + 0.0836 SD = 0.08 & SLG ≤ 0.001 * SLL + 0.1292 SD = 0.1 & SLG ≤ 0.0011 * SLL + 0.1094 SD = 0.1 & SLG ≤ 0.0024 * SLL + 0.0898
SLL	%	stetig	-	70 - 90	
SD	mm	diskret	2	0,08 / 0,10	
GS	-	diskret	4	3 / 4 / 5 / 6	-
Pre-SLL	%	stetig	-	0 - 20	-

Für die Erzielung maximierter Eigenschaften zeigte sich bei der Spezifizierung der prozessseitigen Haupteinflussgrößen (vgl. Unterabschnitt 7.4.4) in Bezug auf die Faktoren SLG und SLL nachfolgendes Verhalten: So ist für die Erzielung hoher mechanischer Bauteileigenschaften grundsätzlich eine hohe SLL in Kombination mit einer SLG, die eine hohe Volumenenergiedichte $E_{V,\,HSS}$ realisiert, geeignet. Für die Erzielung guter geometrischer Bauteileigenschaften ist hingegen eine hohe SLL in Kombination mit einer SLG, die eine niedrige Volumenenergiedichte $E_{V,\,HSS}$ realisiert, Erfolg versprechend. Als unterer Grenzwert für den Faktor SLL wird daher 70 % definiert, da ab diesem auch bei einer niedrigen GS das Optimum der mechanischen Eigenschaften für die bei der Spezifizierung der Haupteinflussgrößen (vgl. Unterabschnitt 7.4.3) verwendeten Prozessparameter erzielt wird. Als oberer Grenzwert für den Faktor SLL wird 90 % definiert, da eine weitere Erhöhung der SLL keinen wesentlichen Einfluss auf die Flächenenergiedichte $E_{A,\,HSS}$ bzw. Volumenenergiedichte $E_{V,\,HSS}$ (vgl. Unterabschnitt 7.2.3) und die mechanischen Bauteileigenschaften hat (vgl. Unterabschnitt 7.4.3). Des Weiteren ist es Ziel, den Versuchsraum möglichst klein zu halten, um eine hohe Güte des Modells zu erzielen. Aufbauend darauf wird für die Volumenenergiedichte $E_{V,HSS}$ als oberer Grenzwert 250 J/cm³ und als unterer Grenzwert 160 J/cm³ definiert. Hintergrund hierfür ist, dass bei einem höheren Wert der Volumenenergiedichte $E_{V,HSS}$ definitiv zu schlechte geometrische Bauteileigenschaften und bei einem niedrigeren Wert definitiv zu geringe mechanische Bauteileigenschaften vorliegen. Der Wertebereich des Faktors SD wird auf Basis der Ergebnisse der Bestimmung der prozessseitigen Haupteinflussgrößen (vgl. Unterabschnitt 7.3.4) bestimmt. So steigen die mechanischen Bauteileigenschaften tendenziell mit abnehmender SD. Als unterer Wert des Faktors SD wird 0,08 mm gewählt, da bei diesem noch eine geeignete und auch reproduzierbare Pulverbettoberfläche realisiert werden kann. Ein wesentlicher Aspekt hierfür ist die Partikelgröße bzw. Partikelgrößenverteilung des TPU-Pulvers (vgl. Abschnitt 6.2). Als obere Grenze wird der Faktorwert 0,10 mm gewählt, da dieser erfahrungsgemäß einen geeigneten Kompromiss zwischen relativ hohen mechanischen Bauteileigenschaften und hoher Produktivität des schichtweisen Bauteilaufbaus bildet. Aus den Wertebereichen der Faktoren SLL und SD sowie der Volumenenergiedichte $E_{V,HSS}$ ergibt sich der Wertebereich des Faktors SLG. Die Berücksichtigung der definierten Grenzen der Volumenenergiedichte $E_{V,HSS}$ in Abhängigkeit der Faktorwerte von SLL und SD wird durch constraints (vgl. Tabelle 10) realisiert. Für den Faktor GS zeigte sich bei der Bestimmung der prozessseitigen Haupteinflussgrößen (vgl. Unterabschnitt 7.3.4) und der Spezifizierung der prozessseitigen Haupteinflussgrößen (vgl. Unterabschnitt 7.4.3) für die dort betrachteten Wertebereiche, dass eine höhere GS tendenziell zu höheren mechanischen Bauteileigenschaften führt. Da GS 6 der technisch höchste von der VX200 HSS realisierbare Wert ist, wird für den Faktor GS der Wertebereich 3 bis 6 definiert. Bezüglich des Pre-SLL zeigte sich bei der Bestimmung der prozessseitigen Haupteinflussgrößen (vgl. Unterabschnitt 7.3.4), dass die mechanischen Bauteileigenschaften mit zunehmender Pre-SLL steigen. Aufgrund dieses Verhaltens und der bei der Bestimmung der prozessseitigen Haupteinflussgrößen (vgl. Unterabschnitt 7.3.2) erläuterten Aspekte zur Definition des Wertebereichs des Faktors Pre-SLL wird der gleiche wie dort betrachtet. Alle weiteren relevanten Einflussgrößen des Prozesses bzw. der Prozessparameter wurden auf Basis der bisherigen Ergebnisse definiert und sind in Tabelle A 10 gelistet.

Für die Faktoren SLG, SLL und Pre-SLL wird die Faktorart „stetig" gewählt, da für diese in Relation zum gewählten Wertebereich sehr viele Stufen an der VX200 HSS eingestellt werden können. Des Weiteren ist die auf der VX200 HSS realisierbare Stufengröße dieser Faktoren relativ klein im Vergleich zum Effekt der Faktoren auf die Zielgrößen. Für die Faktoren SD und GS wird dagegen die Faktorart „diskret" gewählt, da für diese Faktoren in Relation zum zu betrachtenden Wertebereich nur eine geringe Anzahl an Stufen an der VX200 HSS eingestellt werden können. Außerdem ist die bei der VX200 HSS technisch realisierbare Stufengröße dieser Faktoren relativ groß im Vergleich zum Effekt der Faktoren auf die Zielgrößen.

Für die Bestimmung der Versuche bzw. Faktorstufenkombinationen wird ein Optimaler Plan (vgl. Unterabschnitt 5.7.2) verwendet, da mit diesem die oben definierten Aspekte wie u.a. constraints und Faktorarten umgesetzt werden können. Der Versuchsplan bzw. die einzelnen Faktorstufenkombinationen (29 Stück) wurden mit der in JMP® Pro 17 vorhandenen Plattform Design nach Maß auf Basis der in Tabelle 10 aufgeführten Informationen bestimmt und können Tabelle A 11 entnommen werden. Da für den Faktor SD die Faktorart „diskret" und für die Faktoren SLG und SLL „stetig" gewählt wurde, erfolgt die Umsetzung der constraints anhand von zwei Funktionen 1. Ordnung für jeden Stufenwert des Faktors SD. Diese bilden eine lineare Approximation des Funktionsverlaufs der Volumenenergiedichte $E_{V,HSS}$ in Abhängigkeit der SLG und SLL bei einem konkreten Wert des Faktors SD für die gewählten Grenzwerte der Volumenenergiedichte $E_{V,HSS}$. Eine Verwendung einer Funktion höherer Ordnung ist aufgrund von Limitierung seitens JMP® Pro 17 nicht möglich [JMP 24e]. Die definierten Funktionen 1. Ordnung weisen jedoch für den gewählten Bereich der Faktoren SLG und SLL eine hohe Genauigkeit auf.

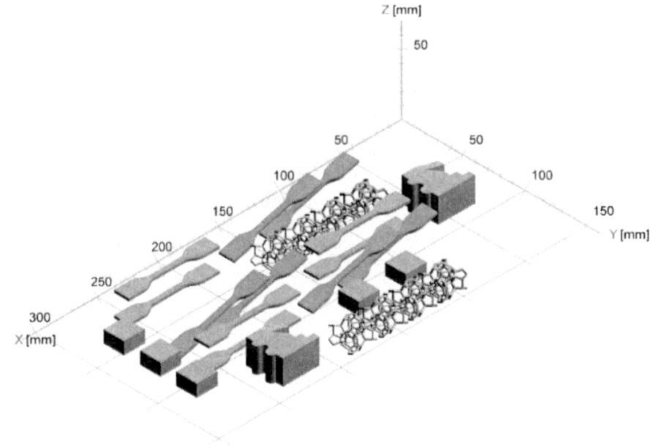

Abbildung 39: Baujob für die spezifische Prozessanalyse der maximierten Bauteileigenschaften

Abbildung 39 zeigt den für die Fertigung der Prüfkörper verwendeten Baujob. Die Bauteildichte ρ_B und die Shore-Härte A wird an fünf Würfel-Prüfkörpern mittels Eintauchverfahren (vgl. Unterabschnitt 5.5.3) bzw. Härteprüfung (vgl. Unterabschnitt 5.5.1) bestimmt. Die Zugfestigkeit σ_{max} und die Bruchdehnung ε_B werden an je sechs mit einem Neigungswinkel zur Bauplattform von 0° (Zugfestigkeit σ_{max} 0° und Bruchdehnung ε_B 0°) und 15° (Zugfestigkeit σ_{max} 15° und Bruchdehnung ε_B 15°) gefertigten Zugstäben Typ 2 mittels Zugversuch I (vgl. Unterabschnitt 5.5.1) ermittelt. Die Volumenabweichung V_A wird an zwei F&M-Prüfkörpern I mittels 3D-Scannanalyse (vgl. Unterabschnitt 5.5.2) bestimmt.

8.1.3 Einfluss der Volumenenergiedichte

Der Einfluss, der sich aus den Faktoren SLG, SLL und SD ergebenden Volumenenergiedichte $E_{V,HSS}$ auf die betrachteten Zielgrößen kann Abbildung 40 entnommen werden. Es ist zu erkennen, dass für alle Zielwerte mit Ausnahme der Bauteildichte ρ_B eine relativ hohe Streuung der Ergebnisse in Relation zur Volumenenergiedichte $E_{V,HSS}$ besteht. Dies kann zum einen daran liegen, dass die betrachteten Faktoren GS und Pre-SLL, die nicht in der Volumenenergiedichte $E_{V,HSS}$ berücksichtigt werden, einen relevanten Einfluss auf die Ergebnisse besitzen. Zum anderen kann die Kombination der Faktoren SLG, SLL und SD, aus der sich die Volumenenergiedichte $E_{V,HSS}$ ergibt, einen relevanten Einfluss besitzen. Dennoch bildet die Volumenenergiedichte $E_{V,HSS}$ eine geeignete Größe für das Ziehen erster Rückschlüsse. Hierfür ist die polynomielle Anpassung 2. Grades der Ergebnisse der betrachteten Faktorstufenkombinationen für die einzelnen Zielgrößen eingezeichnet. Die ermittelten Werte (MIW und STAW) der Zielgrößen der einzelnen Faktorstufenkombinationen können Tabelle A 12 entnommen werden.

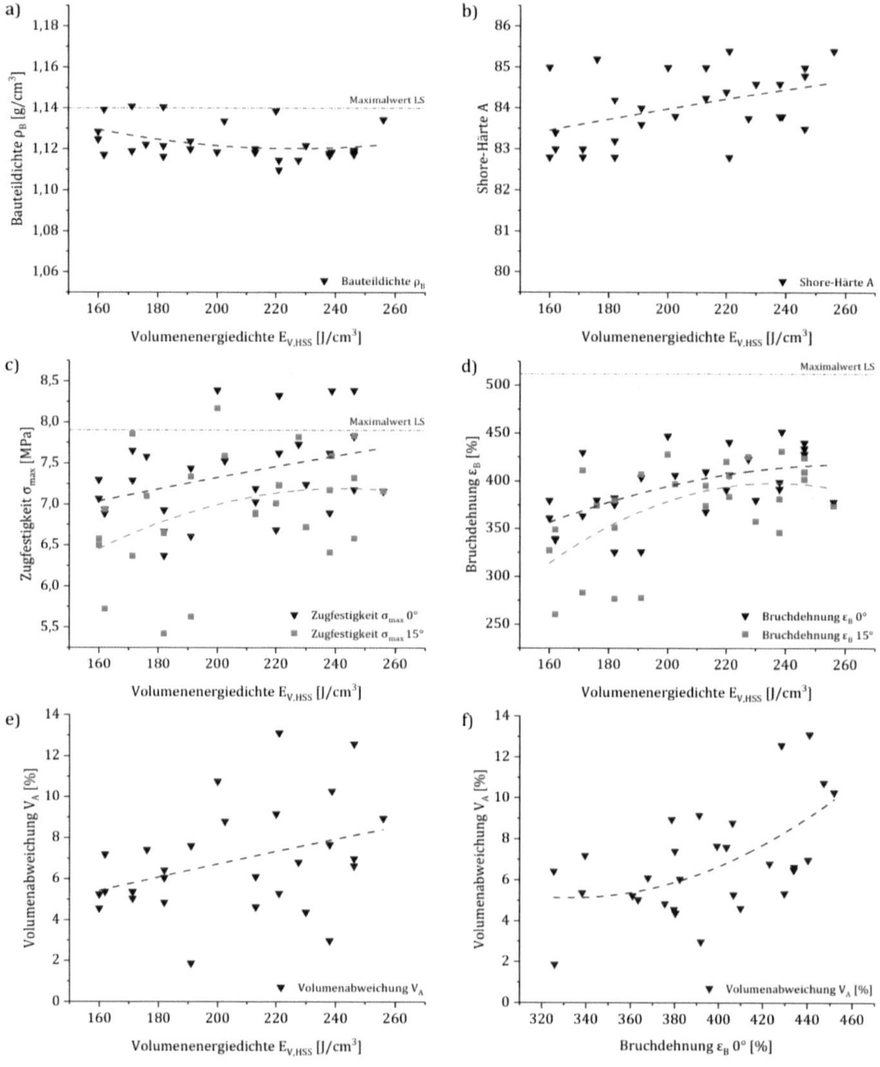

Abbildung 40: Einfluss der Volumenenergiedichte $E_{V,HSS}$ auf die Zielgrößen Bauteildichte ρ_B (a)), Shore-Härte A (b)), Zugfestigkeit σ_{max} (c)), Bruchdehnung ε_B (d)) und Volumenabweichung V_A (e)) sowie Verhältnis der ermittelten Werte von Bruchdehnung ε_B und Volumenabweichung V_A (f))

Bauteildichte ρ_B

Die erzielten Minima und Maxima betragen für die Bauteildichte ρ_B 1,11 g/cm³ bzw. 1,14 g/cm³. Hierdurch wird auch der vom Hersteller des TPU-Pulvers im LS erzielte Maximalwert von 1,14 g/cm³ erreicht. Bezogen auf die ermittelte Skelettdichte ρ_S des TPU-Pulvers von 1,19 g/cm³ entspricht dies einer maximalen relativen Bauteildichte D_B von 96 %. Bezogen auf die im HSS standardmäßig realisierbaren relativen Bauteildichten D_B entspricht dies einem hohen Wert.

Wie Abbildung 40, a) entnommen werden kann, ist die Bauteildichte ρ_B relativ konstant über die betrachtete Volumenenergiedichte $E_{V,HSS}$. Dies liegt, wie bei der Spezifizierung der prozessseitigen Haupteinflussgrößen (vgl. Unterabschnitt 7.4.3) bereits festgestellt, daran, dass der selektive Energieeintrag über alle Faktorstufenkombinationen ein Niveau besitzt, welches hoch genug ist, um stets das realisierbare Maximum zu erzielen. Hintergrund für die erzielten geringfügig geringeren Werte im Bezug zum erzielten Maximum bzw. für die bestehende Streuung der Werte bilden wahrscheinlich Pulveranhaftungen an den Bauteilen, die über die einzelnen Faktorstufenkombinationen unterschiedlich stark ausgeprägt sind. Die Pulveranhaftungen steigen tendenziell mit zunehmender Volumenenergiedichte $E_{V,HSS}$ und verfälschen das Ergebnis dahingehend, dass die Pulveranhaftung eine geringere Dichte als das eigentliche Bauteil aufweist. Aufgrund der über alle Faktorstufenkombinationen erzielten relativ konstanten Werte wird die Zielgröße Bauteildichte ρ_B in den nachfolgenden Analysen nicht betrachtet.

Shore-Härte A
Das erzielte Minimum der Shore-Härte A beträgt 82 und das Maximum 85. Der Wert der Shore-Härte A steigt tendenziell mit zunehmender Volumenenergiedichte $E_{V,HSS}$ (vgl. Abbildung 40, b)). Der Anstieg ist dabei in Relation zu den absoluten Werten relativ gering. Ursache hierfür ist, dass die Shore-Härte A, wie bei der Spezifizierung der prozessseitigen Haupteinflussgrößen (vgl. Unterabschnitt 7.4.3) ermittelt, primär von der Bauteildichte ρ_B bzw. der Gesamtporosität abhängig ist. Diese ist wie oben beschrieben über alle Faktorkombinationen relativ konstant. Aufgrund der über alle Faktorstufenkombinationen erzielten relativ konstanten Werte wird die Zielgröße Shore-Härte A in den nachfolgenden Analysen nicht betrachtet.

Zugfestigkeit
Die erzielten Minima und Maxima betragen für die Zugfestigkeit σ_{max} 0° 6,37 MPa bzw. 8,39 MPa und für die Zugfestigkeit σ_{max} 15° 5,42 MPa bzw. 8,17 MPa. Hierdurch wird auch der vom Hersteller des TPU-Pulvers im LS bei einer Prüfkörperpositionierung von 0° erzielte Maximalwert von 7,9 MPa erreicht bzw. sogar um 6 % (prozentuale Differenz) überschritten. Trotz der relativ hohen Streuung der Ergebnisse kann der Rückschluss gezogen werden, dass tendenziell die Werte der Zugfestigkeit σ_{max} 0° und Zugfestigkeit σ_{max} 15° mit zunehmender Volumenenergiedichte $E_{V,HSS}$ steigen (vgl. Abbildung 40, c)). Wie oben beschrieben, ist die erzielte Bauteildichte ρ_B über alle Faktorstufenkombinationen relativ konstant. Daher erfolgt der Anstieg der Werte wahrscheinlich, wie bei der Spezifizierung der Haupteinflussgrößen erläutert (vgl. Unterabschnitt 7.4.3), hauptsächlich aufgrund einer Verringerung der Porendichte, einer Erhöhung des Verschmelzungsgrades der Polymerpartikel und/oder einer geeigneteren Kristallinität.

Für das Ziehen von Rückschlüssen auf den Aufschmelzgrad der TPU-Partikel und damit indirekt auf den Verschmelzungsgrad der TPU-Partikel wurde das Aufschmelzverhalten mittels DSC für mit ausgewählten Faktorstufenkombinationen gefertigte Würfel-Prüfkörper analysiert (vgl. Unterabschnitt 5.5.3). So wurden Würfel-Prüfkörper bzw. Proben von diesen analysiert, bei deren Faktorstufenkombinationen die vier höchsten und die vier niedrigsten Werte der Zielgröße Zugfestigkeit σ_{max} 0° vorliegen. Es konnte jedoch keine belastbare Regelmäßigkeit zwischen den sich ergebenden Wärmestromkurven beim Aufheizen und den Werten der Zugfestigkeit σ_{max} 0° bestimmt werden. Dies ist jedoch vor dem Hintergrund zu sehen, dass das Ausgangsmaterial des TPU-Pulvers aus mehreren thermoplastischen und elastischen Komponenten bzw. Segmenten besteht, was die Interpretation der Ergebnisse stark beeinträchtigen kann.

Des Weiteren zeigt sich, dass die Prüfkörper, gefertigt mit einem Neigungswinkel zur Bauplattform von 0°, grundsätzlich höhere Werte aufweisen als die mit einem Neigungswinkel zur Bauplattform von 15°. Ursache für das anisotrope Verhalten ist wahrscheinlich, wie in den Unterabschnitten 2.4.7 und 2.5.4 erläutert, die typischerweise bei den mittels PBF/P bzw. HSS gefertigten Bauteilen vorliegende in Relation zur Schichtausrichtung komplanare Anordnung und/oder Orientierung der Poren sowie die über eine Schicht in Relation zur Schichtausrichtung orthogonale Änderung des Aufschmelzgrads der Polymerpartikel.

Bruchdehnung
Die erzielten Minima und Maxima betragen für die Bruchdehnung ε_B 0° 325 % bzw. 452 % und für die Bruchdehnung ε_B 15° 431 % bzw. 260 %. Hierdurch wird der vom Hersteller des TPU-Pulvers im LS bei einer Prüfkörperpositionierung von 0° erzielte Maximalwert von 512 % nicht erreicht. In Relation zum erzielten Maximum liegt eine prozentuale Differenz von ca. 13 % vor. Wie bei der Zugfestigkeit (siehe oben) liegt eine relativ hohe Streuung der Ergebnisse vor. Es kann dennoch auch der Rückschluss gezogen werden, dass tendenziell die Werte der Bruchdehnung ε_B 0° und Bruchdehnung ε_B 15° mit zunehmender Volumenenergiedichte $E_{V,HSS}$ steigen (vgl. Abbildung 40, d)). Die Ursache hierfür ist dabei äquivalent zur Zugfestigkeit. Dies gilt auch für die grundlegend höheren erzielten Werte für die Bruchdehnung ε_B 0° im Vergleich zur Bruchdehnung ε_B 15°.

Volumenabweichung
Die erzielten Minima und Maxima betragen für die Volumenabweichung V_A 1,87 % bzw. 13,12 %. Tendenziell steigt die Volumenabweichung V_A mit zunehmender Volumenenergiedichte $E_{V,HSS}$ (vgl. Abbildung 40, e)). Dies ist, wie bei der Bestimmung der prozessseitigen Haupteinflussgrößen (vgl. Unterabschnitt 7.3.4) und der Spezifizierung der prozessseitigen Haupteinflussgrößen (vgl. Unterabschnitt 7.4.3) beschrieben, darauf zurückzuführen, dass mit einem zunehmenden selektiven Energieeintrag die am Bauteil vorhandene Pulveranhaftung steigt. Wie auch dort festgestellt, ergibt sich hierdurch ein Zielkonflikt zwischen den Zielgrößen der mechanischen und der geometrischen Bauteileigenschaften. Dieser ist exemplarisch für die Zielgrößen Bruchdehnung ε_B 0° und Volumenabweichung V_A in Abbildung 40, f) dargestellt. So steigt mit einem zunehmenden Wert der Bruchdehnung ε_B 0° tendenziell auch der Wert der Volumenabweichung V_A.

Für ein besseres in Relation setzen der erzielten Ergebnisse der Volumenabweichung V_A spezifisch für den F&M-Prüfkörper I zeigt Abbildung 41 diesen gefertigt mit unterschiedlichen Faktorstufenkombinationen und daher mit unterschiedlichen Volumenabweichungen V_A.

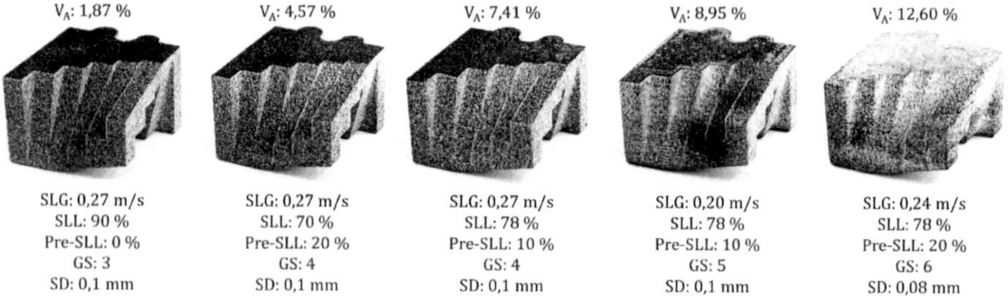

Abbildung 41: F&M-Prüfkörper I gefertigt mit unterschiedlichen Faktorstufenkombinationen

8.1.4 Signifikante Effekte

Die Analyse der Signifikanz der Haupteffekte, Wechselwirkungen (faktoriell bis Grad 2) und quadratischen Effekte (Polynom bis Grad 2) der betrachteten Faktoren erfolgte mit dem Effekttest (vgl. Unterabschnitt 5.7.3). Die Bestimmung des Signifikanzniveaus der Effekte erfolgte für jede Zielgröße getrennt. Für die Erzielung einer hohen Güte des Modells wurden identifizierte Ausreißer ausgeschlossen. Die Güte der einzelnen Modelle wurde mit dem Bestimmtheitsmaß R^2 und dem p-Wert bewertet und ist stets sehr hoch (vgl. Tabelle A 13).

Das mit dem Effekttest ermittelte Signifikanzniveau der Effekte der Faktoren SLG, SLL, SD, GS und Pre-SLL (Haupteffekte) sowie deren Wechselwirkungen 1. Ordnung und quadratischen Effekte auf die Zielgrößen Zugfestigkeit σ_{max} 0°, Zugfestigkeit σ_{max} 15°, Bruchdehnung ε_B 0°, Bruchdehnung ε_B 15° und Volumenabweichung V_A kann Abbildung 42 entnommen werden. Trotz der auf Basis der vorangegangenen Analysen spezifisch für die Realisierung der maximierten Bauteileigenschaften ausgewählten Wertebereiche der Faktoren liegt eine relativ große Anzahl signifikanter Effekte vor. Dies verdeutlicht auch die Komplexität des schichtweisen Bauteilaufbaus beim HSS. Des Weiteren bestätigt dies, dass die ausgewählten Faktoren tatsächlich einen entscheidenden Einfluss auf die Zielgrößen besitzen.

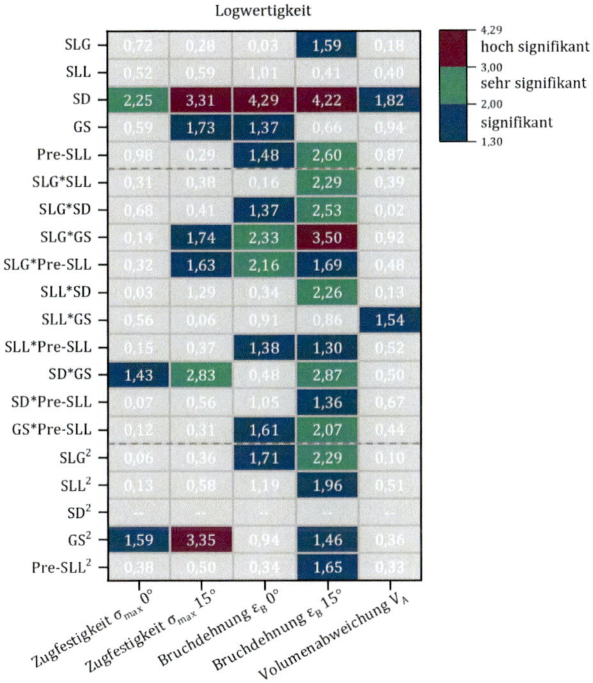

Abbildung 42: Signifikanzniveau der Effekte der Faktoren, Wechselwirkungen und quadratischen Effekte auf die betrachteten Zielgrößen für die spezifische Prozessanalyse der maximierten Eigenschaften

Hauptteffekte

Den mit Abstand größten Effekt auf alle betrachteten Zielgrößen besitzt der Faktor SD. Ursache für den relativ großen Effekt der SD auf die Zielgrößen der mechanischen Bauteileigenschaften ist vermutlich die beim HSS vorliegende Limitation der realisierbaren Tiefe (z-Richtung) des Energieeintrags in das Pulverbett (vgl. Unterabschnitt 2.5.2). So nimmt die in eine Schicht eingebrachte Energie in z-Richtung und damit die Aufschmelztiefe ab. Dies hat einen Einfluss auf die sich über die Schicht in z-Richtung ergebende Bauteilstruktur (vgl. Unterabschnitt 2.4.7und 2.5.4). Des Weiteren hat dies einen wesentlichen Einfluss auf das Anbinden bzw. das Verschmelzen der einzelnen Schichten. Für die Einordnung der Größe des Effekts ist darauf hinzuweisen, dass der Wertebereich des Faktors SD stets mittels constraints in Abhängigkeit der Werte der Faktoren SLG und SLL in Relation zur Volumenenergiedichte $E_{V,HSS}$ begrenzt wird. Die Limitation der realisierbaren Tiefe (z-Richtung) des Energieeintrags in das Pulverbett ist wahrscheinlich auch die Ursache für das höhere Signifikanzniveau des Faktors SD auf die Zielgröße Zugfestigkeit σ_{max} 15° im Vergleich zur Zugfestigkeit σ_{max} 0°. Dieses Verhalten wurde bereits bei der Bestimmung der prozessseitigen Haupteinflussgrößen (vgl. Unterabschnitt 7.3.3) beobachtet. Der Effekt der Faktoren SLG und SLL ist relativ gering. Lediglich der Effekt des Faktors SLG ist für die Zielgröße Bruchdehnung ε_B 15° signifikant. Hintergrund hierfür ist, dass die Wertebereiche der Faktoren SLG und SLL auf Basis der Spezifizierung der Haupteinflussgrößen (vgl. Unterabschnitt 7.4.3) spezifisch für die Realisierung der maximierten Bauteileigenschaften ausgewählt bzw. begrenzt wurden. Der Effekt des Faktors GS auf die betrachteten Zielgrößen ist ebenfalls relativ gering. Dies ist besonders im Vergleich zu den bei der Bestimmung der prozessseitigen Haupteinflussgrößen (vgl. Unterabschnitt 7.3.3) ermittelten Effekte der Fall. Ursache ist, dass auch der Wertebereich des Faktors GS spezifisch ausgewählt bzw. begrenzt wurde. So ist die sich über den betrachteten Wertebereich des Faktors GS ergebende Differenz des Absorptionsgrades α des Polymerpulver-Tinten- bzw. RAM-Gemisches relativ gering (vgl. Abschnitt 5.3), besonders im Vergleich zu der in der Bestimmung der prozessseitigen Haupteinflussgrößen betrachteten Differenz des Absorptionsgrades α des Polymerpulver-Tinten- bzw. RAM-Gemisches. Dennoch ist der Effekt der GS auf die Zielgrößen der mechanischen Bauteileigenschaften Zugfestigkeit σ_{max} 15° und Bruchdehnung ε_B 0° signifikant. Der Effekt des Faktors Pre-SLL ist für die Zielgrößen der Bruchdehnung (Bruchdehnung ε_B 0° und Bruchdehnung ε_B 15°) signifikant. Hintergrund hierfür ist wahrscheinlich, dass die Pre-SLL einen relevanten Einfluss auf die Anbindung bzw. das Verschmelzen der einzelnen Schichten hat.

Wechselwirkungen

Bei einem Vergleich der Größe der Effekte der Wechselwirkungen für die Zielgrößen Zugfestigkeit σ_{max} 0° und Zugfestigkeit σ_{max} 15° sowie Bruchdehnung ε_B 0° und Bruchdehnung ε_B 15° zeigt sich, dass für die mit einem Neigungswinkel zur Bauplattform von 15° gefertigten Prüfkörper tendenziell ein höherer Effekt der Wechselwirkungen vorliegt als bei den mit einem Neigungswinkel zur Bauplattform von 0° gefertigten Prüfkörpern. Dies spiegelt sich auch in der Anzahl der signifikanten Effekte wider. Weiterhin zeigt sich, dass die Anzahl der Wechselwirkungen mit signifikantem Effekt für die Zielgrößen der Bruchdehnung (Bruchdehnung ε_B 0° und Bruchdehnung ε_B 15°) größer ist als für die Zielgrößen der Zugfestigkeit (Zugfestigkeit σ_{max} 0° und Zugfestigkeit σ_{max} 15°). Für die Zielgröße Volumenabweichung V_A ist die Größe der Effekte der Wechselwirkungen grundsätzlich sehr klein. Lediglich eine Wechselwirkung hat einen signifikanten Effekt.

Quadratische Effekte

Insgesamt haben für die betrachteten Faktoren sieben quadratische Effekte einen signifikanten Effekt auf die betrachteten Zielgrößen. Diese liegen alle für die betrachteten Zielgrößen der mechanischen Eigenschaften vor. Drei dieser sind quadratische Effekte des Faktors GS, womit dieser die größte Anzahl aufweist. Auf die Zielgröße Bruchdehnung ε_B 15° haben alle betrachteten Faktoren, für die eine Bestimmung der quadratischen Effekte möglich ist, einen quadratischen Effekt, der signifikant ist.

8.1.5 Richtung der Effekte

Die Analyse der Richtung der Effekte der Faktoren auf die Zielgrößen erfolgte mittels im Prediction Profiler von JMP® Pro 17 erstellten Analysediagrammen (vgl. Unterabschnitt 5.7.3). Die Erstellung der Analysediagramme erfolgte unter der Berücksichtigung der Haupteffekte, Wechselwirkungen (Faktoriell bis Grad 2) und quadratischen Effekte (Polynom bis Grad 2) sowie einer getrennten Betrachtung der einzelnen Zielgrößen. Für die Erzielung einer hohen Güte der Modelle wurden nicht relevante Wechselwirkungen und quadratische Effekte schrittweise eliminiert sowie identifizierte Ausreißer ausgeschlossen. Die Güte der einzelnen Modelle wurde mit dem Bestimmtheitsmaß R^2 und dem p-Wert bewertet und ist stets sehr hoch (vgl. Tabelle A 14).

Aufgrund der relativ hohen Anzahl signifikanter Wechselwirkungen 1. Ordnung und quadratischer Effekte ist die Richtung und auch die lokale Größe der Effekte der einzelnen Faktoren (Haupteffekt) auf die Zielgrößen meist von mehreren Faktoren bzw. deren konkreten Werten abhängig. Daher können im Folgenden nur verallgemeinerte Aussagen getroffen werden.

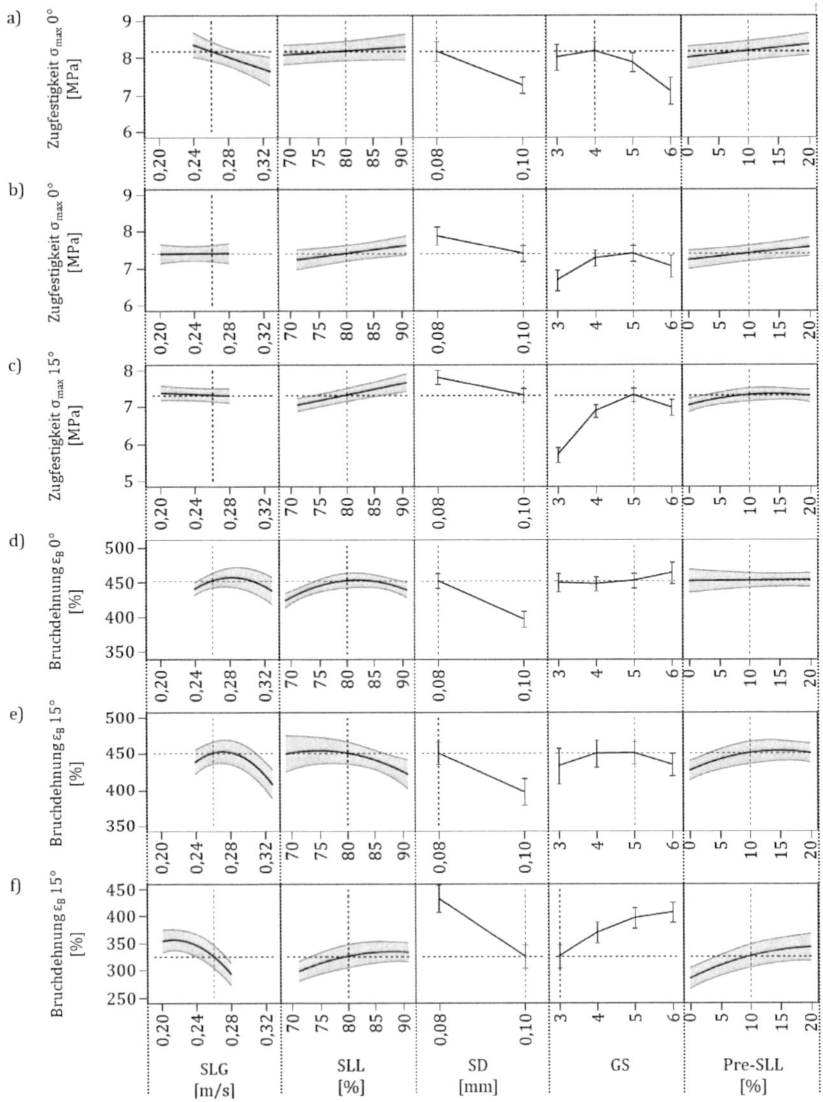

Abbildung 43: Analysediagramme für ausgewählte Faktorwerte zur Bestimmung der Richtung der Effekte der Faktoren in Abhängigkeit der Faktorstufenkombinationen für die spezifische Prozessanalyse maximierte Eigenschaften

Tendenziell führt im untersuchten Wertebereich eine höhere SLL und eine niedrigere SLG und SD zu einem höheren Wert der Zielgrößen Zugfestigkeit σ_{max} 0° und Zugfestigkeit σ_{max} 15° (vgl. Abbildung 43 a), b) c)). Ebenfalls führt eine niedrigere SD zu einem höheren Wert der Zielgrößen Bruchdehnung ε_B 0° und Bruchdehnung ε_B 15° (vgl. Abbildung 43 d) und e)). Ursache hierfür ist die sich dadurch ergebende höhere Volumenenergiedichte $E_{V, HSS}$ bzw. der sich ergebende höhere selektive Energieeintrag, deren Einfluss auf diese Zielgrößen in Unterabschnitt 7.4.3 erläutert wird.

Für die Beschreibung der Effekte von SLG und SLL auf die Zielgrößen Bruchdehnung ε_B 0° und Bruchdehnung ε_B 15° ergeben sich quadratische Terme. Dieses Verhalten spiegelt sich auch in dem oben bestimmten Signifikanzniveau der quadratischen Effekte von SLG bzw. SLL für diese Zielgrößen wider. In den meisten Fällen liegen die Werte der SLG bzw. SLL, bei denen sich das Maximum (Extremwert) für diese Zielgrößen bezogen auf den Faktor SLG bzw. SLL ergibt, nicht an den sich durch die constraints ergebenden Grenzen des Wertebereichs von SLG bzw. SLL. Der Wert der SLG bzw. SLL, bei dem sich das Maximum (Extremwert) für diese Zielgrößen ergibt, ist primär von den Faktoren SD und GS bzw. deren Werten in Relation zum selektiven Energieeintrag abhängig. Bezogen auf den Wert der Faktoren SLG bzw. SLL, bei dem der Extremwert vorliegt, führt ein geringerer bzw. ein höherer selektiver Energieeintrag zu einer Verringerung des Wertes dieser Zielgrößen (vgl. Abbildung 43 e) und f)). Eine Ursache für eine Verringerung der Werte dieser Zielgrößen bei einem hohen selektiven Energieeintrag könnte sich durch die Bauteilstruktur ergeben, die sich allgemein negativ auf die Bruchdehnung ε_B der Bauteile auswirkt (vgl. Unterabschnitt 2.4.7 und 2.5.4). Dieses Verhalten der Verringerung der Bruchdehnung ε_B im Kontext einer Erhöhung des selektiven Energieeintrags ab einem gewissen Schwellenwert durch den Faktor SLG und SLL wurde auch in Unterabschnitt 2.5.3 beschrieben.

Für den Faktor Pre-SLL führt meist ein höherer Wert des Faktors zu einem höheren Wert der betrachteten Zielgrößen der mechanischen Bauteileigenschaften (vgl. Abbildung 43 a) bis f)). Die Gründe hierfür sind wahrscheinlich dieselben wie die bei der Bestimmung der prozessseitigen Haupteinflussgrößen (vgl. Unterabschnitt 7.3.4) erläuterten.

Die quadratischen Effekte des Faktors GS auf die Zielgrößen Zugfestigkeit σ_{max} 0° und Zugfestigkeit σ_{max} 15°, haben wie oben erläutert, ein relativ hohes Signifikanzniveau. Daher bedarf es für die Beschreibung ihrer Effekte quadratische Terme. Der Verlauf der quadratischen Terme bzw. der Wert des Faktors GS, bei dem das Maximum (Extremwert) für diese Zielgrößen vorliegt, ist vor allem abhängig von dem Faktor SD bzw. seinem konkreten Wert. Der Wert des Faktors GS, bei dem das Maximum für die Zielgrößen vorliegt, entspricht nicht den Grenzwerten (GS 3 bzw. GS 6) des Bereichs (vgl. Abbildung 43 a), b), c)). Der Anstieg der Werte der Zielgrößen mit zunehmender GS erfolgt grundsätzlich aufgrund des sich bei einer höheren GS ergebenden höherem Absorptionsgrads α des TPU-Pulver-Tinten- bzw. RAM-Gemisches. Die Abnahme der Werte der Zielgrößen bei Überschreitung eines Schwellenwerts der GS könnte sich aus zwei Aspekten ergeben: Zum einen kann der hohe selektive Energieeintrag zu einer Bauteilstruktur führen, die sich allgemein negativ auf die Zugfestigkeit σ_{max} der Bauteile auswirkt (vgl. Unterabschnitt 2.4.7 und 2.5.4). Zum anderen könnte die hohe TM, die bei einer hohen GS auf das Pulverbett appliziert wird, dazu führen, dass neben dem RAM eine größere Menge an Trägerflüssigkeit und/oder Additiven der Tinte nicht verdampft und somit in den Bauteilen verbleibt. Diese Rückstände können eine Abnahme der Zugfestigkeit σ_{max} der Bauteile verursachen (vgl. Unterabschnitt 2.5.2). (Dieser Aspekt wird in Unterabschnitt 8.2.3 näher analysiert.)

Hingegen ist die Richtung des Effekts des Faktors GS auf die Zielgröße Bruchdehnung ε_B 0° und Bruchdehnung ε_B 15° dahingehend von den anderen betrachteten Faktoren bzw. deren konkreten Werten abhängig, so dass keine verallgemeinerte Aussage getroffen werden kann (vgl. Abbildung 43 d), e), f)). Es zeigt sich jedoch, dass die Größe des Effekts des Faktors GS mit zunehmender Volumenenergiedichte $E_{V,HSS}$ abnimmt.

Eine Verringerung der Volumenabweichung V_A ergibt sich für den betrachteten Wertebereich tendenziell durch eine höhere SLG und SD sowie eine niedrigere SLL, GS und Pre-SLL und damit durch eine Verringerung des selektiven Energieeintrags bzw. eine Verringerung des Energieeintrags in der Summe.

8.1.6 Optimale Prozesse

Die Auslegung der Optimalen Prozesse für die maximierten Bauteileigenschaften erfolgt mittels der im Prediction Profiler vorhandenen Desirability Function (vgl. Unterabschnitt 5.7.3). Für die Berücksichtigung der zwischen den Zielgrößen bestehenden Zielkonflikte erfolgt eine gemeinsame Betrachtung der einzelnen Zielgrößen. Die Erstellung des Modells bzw. der Desirability Functions der einzelnen Zielgrößen erfolgt unter der Berücksichtigung der Haupteffekte, der Wechselwirkungen (faktoriell bis Grad 2) und der quadratischen Effekte (Polynom bis Grad 2). Für die Erzielung einer hohen Güte des Modells werden nicht relevante Wechselwirkungen und quadratische Effekte schrittweise eliminiert sowie identifizierte Ausreißer ausgeschlossen. Die Güte des Modells wurde mit dem Bestimmtheitsmaß R^2 und dem p-Wert bewertet und ist stets sehr hoch (vgl. Tabelle A 15).

Aufgrund der zwischen den Zielgrößen bestehenden Zielkonflikte bedarf es stets einer für die Anwendung der Bauteile spezifischen Auslegung der Prozesse. In Tabelle 11 sind die Ergebnisse ausgewählter durchgeführter Optimierungen mit unterschiedlichen Optimierungszielen für die Zielgrößen dargestellt. Die Optimalen Prozesse ME 1 bis ME 5 sind die Ergebnisse von Optimierungen, bei denen für eine Zielgröße das Optimierungsziel Maximieren bzw. Minimieren und für alle anderen Faktoren kein Optimierungsziel definiert wurde. Der Optimale Prozess ME 6 ist das Ergebnis der Optimierung, bei der für alle betrachteten Zielgrößen das Optimierungsziel Maximieren bzw. Minimieren definiert wurde. Die Gewichtung (GEW) zwischen allen Faktoren der mechanischen und geometrischen Bauteileigenschaften beträgt dabei in Summe 1:1. Optimaler Prozess ME 7 ist das Ergebnis der Optimierung, bei der für alle betrachteten Zielgrößen der mechanischen Bauteileigenschaften das Optimierungsziel Maximieren und für die Zielgröße Volumenabweichung V_A ein Zielwert (7,00 %) definiert wurde. Der Zielwert der Zielgröße Volumenabweichung V_A entspricht einer geometrischen Bauteileigenschaft, die für viele Anwendungsfälle meist noch geeignet ist.

Tabelle 11: Ausgewählte Optimale Prozesse zur Realisierung der maximierten Eigenschaften

Optimaler Prozess	SLG [m/s]	SLL [%]	SD [mm]	GS	Pre-SLL [%]	$E_{V,HSS}$ [J/cm³]	Zugfestigkeit σ_{max} 0° [MPa]	Zugfestigkeit σ_{max} 15° [MPa]	Bruchdehnung ε_B 0° [%]	Bruchdehnung ε_B 15° [%]	Volumenabweichung V_A [%]
ME 1	0,26	90	0,08	4	20	249	8,26	7,83	469	456	9,45
ME 2	0,32	90	0,08	5	20	203	7,92	7,92	440	434	10,98
ME 3	0,26	90	0,08	4	20	249	8,26	7,82	469	456	9,45
ME 4	0,26	90	0,08	4	20	249	8,26	7,83	469	456	9,45
ME 5	0,25	70	0,10	3	0	174	6,41	5,36	336	267	3,18
ME 6	0,22	70	0,08	3	20	251	7,74 (0,25)	7,52 (0,25)	457 (0,25)	429 (0,25)	4,34 (1)
ME 7	0,23	77	0,08	4	17	259	8,08	7,89	463	451	7,04 (7)

Optimierungsziel Maximierung (GEW)	Optimierungsziel Minimierung (GEW)	Optimierungsziel Zielwerte (Wert)

Für die Erzielung der maximalen Werte der Zielgrößen Zugfestigkeit σ_{max} 0° (MME 1), Bruchdehnung ε_B 0° (ME 3) und Bruchdehnung ε_B 15° (MME 4) ergeben sich die gleichen Optimalen Prozesse bzw. Faktorstufenkombination. Das sich für diese Optimalen Prozesse ergebende Analysediagramm zeigt Abbildung 44. Wie auf Basis der Erläuterung der Richtung der Effekte (vgl. Unterabschnitt 8.1.5) erwartet, wird für den Faktor Pre-SLL der höchste Wert des Wertebereichs und für den Faktor SD der kleinste Faktorstufenwert gewählt. Die sich aus der Kombination der Werte der Faktoren SLG, SLL und SD ergebende Volumenenergiedichte $E_{V,HSS}$ liegt an der sich durch die constraints ergebenden Obergrenze. Der Wert des Faktors SLL entspricht dem höchsten Wert des Wertebereichs. Der Wert des Faktors SLG bildet den niedrigsten, der aufgrund der constraints realisierbar ist, welcher jedoch nicht den niedrigsten des betrachteten Wertebereichs bildet. Daraus kann gefolgert werden, dass für den betrachteten Wertebereich und der damit einhergehenden Begrenzung der Volumenenergiedichte $E_{V,HSS}$ die Bestrahlungsstärke (SLL) eine größere Relevanz für die Erzielung der maximalen Werte dieser Zielgrößen besitzt als die Bestrahlungsdauer (SLG). Für den Faktor GS wurde der

Wert 4 gewählt, der auch den Extrempunkt (Maximum) für die Zielgrößen der mechanischen Eigenschaften bildet.

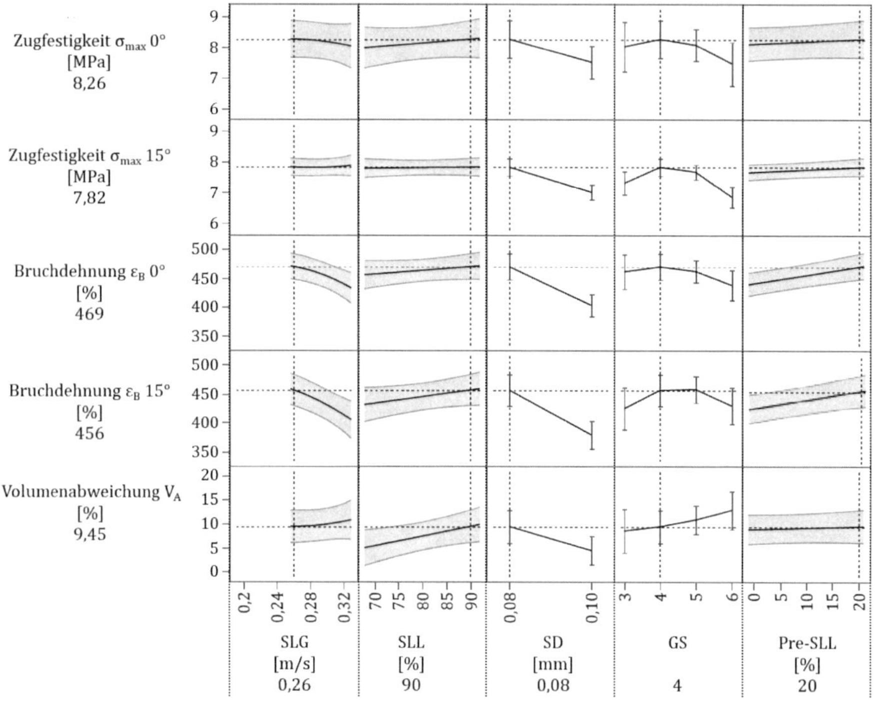

Abbildung 44: Analysediagramm der Optimalen Prozesse ME 1/3/4

Der Optimale Prozess (ME 2) für die Erzielung des maximalen Werts der Zielgröße Zugfestigkeit σ_{max} 15° unterscheidet sich von ME 1/3/4 lediglich in den Werten der Faktoren SLG und GS. Der höhere Wert für den Faktor SLG führt tendenziell zu einem niedrigeren selektiven Energieeintrag und der höhere Wert des Faktors GS hingegen tendenziell zu einem höheren selektiven Energieeintrag. Dies bestätigt die im Unterabschnitt 8.1.6 aufgestellte Vermutung, dass ein hoher bzw. zu hoher selektiver Energieeintrag zu einer Verringerung der betrachteten mechanischen Bauteileigenschaften führen kann.

Wie auf Basis der Ausführungen von Unterabschnitt 8.1.6 erwartet, ergibt sich das Optimum für die Zielgröße Volumenabweichung V_A (ME 5) bei einem in Relation zum betrachteten Wertebereich geringem selektiven Energieeintrag.

Bei den Optimalen Prozessen ME 6 und ME 7, die einen Kompromiss zwischen den Zielgrößen der mechanischen und geometrischen Bauteileigenschaften bilden, liegt stets eine Volumenenergiedichte $E_{V,HSS}$ an der sich ergebenden Obergrenze der constraints vor. Diese wird jedoch im Vergleich zu den Optimalen Prozessen ME 1 bis ME 4, bei denen nur die Maximierung der mechanischen Bauteileigenschaften das Optimierungsziel bildet, durch den geringsten bzw. einen niedrigen Wert des Faktors SLL bezogen auf den betrachteten Wertebereich realisiert. Dies bestätigt zum einen den u. a. in der Spezifizierung der prozessseitigen Haupteinflussgrößen (vgl. Unterabschnitt 7.3.4) beobachteten Aspekt, dass die Kombination von SLG und SLL und damit die Bestrahlungsdauer und Bestrahlungsstärke, mit der die Volumenenergiedichte $E_{V,HSS}$ bzw. der selektive Energieeintrag realisiert wird, einen relevanten Einfluss auf die Bauteileigenschaften besitzt. Bei dem Optimalen Prozess ME 6 wird für den Faktor GS der kleinste Faktorstufenwert gewählt, wohingegen die sich aus der Kombination der Faktoren SLG, SLL und SD ergebende Volumenenergiedichte $E_{V,HSS}$ an der sich durch die constraints ergebenden Obergrenze bewegt.

8.2 Funktional gradierte Eigenschaften

8.2.1 Untersuchungsgegenstand

Untersuchungsgegenstand ist die spezifische Analyse des schichtweisen Bauteilaufbaus für die Realisierung der funktional gradierten bzw. lokal eingestellten Bauteileigenschaften durch eine Einstellung der TM bzw. der GS in Abhängigkeit der dafür relevanten prozessseitigen Einflussgrößen. Die Auswahl des Versuchsplans sowie der Faktoren und der Wertebereiche der Faktoren soll vor dem Hintergrund erfolgen, dass diese die Basis für das Modell zur Auslegung der Optimalen Prozesse für die funktional gradierten bzw. lokal eingestellten Eigenschaften der Bauteile bilden. Darüber hinaus ist die anwendungsspezifische Auslegung von Optimalen Prozessen und deren Interpretation Gegenstand der Untersuchung.

8.2.2 Vorgehensweise

Zielgröße für die funktional gradierten bzw. lokal eingestellten Eigenschaften bildet die über die GS realisierte maximale Differenz der Shore-Härte A (ΔShore-Härte A $_{(max-min)}$) bzw. des Spannungswertes σ_{50} (ΔSpannungswert $\sigma_{50\,(max-min)}$). In der Spezifizierung der prozessseitigen Haupteinflussgrößen (vgl. Unterabschnitt 7.4.3) zeigte sich, dass für diese Zielgrößen u. a. ein Zielkonflikt mit der Zugfestigkeit σ_{max} und der Bruchdehnung ε_B besteht. Diese bilden daher neben der Bauteildichte ρ_B und der Volumenabweichung V_A die weiteren zu betrachtenden Zielgrößen.

Die Bestimmung der prozessseitigen Haupteinflussgrößen zeigt, dass auf die Shore-Härte A (Unterabschnitt 7.3.3) und damit vermutlich auch auf die Zielgröße ΔShore-Härte A $_{(max-min)}$ neben der GS die SLG, die SLL und die SD einen signifikanten Einfluss besitzen. Die SLG, SLL und SD bilden daher die Faktoren, in deren Abhängigkeit die mittels einer Einstellung der GS realisierbaren funktional gradierten bzw. lokal eingestellten Eigenschaften betrachtet werden. Die für die Faktoren definierten Wertebereiche sind in Tabelle 12 gelistet. Die Wertebereiche für die Faktoren SLG und SLL sind aus den Ergebnissen der Spezifizierung der prozessseitigen Haupteinflussgrößen (vgl. Unterabschnitt 7.4.4) abgeleitet. Diese ermöglichen für die dort verwendeten Prozessparameter zum einen eine relativ große Differenz der Werte der Shore-Härte A und des Spannungswertes σ_{50} durch die Einstellung der GS, und zum anderen relativ hohe Werte für die betrachteten mechanischen Bauteileigenschaften. Des Weiteren liegen in den gewählten Wertebereichen geeignete Werte für die Volumenabweichung V_A vor. Als Wertebereich für den Faktor SD wird der Bereich definiert, über den eine Variation im HSS grundlegend als sinnvoll erachtet wird (vgl. Unterabschnitt 7.3.2). Alle weiteren relevanten Einflussgrößen des Prozesses bzw. der Prozessparameter wurden auf Basis der bisherigen Ergebnisse definiert und sind in Tabelle A 16 gelistet.

Zur Vermeidung von Faktorstufenkombinationen, bei denen eine Versuchsdurchführung bzw. eine Fertigung der Prüfkörper aufgrund eines zu hohen oder zu niedrigen selektiven Energieeintrags nicht realisierbar ist, werden constraints definiert. Durch diese werden für den gewählten Versuchsplan Faktorstufenkombinationen ausgeschlossen, die eine Volumenenergiedichte $E_{V,HSS}$ von größer 250 J/cm^3 und kleiner 120 J/cm^3 realisieren. Für die Umsetzung der constraints werden zwei Funktionen 1. Ordnung definiert, die eine lineare Approximation des Funktionsverlaufs der Volumenenergiedichte $E_{V,HSS}$ für die gewählten Grenzwerte bilden. Eine Verwendung einer Funktion höherer Ordnung ist aufgrund von Limitierung seitens JMP® Pro 17 nicht möglich [JMP 24e]. Die beiden definierten Funktionen 1. Ordnung weisen jedoch für den gewählten Bereich der Faktoren SLG und SLL eine hohe Genauigkeit auf. Für die Definition der einzelnen Versuche bzw. Faktorstufenkombinationen wird auf einen Optimalen Versuchs-Plan zurückgegriffen. Der Optimale Plan bzw. dessen einzelne Faktorstufenkombinationen wurden mit der in JMP® Pro 17 vorhandenen Plattform Design nach

Maß auf Basis der in Tabelle 12 aufgeführten Informationen erstellt. Der sich ergebende Versuchsplan bzw. dessen Faktorstufenkombination (28 Stück) können Tabelle A 17 entnommen werden. Für eine geeignete Analyse der durch die GS realisierten funktional gradierten bzw. lokal eingestellten Eigenschaften werden die verwendeten Prüfkörper für jede Faktorstufenkombination mit GS 1, GS 2, GS 3 und GS 4 gefertigt.

Tabelle 12: Faktoren des Optimalen Plans für die spezifische Prozessanalyse funktional gradierter Eigenschaften

Faktor	Einheit	Faktorart	Wertebereich	constraints
SLG	%	stetig	0,13 – 0,16	SLG > 0.005 * SLL - 0.065
SLL	m/s	stetig	39 – 51	SLG < 0.005 * SLL - 0.095
SD	mm	stetig	0,08 – 0,12	-

Abbildung 45 zeigt den für die Fertigung der Prüfkörper verwendeten Baujob. Die Quadranten des Baujobs sind gespiegelt und die darin befindlichen Prüfkörper werden jeweils mit einer GS gefertigt. Die Bauteildichte ρ_B und die Shore-Härte A wird an sechs Würfel-Prüfkörpern mittels Eintauchverfahren (vgl. Unterabschnitt 5.5.3) bzw. Härteprüfung (vgl. Unterabschnitt 5.5.1) bestimmt. Die Zugfestigkeit σ_{max}, die Bruchdehnung ε_B und der Spannungswert σ_{50} werden an je fünf mit einem Neigungswinkel zur Bauplattform von 0° gefertigten Zugstäben Typ 2 mittels Zugversuch I (vgl. Unterabschnitt 5.5.1) ermittelt. Die Volumenabweichung V_A wird an einem F&M-Prüfkörper I mittel 3D-Scannanalyse (vgl. Unterabschnitt 5.5.2) bestimmt. Die Zielgröße ΔShore-Härte A $_{(max-min)}$ bzw. ΔSpannungswert $\sigma_{50\,(max-min)}$ ist die absolute Änderung, also die Differenz zwischen minimalem (min) und maximalem (max) Wert der Zielgrößen Shore-Härte A bzw. Spannungswert σ_{50}, die sich über die GS für jede Faktorstufenkombination ergibt.

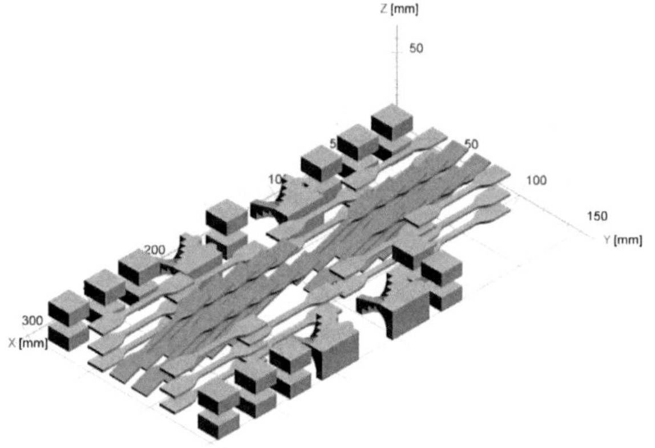

Abbildung 45: Baujob für die spezifische Prozessanalyse der funktional gradierten Eigenschaften

8.2.3 Einfluss der Graustufe

Der Einfluss der GS auf die betrachteten Zielgrößen in Abhängigkeit der sich aus den Faktoren SLG, SLL und SD ergebenden Volumenenergiedichte $E_{V,HSS}$ kann Abbildung 46 entnommen werden. Für das einfache Ziehen von Rückschlüssen ist die polynomielle Anpassung 2. Grades der Ergebnisse der betrachteten Faktorstufenkombinationen, die sich für die einzelnen GS ergeben, eingezeichnet. Die ermittelten Werte (MIW und STAW) der Zielgrößen der einzelnen Faktorstufenkombinationen in Abhängigkeit der GS können Tabelle A 18 entnommen werden.

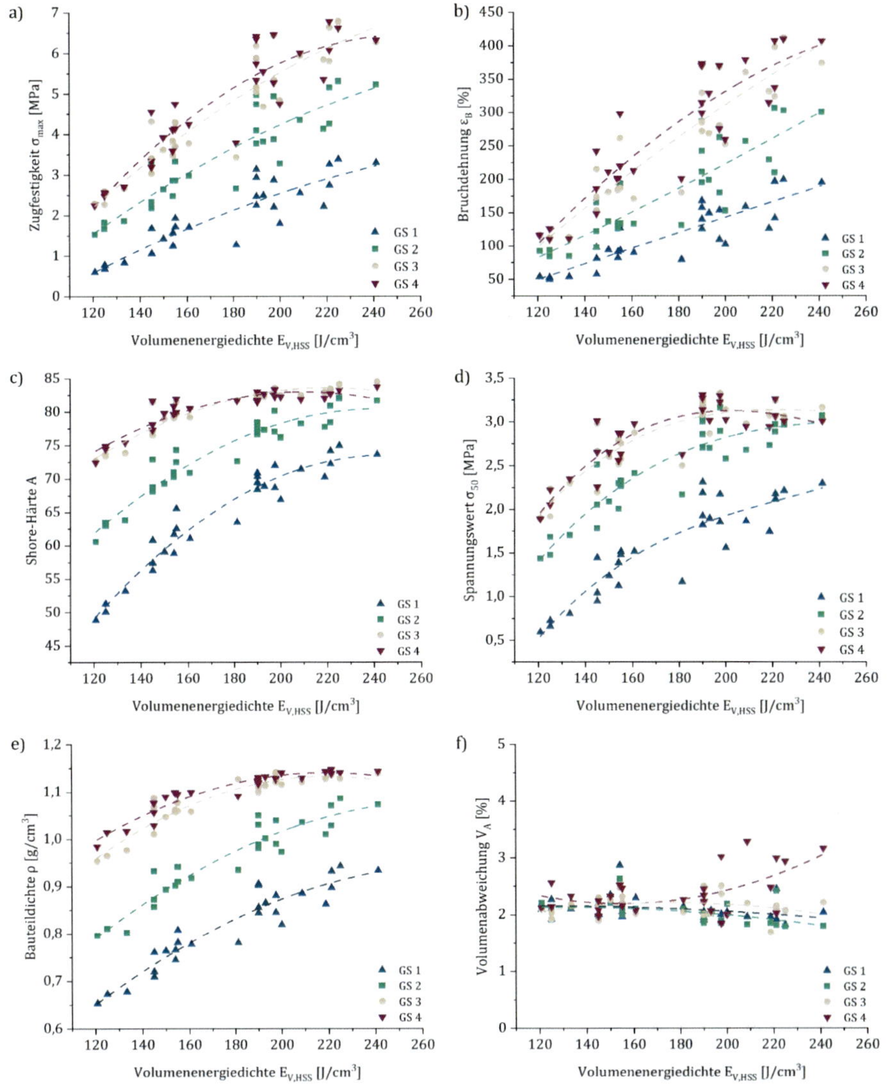

Abbildung 46: Einfluss der Volumenenergiedichte $E_{V,HSS}$ auf die Zielgrößen Zugfestigkeit σ_{max} (a)), Bruchdehnung ε_B (b)), Shore-Härte A (c)), Spannungswert σ_{50} (d)) Bauteildichte ρ_B (e)) und Volumenabweichung V_A (f)) in Abhängigkeit der GS

Abbildung 46 zeigt deutlich, dass die GS einen wesentlichen Einfluss auf die Werte der Zielgrößen Bauteildichte ρ_B, Shore-Härte A, Spannungswert σ_{50}, Zugfestigkeit σ_{max} und Bruchdehnung ε_B hat. Bezogen auf die GS liegt der minimale erzielte Wert dieser Zielgrößen stets bei der geringsten GS (GS 1) vor. Der maximale Wert liegt dagegen bei der höchsten GS (GS 4) oder bei der zweithöchsten GS (GS 3) vor. Für die Shore-Härte A und den Spannungswert σ_{50} ergibt sich eine maximale absolute Änderung von ca. 25 bzw. ca. 1,60 MPa, was bezogen auf den jeweiligen minimalen Wert einer prozentualen Änderung von ca. 50 % bzw. ca. 150 % entspricht. Der Anstieg der Werte der Zielgrößen mit steigender GS (GS 1 bis GS 3) ergibt sich daraus, dass mit steigender GS der Absorptionsgrad α des TPU-Pulver-Tinten- bzw. RAM-Gemisches und damit der selektive Energieeintrag steigt. Der hingegen sehr geringe Anstieg der Werte dieser Zielgrößen von GS 3 zu GS 4 sowie die teilweise Verringerung der Werte von GS 3 zu GS 4 kann sich aus mehreren, sich gegenseitig ergänzenden, Aspekten ergeben: Ein Aspekt der zu einem geringeren Anstieg führen könnte, ist, dass der Anstieg des Absorptionsgrades α des TPU-Pulver-Tinten- bzw. RAM-Gemisches mit steigender GS in Relation zum realisierbaren Absorptionsmaximum abnimmt (vgl. Abschnitt 5.3). Dadurch verringert sich die Differenz des selektiven Energieeintrags in Relation zur Volumenenergiedichte $E_{V,HSS}$. Ein Aspekt, der zu einer Verringerung führen könnte, ist, dass aufgrund der bei GS 4 höheren aufgetragenen TM neben der höheren Menge an Ruß auch eine höhere Menge an Trägerflüssigkeit und/oder Additiven der Tinte in den Bauteilen verbleibt, da diese nicht während des schichtweisen Bauteilaufbaus verdampfen bzw. sich zersetzen. Diese Rückstände können sich negativ auf die mechanischen Bauteileigenschaften auswirken (vgl. Unterabschnitt 2.5.2).

Für die Analyse, ob bzw. welche Menge an Rückständen der Tinte in den Bauteilen vorliegt, wurde das Zersetzungsverhalten mittels TGA (vgl. Unterabschnitt 5.5.3) für mit ausgewählten Faktorstufenkombinationen mit GS 1, GS 2, GS 3 und GS 4 gefertigten Bauteile bestimmt. Abbildung 47 zeigt einen repräsentativen ermittelten Verlauf der Masse in Abhängigkeit der Temperatur für die bei einer Faktorstufenkombination gefertigten Bauteile. Für ein besseres in Verhältnis setzen dieser Verläufe, wurde zusätzlich der unter gleichen Messbedingungen mittels TGA ermittelte Verlauf für die Tinte und für ein aus dem TPU-Pulver im LS gefertigtes Bauteil (keine Tintenrückstände) über die Temperatur eingezeichnet. Den Verläufen kann entnommen werden, dass die Bestandteile der Tinte, die bis ca. 250 °C verdampfen bzw. sich zersetzen (Massenanteil ca. 85 %), wahrscheinlich nicht bzw. nur in sehr geringem Maße in den im HSS gefertigten Bauteil enthalten sind. Daraus kann gefolgert werden, dass der Großteil der Tinte während des schichtweisen Bauteilaufbaus verdampft. Des Weiteren ist ersichtlich, dass die Zersetzung des TPU-Pulvers bei ca. 300 °C beginnt. Da während des schichtweisen Bauteilaufbaus keine wesentliche Zersetzung des TPU-Pulvers festgestellt werden konnte, kann davon ausgegangen werden, dass die bis ca. 300 °C noch nicht verdampften bzw. zersetzten Bestandteile der Tinte Teil der Bauteile sind. Die Zersetzung dieser Bestandteile in Relation zur GS, mit der die Bauteile gefertigt wurden, kann jedoch nicht eindeutig nachgewiesen werden. Dies liegt vermutlich daran, dass der Massenanteil der zersetzenden Bestandteile der Tinte im Verhältnis zur Gesamtmasse der Bauteile sehr gering ist.

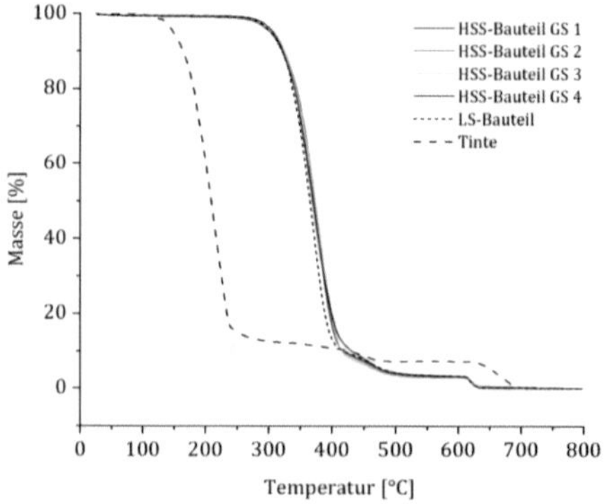

Abbildung 47: Zersetzungsverhalten von mit einer Faktorstufenkombination im HSS mit GS 1, GS 2, GS 3 und GS 4 gefertigten Bauteilen aus dem TPU-Pulver, ein im LS gefertigtes Bauteil aus dem TPU-Pulver und der Tinte

Auf die Zielgröße Volumenabweichung V_A hat die GS im Bereich von GS 1 bis GS 3 über die betrachtete Volumenenergiedichte $E_{V,HSS}$ keinen wesentlichen Einfluss (vgl. Abbildung 46, f)). Daher ist die Volumenabweichung V_A bei GS 1, GS 2 und GS 3 über die betrachtete Volumenenergiedichte $E_{V,HSS}$ bzw. über die betrachteten Kombinationen von SLG, SLL und SD, mit der diese realisiert wird, sehr ähnlich.

Hintergrund ist, dass der selektive Energieeintrag über die betrachtete Volumenenergiedichte $E_{V,\,HSS}$ bzw. die betrachteten Kombinationen von SLG, SLL und SD für die GS 1, GS 2 und GS 3 ein Niveau besitzt, bei dem es zu keiner entscheidenden Pulveranhaftung an den Bauteilen kommt. Entsprechend ist das Niveau der Volumenabweichung V_A auch grundsätzlich sehr niedrig. Bei GS 4 hingegen wird aufgrund des höheren Absorptionsgrades α des TPU-Pulver-Tinten- bzw. RAM-Gemisches der Schwellenwert des selektiven Energieeintrags überschritten, ab dem es zu einer entscheidenden Pulveranhaftung kommt. Daher steigt bei GS 4 die Volumenabweichung V_A mit einer zunehmenden Volumenenergiedichte $E_{V,\,HSS}$ leicht an.

8.2.4 Gradierungsart

Wie in der Zielsetzung definiert, bilden die Härte und die Steifigkeit den Fokus der funktional gradierenden bzw. der lokal eingestellten Eigenschaften der Bauteile. Die Werte für die Analyse dieser definierten Zielgrößen Shore-Härte A und Spannungswert σ_{50} weisen ein positiv korrelierendes Verhältnis zu den Werten der Zielgröße Bauteildichte ρ_B auf. Wie Abbildung 48 entnommen werden kann, besitzt die lineare Regression über die Bauteildichte ρ_B und die Shore-Härte A bzw. den Spannungswert σ_{50} ein relativ hohes Bestimmtheitsmaß R^2. Rückschluss hieraus ist, dass die Einstellung der Werte der Shore-Härte A und des Spannungswerts σ_{50} und somit die funktionale Gradierung bzw. die lokale Einstellung der Härte und Steifigkeit der Bauteile größtenteils auf die Gesamtporosität des Bauteils (Porositätsgradient) zurückzuführen ist.

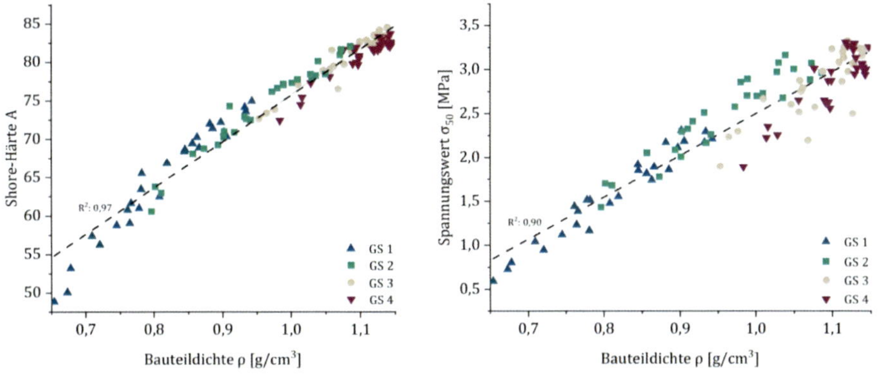

Abbildung 48: Korrelation der ermittelten Werte von Bauteildichte ρ_B und Shore-Härte A (links) bzw. Spannungswert σ_{50} (rechts)

8.2.5 Signifikante Effekte

Die Analyse der Signifikanz der Haupteffekte, Wechselwirkungen (faktoriell bis Grad 2) und quadratischen Effekte (Polynom bis Grad 2) der betrachteten Faktoren erfolgt mit dem Effekttest (vgl. Unterabschnitt 5.7.3). Die Bestimmung des Signifikanzniveaus der Effekte wurde für jede Zielgröße getrennt durchgeführt. Für die Erzielung einer hohen Güte des Modells wurden identifizierte Ausreißer ausgeschlossen. Die Güte der einzelnen Modelle wurde mit dem Bestimmtheitsmaß R^2 und dem p-Wert bewertet und ist stets sehr hoch (vgl. Tabelle A 19).

Das mit dem Effekttest ermittelte Signifikanzniveau der Effekte der Faktoren SLG, SLL und SD (Haupteffekte) und deren Wechselwirkungen 1. Ordnung und deren quadratischen Effekte auf die Zielgrößen Shore-Härte A und Spannungswert σ_{50}, jeweils für die GS 1 bis GS 4, sowie der Zielgrößen ΔShore-Härte A $_{(max\text{-}min)}$ und ΔSpannungswert $\sigma_{50\,(max\text{-}min)}$ kann Abbildung 49 entnommen werden.

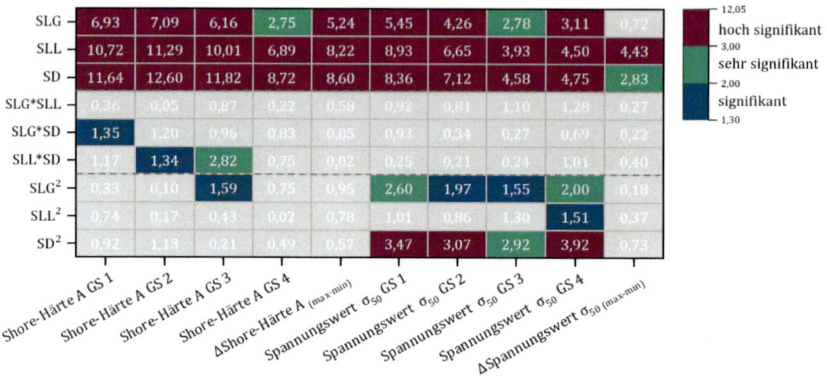

Abbildung 49: Signifikanzniveau der Haupteffekte, Wechselwirkungen und quadratischen Effekte für die spezifische Prozessanalyse der funktional gradierten Eigenschaften

Haupteffekte

Die Faktoren SLG, SLL und SD haben auf die Zielgrößen Shore-Härte A und Spannungswert σ_{50} bei allen betrachteten GS einen signifikanten, meist sogar einen hoch signifikanten Effekt. Tendenziell nimmt die Größe des Effekts der Faktoren SLG, SLL und SD auf die jeweilige Zielgröße zu den höheren GS (GS 3 und GS 4) hin ab. Hintergrund ist vermutlich, dass mit zunehmender GS aufgrund des steigenden Absorptionsgrades α des TPU-Pulver-Tinten- bzw. RAM-Gemisches der Einfluss der Faktoren SLG, SLL und SD bzw. allgemein die Volumenenergiedichte $E_{V,\,HSS}$ auf den selektiven Energieeintrag abnimmt.

Das Signifikanzniveau des Effekts der Faktoren SLG, SLL und SD auf die Zielgröße Shore-Härte A spiegelt sich auch in der Zielgröße ΔShore-Härte A $_{(max\text{-}min)}$ wider. So besitzen die Faktoren SLG, SLL und SD stets einen hoch signifikanten Effekt auf die Zielgröße ΔShore-Härte A $_{(max\text{-}min)}$. Auf die Zielgröße ΔSpannungswert $\sigma_{50\,(max\text{-}min)}$ hat hingegen der Faktor SLG keinen signifikanten und der Faktor SD einen sehr signifikanten Effekt.

Für die Zielgröße ΔShore-Härte A $_{(max\text{-}min)}$ hat stets der Faktor SD gefolgt von der SLL und SLG das höchste Signifikanzniveau. Hingegen hat bei der Zielgröße ΔSpannungswert $\sigma_{50\,(max\text{-}min)}$ entweder der Faktor SLL oder der Faktor SD das höchste Signifikanzniveau. Der Faktor SLG hat ebenfalls stets das geringere Signifikanzniveau.

Wechselwirkungen

Der Effekt aller möglichen Wechselwirkungen 1. Ordnung zwischen den Faktoren SLG, SLL und SD ist für die Zielgröße Spannungswert σ_{50} bei allen GS und die Zielgröße ΔSpannungswert $\sigma_{50\,(max\text{-}min)}$ nicht signifikant. Für die Zielgröße ΔShore-Härte A $_{(max\text{-}min)}$ besteht hingegen ebenfalls keine signifikante Wechselwirkung. Dagegen hat für die Zielgröße Shore-Härte A bei GS 1 die Wechselwirkung SLG*SD und bei GS 2 und GS 3 die Wechselwirkung SLL*SD einen signifikanten Effekt. Die Effekte der signifikanten Wechselwirkungen haben dabei folgende Abhängigkeiten: Für die signifikanten Wechselwirkungen zwischen SLG und SD korreliert der Effekt der SLG stets positiv mit der SD bzw. korreliert der Effekt der SD stets positiv mit der SLG. Für die signifikanten Wechselwirkungen zwischen SLL und SD korreliert der Effekt der SLL stets positiv mit der SD bzw. korreliert der Effekt der SD stets negativ mit der SLG. Für diese Wechselwirkungen korreliert daher der Effekt eines Faktors negativ mit der Volumenenergiedichte $E_{V,\,HSS}$.

Quadratische Effekte

Für die Zielgrößen der Shore-Härte A hat lediglich der Faktor SLG bei GS 3 einen signifikanten quadratischen Effekt. Hingegen hat für die Zielgröße Spannungswert σ_{50} der Faktor SLG und SD für alle GS einen signifikanten quadratischen Effekt und der Faktor SLL für GS 4. Für die Zielgröße ΔShore-

Härte A $_{(max-min)}$ und ΔSpannungswert $\sigma_{50\,(max-min)}$ haben die Faktoren SLG, SLL und SD keinen signifikanten quadratischen Effekt.

8.2.6 Richtung der Effekte

Die Analyse der Richtung der Effekte der Faktoren auf die Zielgrößen erfolgt mittels im Prediction Profiler von JMP® Pro 17 erstellten Analysediagrammen (vgl. Unterabschnitt 5.7.3). Die Erstellung der Analysediagramme erfolgte unter der Berücksichtigung der Haupteffekte, Wechselwirkungen (faktoriell bis Grad 2) und quadratischen Effekte (Polynom bis Grad 2) sowie einer getrennten Betrachtung der einzelnen Zielgrößen. Für die Erzielung einer hohen Güte der Modelle wurden nicht relevante Wechselwirkungen und quadratische Effekte schrittweise eliminiert sowie identifizierte Ausreißer ausgeschlossen. Die Güte der einzelnen Modelle wurde mit dem Bestimmtheitsmaß R^2 und dem p-Wert bewertet und ist stets sehr hoch (vgl. Tabelle A 20). Ausnahme bilden die Modelle für den Kennwert Volumenabweichung V_A für alle GS.

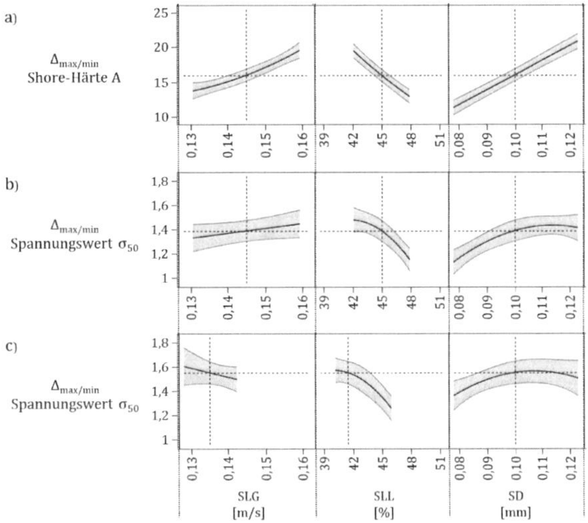

Abbildung 50: Analysediagramme für ausgewählte Faktorwerte zur Bestimmung der Richtung der Effekte der Faktoren in Abhängigkeit der Faktorstufenkombinationen für die spezifische Prozessanalyse funktional gradierte Eigenschaften

Grundlegend führt im untersuchten Wertebereich eine höhere SLL und eine niedrigere SLG und SD zu einer Verringerung der Werte der Zielgrößen ΔShore-Härte A $_{(max-min)}$ (vgl. Abbildung 50, a)). Gleiches gilt für die Zielgröße ΔSpannungswert $\sigma_{50\,(max-min)}$ (vgl. Abbildung 50, b)), außer im Bereich eines sehr geringen Wertes des Faktors SLL. In diesem führt hingegen eine niedrigere SLG zu einem höheren Wert der Zielgröße ΔSpannungswert $\sigma_{50\,(max-min)}$ (vgl. Abbildung 50, c)). Die Verringerung der Werte der Zielgrößen ΔShore-Härte A $_{(max-min)}$ und ΔSpannungswert $\sigma_{50\,(max-min)}$ mit einer höheren SLL und einer niedrigeren SLG und SD kann indirekt auch Abbildung 46 entnommen werden. So verringert sich die über die GS realisierbare Differenz der Shore-Härte A bzw. des Spannungswertes σ_{50} mit zunehmender Volumenenergiedichte $E_{V,\,HSS}$. Dies ergibt sich daraus, dass bei einer höheren GS der Anstieg der Shore-Härte A bzw. des Spannungswertes σ_{50} in Richtung einer höheren Volumenenergiedichte $E_{V,\,HSS}$ im Vergleich zu GS 1 deutlich stärker abnimmt bzw. ab einer bestimmten Volumenenergiedichte $E_{V,\,HSS}$ die Shore-Härte A bzw. der Spannungswert σ_{50} nicht weiter steigt. Ursache hierfür ist, dass in diesem Bereich bereits das für die verwendeten Prozessparameter spezifisch realisierbare Maximum für die Zielgrößen Shore-Härte A bzw. Spannungswert σ_{50} vorliegt, wodurch eine weitere Erhöhung dieser durch eine Erhöhung der Volumenenergiedichte $E_{V,\,HSS}$ bzw. des selektiven

Energieeintrags nicht möglich ist. Dieses Verhalten wurde bereits in der Spezifizierung der prozessseitigen Haupteinflussgrößen (vgl. Unterabschnitt 7.4.3) beobachtet. Der Wechsel der Richtung des Effektes der SLG bei geringen Werten des Faktors SLL ergibt sich wahrscheinlich daraus, dass bei einer Verringerung der SLL der über die GS erzielte maximale Wert der Zielgröße Spannungswert σ_{50}, der bei einer hohen GS vorliegt, stärker abnimmt als der über die GS erzielte minimale Wert, der bei einer geringen GS vorliegt.

Im Vergleich zu den Zielgrößen ΔShore-Härte A $_{(max-min)}$ und ΔSpannungswert $\sigma_{50\,(max-min)}$ führt im untersuchten Wertebereich eine höhere SLL und eine geringere SLG und SD hingegen tendenziell zu einem höheren Wert der Zielgrößen Bauteildichte ρ_B, Shore-Härte A, Spannungswert σ_{50}, Zugfestigkeit σ_{max} und Bruchdehnung ε_B. Die Richtung des Effekts der Faktoren SLG, SLL und SD auf diese Zielgrößen entspricht damit dem in der Spezifizierung der prozessseitigen Haupteinflussgrößen (vgl. Unterabschnitt 7.3.4) ermittelten. Die Ursache ist, wie dort erläutert, die sich bei dieser Richtung der Faktoren ergebende höhere Volumenenergiedichte $E_{V,\,HSS}$ bzw. der sich dadurch ergebende höhere selektive Energieeintrag. Die Abhängigkeit dieser Zielgrößen von der Volumenenergiedichte $E_{V,\,HSS}$ kann auch Abbildung 46 entnommen werden. So ist ersichtlich, dass für jede GS eine höhere Volumenenergiedichte $E_{V,\,HSS}$ tendenziell zu einem höheren Wert dieser Zielgrößen führt.

Die Faktoren SLG, SLL und SD haben für den betrachteten Wertebereich auf die Zielgröße Volumenabweichung V_A bei GS 1, GS 2 und GS 3 keinen signifikanten Effekt. Dies kann auch indirekt Abbildung 46 entnommen werden, da über die betrachtete Volumenenergiedichte $E_{V,\,HSS}$ sich der Wert der Volumenabweichung V_A kaum ändert. Daher kann die Richtung des Effekts der Faktoren SLG, SLL und SD für die GS 1, GS 2 und GS 3 auf die Zielgröße Volumenabweichung V_A nicht valide bestimmt werden. Hintergrund ist wie oben beschrieben, dass der selektive Energieeintrag über die betrachtete Volumenenergiedichte $E_{V,\,HSS}$ für die GS 1, GS 2 und GS 3 ein Niveau besitzt, bei dem es zu keiner entscheidenden Pulveranhaftung an den Bauteilen kommt. Bei GS 4 hingegen wird aufgrund des höheren Absorptionsgrades α des Polymerpulver-Tinten- bzw. RAM-Gemisches der Schwellenwert des selektiven Energieeintrags überschritten, ab dem es zu einer entscheidenden Pulveranhaftung kommt. Tendenziell führt bei GS 4 eine höhere SLL und eine geringere SLG und SD zu einer höheren Volumenabweichung V_A.

8.2.7 Optimale Prozesse

Die Auslegung der Optimalen Prozesse für die funktional gradierten bzw. lokal eingestellten Eigenschaften erfolgt mittels der im Prediction Profiler vorhandenen Desirability Function (vgl. Unterabschnitt 5.7.3). Für die Berücksichtigung der zwischen den Zielgrößen bestehenden Zielkonflikte erfolgt eine gemeinsame Betrachtung der einzelnen Zielgrößen. Die Erstellung des Modells bzw. der Desirability Functions der einzelnen Zielgrößen erfolgt unter der Berücksichtigung der Haupteffekte, der Wechselwirkungen (faktoriell bis Grad 2) und der quadratischen Effekte (Polynom bis Grad 2). Für die Erzielung einer hohen Güte des Modells werden nicht relevante Wechselwirkungen und quadratische Effekte schrittweise eliminiert sowie identifizierte Ausreißer ausgeschlossen. Die Güte des Modells wurde mit dem Bestimmtheitsmaß R^2 und dem p-Wert bewertet und ist stets sehr hoch (vgl. Tabelle A 21).

Die im Modell berücksichtigten Zielgrößen sind zum einen ΔShore-Härte A $_{(max-min)}$ sowie ΔSpannungswert $\sigma_{50\,(max-min)}$. Diese bilden die Kennwerte für die funktional gradierten bzw. lokal eingestellten Eigenschaften. Zum anderen werden die mit diesen beiden Zielgrößen im Zielkonflikt stehenden Zielgrößen Shore-Härte A, Spannungswert σ_{50}, Zugfestigkeit σ_{max} sowie Bruchdehnung ε_B (vgl. Unterabschnitt 8.2.3) für ihre über die GS erzielbaren minimalen (min) und maximalen (max) Werte betrachtet.

Aufgrund des Zielkonfliktes bedarf es stets einer für die Anwendung der Bauteile spezifischen Auslegung der Optimalen Prozesse. Tabelle 13 listet eine Auswahl ermittelter Optimaler Prozesse auf. Der Optimale Prozess FGM 1 bzw. FGM 2 ist das Ergebnis des Optimierungsziels Maximieren der Zielgröße ΔShore-Härte A $_{(max-min)}$ bzw. ΔSpannungswert $\sigma_{50\,(max-min)}$. Der Optimale Prozess FGM 3 bzw. FGM 4 ist das Ergebnis der Optimierungsziele Maximieren der Zielgröße ΔShore-Härte A $_{(max-min)}$ bzw. ΔSpannungswert $\sigma_{50\,(max-min)}$ und Maximieren der Zielgrößen Shore-Härte A $_{max}$ bzw. Spannungswert $\sigma_{50\ max}$ bei gleicher Gewichtung. Die Optimalen Prozesse FGM 5 bis FGM 16 sind das Ergebnis des Optimierungsziels Maximieren der Zielgröße ΔShore-Härte A $_{(max-min)}$ bzw. ΔSpannungswert $\sigma_{50\,(max-min)}$ und Erzielung von ausgewählten Zielwerten für die Zielgrößen Bruchdehnung ε_B, Shore-Härte A oder Spannungswert σ_{50} bei gleicher Gewichtung.

Tabelle 13: Ausgewählte Optimale Prozesse der Realisierung der funktional gradierten Eigenschaften

Optimaler Prozess	Faktor				Shore-Härte A			Spannungswert σ_{50} [MPa]			Zugfestigkeit σ_{max} [MPa]		Bruchdehnung ε_B [%]	
	SLG [m/s]	SLL [%]	SD [mm]	$E_{V,HSS}$ [J/cm³]	min	max	$\Delta_{max/min}$	min	max	$\Delta_{max/min}$	min	max	min	max
FGM 1	0,13	39	0,12	121	48	73	25	0,45	2,01	1,56	0,39	1,73	34	60
FGM 2	0,13	39	0,10	145	57	78	21	1,00	2,60	1,60	0,98	3,09	53	134
FGM 3	0,16	51	0,12	161	62	81 (1)	19 (1)	1,38	2,61	1,22	1,71	4,31	118	266
FGM 4	0,13	45	0,09	211	71	84	12	1,99	3,31 (1)	1,32 (1)	2,56	6,03	140	334
FGM 5	0,16	45	0,12	128	51	75	24	0,72	2,20	1,48	0,73	2,55	48 (50)	111
FGM 6	0,14	45	0,12	143	59	78	19	1,28	2,58	1,30	1,59	4,11	99 (100)	229
FGM 7	0,16	49	0,09	200	70	83	13	1,99	3,10	1,11	2,71	5,85	158 (150)	348
FGM 8	0,13	39	0,10	145	57	78	21	1,00	2,60	1,60	0,98	3,09	53 (50)	134
FGM 9	0,13	42	0,10	168	63	80	17	1,45	2,94	1,49	1,69	4,47	94 (100)	229
FGM 10	0,16	48	0,09	193	69	83	14	1,87	3,05	1,17	2,50	5,59	148 (150)	328
FGM 11	0,13	39	0,12	121	48 (50)	73	25	0,45	2,01	1,56	0,32	1,73	34	60
FGM 12	0,12	50	0,12	208	60 (60)	80	20	1,26	2,55	1,29	1,51	4,04	107	242
FGM 13	0,13	43	0,08	219	70 (70)	84	14	1,76	3,13	1,36	2,22	5,60	125	308
FGM 14	0,13	39	0,10	145	57	78	21	1,00 (1,00)	2,60	1,60	0,98	3,09	53	134
FGM 15	0,13	42	0,10	168	63	80	17	1,45 (1,50)	2,94	1,49	1,69	4,47	94	229
FGM 16	0,13	45	0,09	211	71	84	13	1,99 (2,00)	3,31	1,32	2,56	6,03	140	334

Optimierungsziel Maximierung (GEW)	Optimierungsziel Zielwert (Wert)

Für den betrachteten Wertebereich liegt die größte über die GS realisierbare Differenz der Shore-Härte A (ΔShore-Härte A $_{(max-min)}$) an der sich durch die constraints ergebenden Untergrenze der Volumenenergiedichte $E_{V,HSS}$, konkret an den durch den Versuchsraum vorgegebenen niedrigsten abbildbaren Wert der Faktoren SD, SLL und SLG (FGM1/11). Hierbei ist zu berücksichtigen, dass der Wert des Faktors SLG negativ mit der Volumenenergiedichte $E_{V,HSS}$ korreliert. Ein niedriger Wert führt daher zu einer höheren Volumenenergiedichte $E_{V,HSS}$. Es wird jedoch der niedrigste Wert des Faktors SLG gewählt, da nur mit diesem aufgrund der constraints der niedrigste im Wertebereich liegende Wert des Faktors SLL realisiert werden kann. Diese Wahl der Werte der Faktoren der SLL und SLG ergibt sich aufgrund des höheren Effekts der SLL auf die Zielgröße ΔShore-Härte A $_{(max-min)}$ im Vergleich zu dem der SLG. Dagegen liegt die größte über die GS erzielbare Differenz des Spannungswertes σ_{50} (ΔSpannungswert $\sigma_{50\,(max-min)}$) nicht direkt an der sich durch die constraints ergebende Untergrenze der Volumenenergiedichte $E_{V,HSS}$ (FGM 2/8/14), jedoch an der sich durch die constraints ergebende Untergrenze der Flächenenergiedichte $E_{F,HSS}$. Dies ist vermutlich darauf zurückzuführen, dass grundlegend das Anbinden bzw. das Verschmelzen der einzelnen Schichten einen größeren Einfluss auf den Spannungswert σ_{50} als auf die Shore-Härte A hat. Vor dem Hintergrund der Abnahme der in eine Schicht eingebrachten Energie in z-Richtung und damit der Aufschmelztiefe, bedarf es grundlegend für die Erzielung hoher Werte des Spannungswertes σ_{50} und daher vermutlich auch für die Erzielung einer hohen Differenz des Spannungswertes σ_{50} (ΔSpannungswert $\sigma_{50\,(max-min)}$) eine SD die kleiner ist als der Wert, der dem oberen Grenzwert des Wertebereichs entspricht. Dieser Aspekt ist wahrscheinlich auch der Grund, warum bei gleichen Randbedingungen die Optimalen Prozesse mit dem Optimierungsziel Maximieren des Wertes der Zielgröße ΔSpannungswert $\sigma_{50\,(max-min)}$ tendenziell eine höhere Volumenenergiedichte $E_{V,HSS}$ als die Optimalen Prozesse mit dem Optimierungsziel Maximieren des Wertes der Zielgröße ΔShore-Härte A $_{(max-min)}$ aufweisen (FGM 1 vs. FGM 2,

FGM 3 vs. FG 4 und FGM 5 bis FGM 7 vs. FGM 8 bis FGM 10). Des Weiteren ist dieser Aspekt wahrscheinlich auch der Grund, dass bei gleichem Optimierungsziel für den Zielwert Bruchdehnung ε_B (FGM 3 bis FGM 10) das Niveau der Werte des Faktors SD bei dem Optimierungsziel Maximierung der Zielgröße ΔShore-Härte A $_{(max\text{-}min)}$ tendenziell höher ist als bei dem Optimierungsziel Maximierung der Zielgröße ΔSpannungswert $\sigma_{50\,(max\text{-}min)}$.

Grundsätzlich zeigt sich, bezogen auf die jeweiligen Optimierungskonfigurationen (FGM 5 bis FGM 7, FGM 8 bis FGM 10, FGM 11 bis FGM 13 und FGM 14 bis FGM 16), dass tendenziell eine höhere Volumenenergiedichte $E_{V,\,HSS}$ mit einer Verringerung des Wertes der Zielgröße ΔShore-Härte A $_{(max\text{-}min)}$ bzw. ΔSpannungswert $\sigma_{50\,(max\text{-}min)}$ einhergeht. Hingegen führt eine höhere Volumenenergiedichte $E_{V,\,HSS}$ bezogen auf die jeweiligen Optimierungskonfigurationen zu höheren Werten der Zielgrößen Bruchdehnung ε_B (FGM 5 bis FGM 7 und FGM 8 bis FGM 10), Shore-Härte A (FGM 11 bis FGM 13) und Spannungswert σ_{50} (FGM 14 bis FGM 16). Dieses Verhalten entspricht damit dem bei der Bestimmung der Richtung der Effekte (vgl. Unterabschnitt 8.2.6) ermittelten.

9 Analyse Optimaler Prozesse

In diesem Kapitel erfolgt eine spezifische Analyse der tatsächlich mit den Optimalen Prozessen realisierbaren maximierten und funktional gradierten bzw. lokal eingestellten Eigenschaften der Bauteile.

9.1 Maximierte Eigenschaften

Untersuchungsgegenstand bildet die Analyse der tatsächlich realisierbaren maximierten Bauteileigenschaften unter Berücksichtigung des bestehenden Zielkonflikts zwischen den mechanischen und geometrischen Bauteileigenschaften. Die Fertigung der betrachteten Prüfkörper erfolgt daher mit einem additiven Fertigungsprozess (vgl. Tabelle A 22), der eine ähnliche ausgeglichene Gewichtung zwischen den mechanischen und geometrischen Eigenschaften wie der Optimale Prozess ME 6 besitzt, jedoch zusätzlich noch bezüglich Produktivität (Schichtzeit) optimiert wurde. Hintergrund hierfür ist, dass die realisierten Bauteileigenschaften mit den im LS realisierten Eigenschaften unter Verwendung eines im industriellen Umfeld angewandten additiven Fertigungsprozess verglichen werden sollen. Daher bedarf es eines äquivalenten Fokus der verwendeten additiven Fertigungsprozesse des HSS und LS. Der Vergleich mit den im LS erzielten Eigenschaften wird gewählt, da das TPU-Pulver zum einen speziell für das LS entwickelt wurde und zum anderen insbesondere für die Verarbeitung des TPU-Pulvers im LS bereits über mehrere Jahre tiefgreifende Kenntnisse gesammelt wurden.

Die Analyse der realisierten maximierten Eigenschaften erfolgt an den Kennwerten Bauteildichte ρ_B, Shore-Härte A, Zugfestigkeit σ_{max}, Bruchdehnung ε_B und Volumenabweichung V_A sowie der Analyse der realisierten Form- und Maßhaltigkeit anhand eines spezifischen Prüfkörpers, der eine Vielzahl an repräsentativen Geometrieelementen vereint (vgl. Abbildung 51). Die Bauteildichte ρ_B und Shore-Härte A wird an drei Quader-Prüfkörpern mit dem Eintauchverfahren (vgl. Unterschnitt 5.5.3) bzw. der Härteprüfung (vgl. Unterabschnitt 5.5.1) bestimmt. Die Zugfestigkeit σ_{max} und die Bruchdehnung ε_B wird an je fünf mit einem Neigungswinkel zur Bauplattform von 0° und 90° gefertigten Zugstäben Typ 2 anhand des Zugversuchs I (vgl. Unterabschnitt 5.5.1) bestimmt.

Tabelle 14 listet die Ergebnisse der betrachteten Kennwerte der Bauteileigenschaften. Dieser kann entnommen werden, dass die mittels des HSS und LS erzielten Werte relativ ähnlich sind. Der im HSS erzielte Wert für die Bauteildichte ρ_B von 1,14 g/cm³ entspricht bezogen auf die ermittelte Skelettdichte ρ_S des TPU-Pulvers von 1,19 g/cm³ einer maximalen relativen Bauteildichte D_B von 96 %. In Relation zu den im HSS standardmäßig realisierbaren relativen Bauteildichten D_B, entspricht dies einem hohen Wert. Die mittels HSS erzielten Werte für Zugfestigkeit σ_{max} und Bruchdehnung ε_B sind etwas geringer als die in der Spezifischen Prozessanalyse und Prozessauslegung (vgl. Unterabschnitt 8.1.3) maximal erzielten. Wesentlicher Grund hierfür ist die ausgeglichene Gewichtung von mechanischen und geometrischen Bauteileigenschaften. Zum anderen musste für die Fertigung der Prüfkörper, im Gegensatz zu allen anderen in der Arbeit durchgeführten Analysen, auf eine andere Charge (C105095) des TPU-Pulvers zurückgegriffen werden. Die mit dieser Charge gefertigten Bauteile weisen insgesamt etwas geringere mechanische Bauteileigenschaften auf.

Tabelle 14: Bestimmte Kennwerte zur Analyse der maximierten Bauteileigenschaften

Verfahren		Bauteildichte ρ_B [g/cm³]	Shore-Härte A	Zugfestigkeit σ_{max} [MPa]		Bruchdehnung ε_B [%]		Volumenabweichung V_A [%]
				0°	90°	0°	90°	
HSS	MW	1,14	83	7,38	3,94	399	161	5,36
	STABW	< 0,01	1	0,30	0,12	23	15	0,28
LS	MW	1,12	83	7,12	3,64	390	114	6,17
	STABW	< 0,01	1	0,37	0,06	20	14	0,36

Abbildung 51 zeigt den im HSS gefertigten und für die Analyse der realisierten Form- und Maßhaltigkeit verwendeten Prüfkörper. Dieser spiegelt den relativ kleinen für die Volumenabweichung V_A erzielten Wert wider, der für eine hohe realisierte Form- und Maßhaltigkeit steht. So können teils sehr filigrane Geometrieelemente abgebildet werden. Dies muss vor dem Hintergrund berücksichtigt werden, dass die Form- und Maßhaltigkeit im HSS durch die Partikelgröße limitiert wird.

Abbildung 51: Prüfkörper mit einer Vielzahl an repräsentativen Geometrieelementen zur Analyse der realisierten Form- und Maßhaltigkeit gefertigt mit dem betrachteten Optimalen Prozess

Abschließend kann festgehalten werden, dass die mit dem entwickelten bzw. ausgelegten additiven Fertigungsprozess des HSS gefertigten Bauteile Eigenschaften aufweisen, die den Eigenschaften von im LS gefertigten Bauteilen sehr ähnlich bzw. teilweise leicht besser sind. Dies muss vor dem Hintergrund betrachtet werden, dass es sich bei dem angewandten additiven Fertigungsprozess des LS um einen über einen langen Zeitraum kontinuierlich optimierten Prozess handelt. Daher kann der Rückschluss gezogen werden, dass die im HSS realisierten Eigenschaften nahe am Maximum liegen, das im HSS bzw. mit der verwendeten Anlagentechnik für das TPU-Pulver realisierbar ist.

9.2 Funktional gradierte Härteeigenschaft

Untersuchungsgegenstand bildet die Analyse der tatsächlich über ein Bauteil realisierbaren funktionalen Gradierung bzw. lokalen Einstellung der Härte. Dies erfolgt anhand des FGM-Härteprüfkörpers bzw. der an diesem mit der Härteprüfung (vgl. Unterabschnitt 5.5.1) ermittelten Werten der Shore-Härte A. Die Fertigung der FGM-Härteprüfkörper erfolgt mittels den in der Spezifischen Prozessanalyse und Prozessauslegung (vgl. Unterabschnitt 8.2.7) definierten Optimalen Prozessen FGM 1/11, FGM 6 und FGM 13. Diese bilden eine geeignete Repräsentanz der Optimalen Prozesse bezüglich der bestimmten realisierbaren funktionalen Gradierung bzw. lokalen Einstellung der Shore-Härte A. Die Gradierung der TM über den FGM-Härteprüfkörper in x-Richtung erfolgt von GS 1 (minimale TM) zu GS 4 (maximale TM). Abbildung 52 zeigt den FGM-Härteprüfkörper gefertigt mit dem Optimalen Prozess FGM 1/11. Des Weiteren werden Quader-Prüfkörper mit GS 1, GS 2, GS 3 und GS 4 gefertigt. An diesen wird ebenfalls mit der Härteprüfung (vgl. Unterabschnitt 5.5.1) die Shore-Härte A ermittelt. Diese dienen zum Vergleich der Härte des FGM-Prüfkörpers bzw. seiner Segmente mit der Härte von Bauteilen, die mit homogener TM, aber unterschiedlicher GS gefertigt wurden.

Abbildung 52: FGM-Härteprüfkörper gefertigt mit dem Optimalen Prozess FGM 1/11

Abbildung 53 zeigt die ermittelten Shore-Härte A Werte für die mit den betrachteten Optimalen Prozessen gefertigten FGM-Härteprüfkörper bzw. für deren einzelne Segmente und die ermittelten Shore-Härte A Werte für die mit den Optimalen Prozessen unter Verwendung der betrachteten GS gefertigten Quader-Prüfkörper. Für das einfachere Ziehen von Rückschlüssen ist die polynomielle

Anpassung 2. Grades für die ermittelten Shore-Härte A Werte der einzelnen Optimalen Prozesse eingezeichnet. Die ermittelten Werte (MIW und STAW) der Zielgrößen können Tabelle A 23 und Tabelle A 24 entnommen werden.

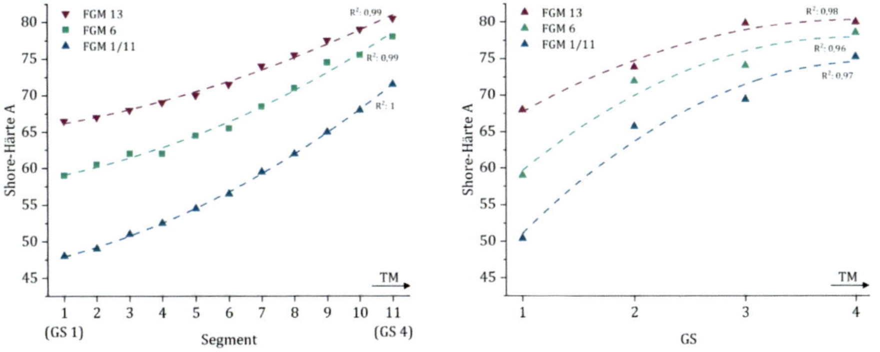

Abbildung 53: Shore-Härte A der einzelnen Segmente von mit Optimalen Prozessen gefertigten FGM-Härteprüfkörpern (links) und Shore-Härte A der mit Optimalen Prozessen bei unterschiedlichen GS gefertigten Quader-Prüfkörpern (rechts)

Wie auf Basis der Ergebnisse der Spezifischen Prozessanalyse und Prozessauslegung (vgl. Unterabschnitt 8.2.3) erwartet, steigt mit zunehmender TM der Wert der Shore-Härte A. Für den Optimalen Prozess FGM 1/11, FGM 6 bzw. FGM 13 ergibt sich dadurch über den FGM-Härteprüfkörper eine absolute Änderung der Shore-Härte A von ca. 24, ca. 19 bzw. ca. 14, was bezogen auf den jeweiligen minimalen Wert einer prozentualen Änderung von ca. 50 %, ca. 32 % bzw. ca. 21 % entspricht. Der Anstieg der Werte der Shore-Härte A über die einzelnen Segmente der FGM-Härteprüfkörper zeigt ein progressives Verhalten. Die ermittelten Werte für die Segmente besitzen dabei in Relation zur polynomiellen Anpassung 2. Grades eine relativ geringe Streuung. Daher ist grundsätzlich auch eine geeignete Vorhersage der Shore-Härte A Werte über den funktional gradierten Bereich gegeben. Die erzielten minimalen und maximalen Shore-Härte-A Werte der FGM-Härteprüfkörper bei Segment 1 bzw. Segment 11 und der Quader-Prüfkörper bei GS 1 und GS 4 sind für die einzelnen Optimalen Prozesse unter Berücksichtigung der Standardabweichung äquivalent. Auch liegen diese tendenziell im Bereich des von der Optimierung (vgl. Unterabschnitt 8.2.7) vorhergesagten Werts. Der Anstieg der Werte der Shore-Härte A über die GS der einzelnen Quader-Prüfkörper zeigt hingegen ein degressives Verhalten. Der Unterschied des Verlaufs des Anstiegs des Werts der Shore-Härte A über die TM zwischen FGM-Härteprüfkörper und Quader-Prüfkörper kann sich aus mehreren Aspekten ergeben. Ein Aspekt ist wahrscheinlich die sich beim additiven Fertigungsprozess ergebende Homogenisierung des Temperaturniveaus über den FGM-Prüfkörper aufgrund von Wärmeübertragung. So erfolgt wahrscheinlich ein Wärmeübertrag von einem Bereich mit hoher TM, bei dem tendenziell ein hoher selektiver Energieeintrag und damit ein höheres Temperaturniveau vorliegt, zu einem Bereich mit niedriger TM, bei dem tendenziell ein niedriger selektiver Energieeintrag und damit ein niedrigeres Temperaturniveau vorliegt. Des Weiteren erfolgt beim FGM-Härteprüfkörper die Variation der TM mittels Dithering und bei den Quader-Prüfkörpern mittels GS. Bei der Einstellung der TM über die GS ergibt sich im Vergleich zum Dithering eine über die Fläche betrachtet homogenere Verteilung der Tinte bzw. des RAM. Dies kann bezogen auf die Fläche zu einem homogeneren selektiven Energieeintrag und damit womöglich bezogen auf die Fläche zu einer höheren Koaleszenz der Pulverpartikel führen.

Des Weiteren führt ebenfalls, wie auf Basis der Ergebnisse der Spezifischen Prozessanalyse und Prozessauslegung (vgl. Unterabschnitt 8.2.3) erwartet, eine höhere Volumenenergiedichte $E_{V,HSS}$ zu einem höheren Niveau der Werte der Shore-Härte A und zu einer geringeren Differenz zwischen den erzielten minimalen und maximalen Werten der Shore-Härte A, die über die TM realisiert werden.

Abschließend kann festgehalten werden, dass die entwickelten bzw. ausgelegten additiven Fertigungsprozesse des HSS durch eine Einstellung der TM eine funktionale Gradierung bzw. lokale Einstellung der Härte der Bauteile über einen relativ großen Bereich ermöglichen. Die funktionale Gradierung bzw. lokale Einstellung der Härte ist dabei größtenteils auf eine Einstellung der Gesamtporosität des Bauteils (Porositätsgradient) zurückzuführen.

9.3 Funktional gradierte Steifigkeitseigenschaften

Untersuchungsgegenstand bildet die Analyse der tatsächlich über ein Bauteil realisierbaren funktionalen Gradierung bzw. lokalen Einstellung der Steifigkeit bei Zugbelastung. Dies erfolgt anhand des FGM-Zugprüfkörpers bzw. des an diesem mit dem Zugversuch II ermittelten Werten des Elastizitätsmoduls E_S (vgl. Unterabschnitt 5.5.1). Die Fertigung der FGM-Zugprüfkörper erfolgt mittels den in der Spezifischen Prozessanalyse und Prozessauslegung (vgl. Unterabschnitt 8.2.7) definierten Optimalen Prozessen FGM 2/8/14 und FGM 9/15. Diese bilden eine geeignete Repräsentanz der Optimalen Prozesse bezüglich der bestimmten realisierbaren funktionalen Gradierung der Steifigkeit bzw. des Spannungswerts σ_{50} bei Zugbelastung. Die Gradierung der TM über den FGM-Härteprüfkörper in x-Richtung erfolgt von GS 1 zu GS 4. Abbildung 54 zeigt den FGM-Härteprüfkörper gefertigt mit dem Optimalen Prozess FGM 2/8/14. Die ermittelten Werte des Elastizitätsmoduls E_S für die mit den Optimalen Prozessen gefertigten FGM-Zugprüfkörper bzw. für die einzelnen Segmente der FGM-Zugprüfkörper können Tabelle A 25 entnommen werden.

Abbildung 54: FGM-Zugprüfkörper gefertigt mit dem Optimalen Prozess FGM 2/8/14 inkl. der Markierungen für die Bestimmung des Elastizitätsmoduls E_S der einzelnen Segmente

Abbildung 55 zeigt die Werte des Elastizitätsmoduls E_S. Für das einfache Ziehen von Rückschlüssen ist die polynomielle Anpassung 2. Grades für die Werte des Elastizitätsmoduls E_S der einzelnen Optimalen Prozesse eingezeichnet. Wie auf Basis der Ergebnisse der Spezifischen Prozessanalyse und Prozessauslegung (vgl. Unterabschnitt 8.2.3) erwartet, steigt mit zunehmender TM die Steifigkeit bzw. der Wert des Elastizitätsmoduls E_S. Der Anstieg der Werte des Elastizitätsmoduls E_S über die einzelnen Segmente der FGM-Zugprüfkörper zeigt ein progressives Verhalten. Für den Optimalen Prozess FGM 9/15 bzw. FGM 2/8/14 ergibt sich dadurch über den FGM-Zugprüfkörper eine absolute Änderung des Elastizitätsmoduls E_S von ca. 49 MPa bzw. ca. 35 MPa, was bezogen auf den jeweiligen minimalen Wert einer prozentualen Änderung von ca. 218 % bzw. ca. 324 % entspricht. In Summe ist der Anstieg relativ homogen, was sich auch in den Werten des Bestimmtheitsmaßes R^2 der polynomiellen Anpassungen 2. Grades widerspiegelt. Daher ist grundsätzlich eine geeignete Vorhersage der Werte des Elastizitätsmoduls E_S über den funktional gradierten Bereich gegeben. Des Weiteren führt ebenfalls, wie auf Basis der Ergebnisse der Spezifischen Prozessanalyse und Prozessauslegung (vgl. Unterabschnitt 8.2.3) erwartet, eine höhere Volumenenergiedichte $E_{V,HSS}$ grundsätzlich zu einem höheren Niveau der Steifigkeit bzw. der Werte des Elastizitätsmoduls E_S.

Abbildung 55 zeigt des Weiteren die ermittelten Spannungs-Dehnungs-Kurven für die einzelnen Segmente des mit dem Optimalen Prozess FGM 2/8/14 gefertigten FGM-Zugprüfkörpers. Die einzelnen Spannungs-Dehnungs-Kurven entsprechen dabei der polynomiellen Anpassung 2. Grades der einzelnen Messwerte. Deren Bestimmtheitsmaß R^2 liegt zwischen 0,94 und 0,99. Des Weiteren zeigen die einzelnen Spannungs-Dehnungs-Kurven über den betrachteten Bereich ein annähernd lineares Verhalten. Daraus kann gefolgert werden, dass die Bestimmung des Elastizitätsmoduls E_S warscheinlich hauptsächlich im Bereich der elastischen Verformung des Materials erfolgte.

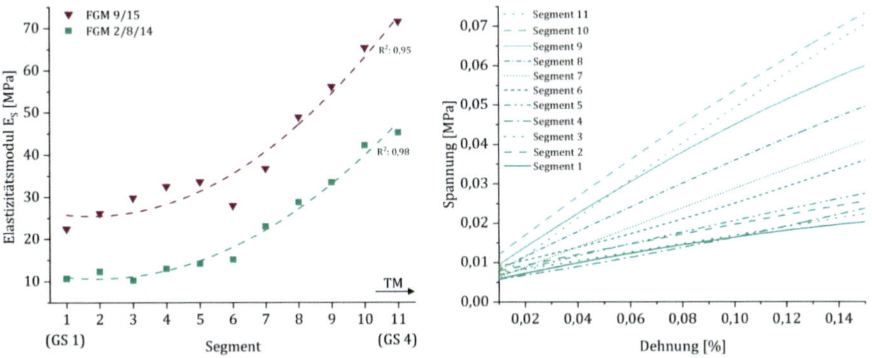

Abbildung 55: Elastizitätsmodul E_S der einzelnen Segmente von mit Optimalen Prozessen gefertigten FGM-Zugprüfkörpern (links) und Spannungs-Dehnungs-Kurven der einzelnen Segmente des mit dem Optimalen Prozess FGM 2/8/14 gefertigten FGM-Zugprüfkörpers (rechts)

Abschließend kann festgehalten werden, dass die entwickelten bzw. ausgelegten additiven Fertigungsprozesse des HSS durch eine Einstellung der TM eine funktionale Gradierung bzw. lokale Einstellung der Steifigkeit der Bauteile über einen relativ großen Bereich ermöglichen.

9.4 Funktional gradierte Druckspannungs-Verformungseigenschaften

Untersuchungsgegenstand bildet die Analyse der realisierbaren funktionalen Gradierung bzw. der lokalen Einstellung der Druckspannungs-Verformungseigenschaft einer Gitter- bzw. Lattice-Struktur. Dies erfolgt anhand des Lattice-Pucks bzw. der an diesem mit der Stauchhärteprüfung (vgl. Unterabschnitt 5.5.1) ermittelten Druckspannungs-Verformungseigenschaft bei einer Verformung von 40 % (CC_{40}) und 50 % (CC_{50}). Hierführ werden mit den in der Spezifischen Prozessanalyse und Prozessauslegung (vgl. Unterabschnitt 8.2.7) definierten Optimalen Prozessen FGM 4/16 und FGM 9/15 mit GS 1 und GS 4 je vier Lattice-Pucks gefertigt. Abbildung 56 zeigt einen mit GS 1 und einen mit GS 4 mit dem Optimalen Prozess FGM 4/16 gefertigten Lattice-Puck. Für den direkten Vergleich der Werte der Druckspannungs-Verformungseigenschaft CC_{40} und Druckspannungs-Verformungseigenschaft CC_{50} mit dem Wert des Spannungswerts σ_{50} werden pro Optimalem Prozess und GS außerdem fünf Zugstäbe Typ 2 gefertigt und mittels dem Zugversuch I (vgl. Unterabschnitt 5.5.1) analysiert.

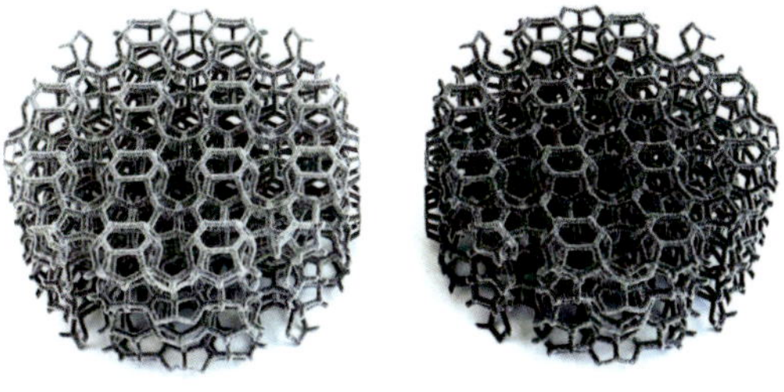

Abbildung 56: Mit Optimalem Prozess FGM 4/16 gefertigter Lattice-Pucks mit GS 1 (links) und GS 4 (rechts)

Da die Streben der typischerweise im HSS gefertigten Gitter- bzw. Lattice-Strukturen einen relativ geringen Durchmesser besitzen, kann davon ausgegangen werden, dass bei der Fertigung einer Gitter- bzw. Lattice-Struktur mit gradierter bzw. lokal eingestellter TM eine gegenseitige Beeinflussung der mit unterschiedlichen TM gefertigten Bereiche (bspw. durch Wärmeübertragung) relativ gering ist. Dies ist auch bei dem Lattice-Puck der Fall, weshalb die ermittelte Differenz der Werte der Druckspannungs-Verformungseigenschaft CC_{40} bzw. der Druckspannungs-Verformungseigenschaft CC_{50} zwischen den mit GS 1 und GS 4 gefertigten Lattice-Pucks wahrscheinlich der tatsächlich über eine Gitter- bzw. Lattice-Struktur realisierbaren funktionalen Gradierung bzw. lokalen Einstellung entspricht.

Wie auf Basis der Ergebnisse der Spezifischen Prozessanalyse und Prozessauslegung (vgl. Unterabschnitt 8.2.3) erwartet, ist der Wert der Druckspannungs-Verformungseigenschaft CC_{40} bzw. der Druckspannungs-Verformungseigenschaft CC_{50} bezogen auf den jeweiligen Optimalen Prozess bei den mit GS 4 gefertigten Lattice-Pucks größer als bei den mit GS 1 gefertigten Lattice-Pucks (vgl. Tabelle 15). Entgegen der Erwartung auf Basis der Ergebnisse der Spezifischen Prozessanalyse und Prozessauslegung (vgl. Unterabschnitt 8.2.3) und auf Basis der ermittelten Spannungswerte σ_{50} (vgl. Tabelle 15) ist die Differenz der Werte der Druckspannungs-Verformungseigenschaft CC_{40} bzw. der Druckspannungs-Verformungseigenschaft CC_{50} zwischen den mit GS 1 und GS 4 gefertigten Lattice-Pucks bei dem Optimalen Prozess FGM 4/16 größer als bei dem Optimalen Prozess FGM 9/15. Dies ist vermutlich darauf zurückzuführen, dass bei den betrachteten Prozessparametern der selektive Energieeintrag einen entscheidenden Einfluss auf die tatsächlich resultierende Strebendicke hat. So führt ein höherer selektiver Energieeintrag tendenziell zu einem größeren Volumen des das Bauteil umgebenden TPU-Pulvers, das aufschmilzt. Dies spiegelt sich auch in den ermittelten Werten der Strebendicke und der Masse der Lattice-Pucks wider (vgl. Tabelle 15). Die Druckspannungs-Verformungseigenschaft wird unabhängig von der Strebendicke ermittelt, wodurch eine höhere Strebendicke bei gleichen Materialeigenschaften zu einem höheren Wert der Druckspannungs-Verformungseigenschaft führt. Dieser Effekt ist zwischen den mit GS 1 und GS 4 gefertigten Lattice-Pucks bei dem Optimalen Prozess FGM 4/16 aufgrund der höheren Volumenenergiedichte $E_{V,HSS}$ wahrscheinlich größer. Unterstützt wird diese These durch die größere Differenz der Masse zwischen den mit GS 1 und GS 4 hergestellten Lattice-Pucks beim Optimalen Prozess FGM 4/16. Dieser auffällige Effekt des Einflusses des Aufschmelzens des dem Bauteil umgebenden Polymerpulvers auf die Bauteileigenschaften ergibt sich, da bei den Gitter- bzw. Lattice-Strukturen das Verhältnis von Bauteiloberfläche zu Bauteilvolumen relativ groß ist.

Tabelle 15: Bestimmte Kennwerte zur Analyse der funktional gradierten Druckspannungs-Verformungseigenschaften

Optimaler Prozess			**Druckspannungs-Verformungseigenschaft [kPa]**		**Spannungswert σ_{50} [MPa]**	**Masse [g]**	**Strebendicke [mm]**
			CC_{40}	**CC_{50}**			
FGM 9/15 ($E_{V,HSS}$: 168 J/cm³)	GS 1	MIW	0,45	0,62	1,50	11,64	1,35
		STAB	0,06	0,06	0,07	0,02	0,03
	GS 4	MIW	2,36	2,79	3,04	11,93	1,62
		STAB	0,12	0,20	0,05	0,31	0,05
	$\Delta_{GS\,4\text{-}GS\,1}$		**1,19**	**2,17**	**1,54**	**0,29**	**0,27**
FGM 4/16 ($E_{V,HSS}$: 211 J/cm³)	GS 1	MIW	1,30	1,52	2,40	16,56	1,39
		STAB	0,19	0,22	0,03	0,71	0,06
	GS 4	MIW	3,53	4,02	3,35	17,74	1,64
		STAB	0,28	0,29	0,06	0,58	0,06
	$\Delta_{GS\,4\text{-}GS\,1}$		**2,23**	**2,50**	**0,95**	**5,58**	**0,25**

Abschließend kann festgehalten werden, dass die entwickelten bzw. ausgelegten additiven Fertigungsprozesse des HSS durch eine Einstellung der TM eine funktionale Gradierung bzw. lokale Einstellung der Druckspannungs-Verformungseigenschaft der Bauteile über einen relativ großen Bereich ermöglichen.

10 Fertigung Demonstrator-Bauteile

In diesem Kapitel werden erste konkrete Bauteile bzw. Demonstrator-Bauteile aufgezeigt, die mit den entwickelten bzw. ausgelegten additiven Fertigungsprozessen des HSS aus dem TPU-Pulver gefertigt wurden, um deren Potenzial zu verdeutlichen.

Zwischensohle

Abbildung 57 zeigt eine aus dem TPU-Pulver mit dem in Abschnitt 9.1 betrachteten Optimalen Prozess gefertigte Zwischensohle sowie einen mit der Zwischensohle hergestellten Sportschuh. Die Gitter- bzw. Lattice-Struktur der Zwischensohle wurde unter Berücksichtigung der mit diesem Optimalen Prozess erzielbaren mechanischen Eigenschaften anwendungsspezifisch ausgelegt.

Abbildung 57: Im HSS gefertigte Zwischensohle aus dem TPU-Pulver und sowie einen mit der Zwischensohle gefertigten Sportschuh

Dieses Beispiel zeigen das große Potenzial der Fertigung von Bauteilen mit komplexen Geometrien bzw. Strukturen im HSS mit dem TPU-Pulver, wodurch Leichtbaulösungen und angepasste Dämpfungseigenschaften bzw. Absorptionseigenschaften realisiert werden können.

Einlegesohle

Abbildung 58 zeigt eine aus dem TPU-Pulver mit der VX200 HSS gefertigte Einlegesohle. Diese weist neben der individuell angepassten Geometrie auch lokal unterschiedliche Härtegrade auf. Die Einstellung der lokalen Härtegrade erfolgte durch die gezielte lokale Einstellung der TM, welche sich auch in der Optik (Farbe) der Einlegesohle widerspeigelt. Konventionell werden die Einlegesohlen durch Fügen bzw. Verkleben mehrerer individuell gefräster Elemente mit unterschiedlichen Härtegraden gefertigt. Durch die Fertigung der Einlegesohle im HSS aus dem TPU-Pulver ergibt sich das Potenzial, den Fertigungsprozess deutlich effizienter zu gestalten. Darüber hinaus ermöglicht der Aspekt, dass die im HSS aus dem TPU-Pulver gefertigte Einlegesohle lediglich aus einem Material (monomaterial FGM) und nicht wie die konventionell gefertigte aus einem Verbundwerkstoff besteht, ein großes Potenzial hinsichtlich des Recyclings der Einlegesohle.

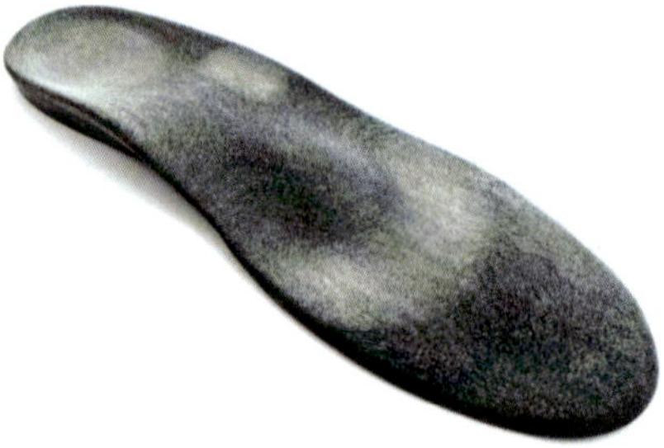

Abbildung 58: Im HSS gefertigte Einlegesohle mit lokal eingestellten Härtegraden aus dem TPU-Pulver

Träger

Für das Aufzeigen der realisierbaren funktionalen Gradierung der Steifigkeitseigenschaften wurde ein Träger aus dem TPU-Pulver gefertigt. Der Träger besitzt in Relation zur x-Achse eine kontinuierliche Zunahme der Steifigkeit von der Mitte nach außen. Die kontinuierliche Gradierung der TM in x-Richtung erfolgt über Dithering und wurde mit der vom Fraunhofer IGD entwickelten Software GraMMaCAD realisiert. Die kontinuierliche Gradierung der TM spiegelt sich auch in der Optik (Farbe) des Trägers wider (vgl. Abbildung 59).

Abbildung 59: Im HSS gefertigter Träger mit kontinuierlicher Gradierung der Steifigkeitseigenschaften aus dem TPU-Pulver

Kugelbahn aus funktional gradiertem Material

Für die Veranschaulichung des Potenzials der im HSS aus dem TPU-Pulver realisierbaren funktional gradierten bzw. lokal eingestellten Eigenschaften wurde ein Demonstrator (Kugelbahn aus funktional gradiertem Material) aufgebaut. Abbildung 60 zeigt den Demonstrator im Museum Futurium (Berlin) im Rahmen der Dauerausstellung „Schätze der Zukunft". Der Boden der Kugelbahn besteht aus einer im HSS aus dem TPU-Pulver gefertigten homogenen Gitter- bzw. Lattice-Struktur, deren Härtegrad und damit Verformung lokal eingestellt ist. Die Einstellung des Härtegrads erfolgte durch die gezielte lokale Einstellung der TM, wodurch die Streben der Gitter- bzw. Lattice-Struktur unterschiedliche Steifigkeiten besitzen. Hierdurch weist die optisch homogene Struktur eine unterschiedliche Nachgiebigkeit auf, wodurch die Kugel aufgrund der Gravitation einen für den Beobachter unvorhersehbaren Weg nimmt.

Abbildung 60: Kugelbahn aus funktional gradiertem Material im Museum Futurium (© Bild links: David von Becker; © Bild rechts Sascha Peters)

11 Schlussbetrachtung

11.1 Zusammenfassung

Die additive Fertigung ist eine der wichtigsten Zukunftstechnologien. Sie hat nicht nur das Potenzial, konventionelle Fertigungsverfahren oder ganze Herstellungsprozesse zu substituieren, sondern ermöglicht auch neue Geschäftsmodelle, neue Produkte und neue Lieferketten.

Für die wirtschaftliche und ressourceneffiziente additive Fertigung von Bauteilen aus Polymeren im industriellen Maßstab mit hoher Qualität besitzt besonders das noch relativ wenig erforschte additive Fertigungsverfahren High Speed Sintering ein großes Potenzial.

Ein wesentliches bisher noch kaum betrachtetes Potenzial des High Speed Sintering mit extremem Innovationscharakter ergibt sich aus dem Aspekt, dass die Eigenschaften der Bauteile durch den additiven Fertigungsprozess gezielt lokal eingestellt werden können. Dies eröffnet eine völlig neue Dimension der Fertigung von Bauteilen aus einem Material mit funktional gradierten mechanischen Eigenschaften bzw. von funktional gradierten Materialien (engl. Functionally Graded Materials, FGM). Besonders groß ist dieses Potenzial für Materialien mit elastischen Eigenschaften, wie sie thermoplastische Polyurethane aufweisen. Des Weiteren ergibt sich eine derzeit entscheidende Limitierung des High Speed Sinterings aus der sehr geringen Anzahl verfügbarer Materialien bzw. dem nicht Vorhandensein an geeigneten Prozessen des High Speed Sinterings zur Verarbeitung möglicher Materialien. Dies gilt insbesondere für thermoplastische Polyurethane.

Um dieses Potenzial zu heben und die Limitierung entscheidend abzubauen, wurden in dieser Arbeit Prozesse des High Speed Sinterings entwickelt bzw. ausgelegt, die unter der Berücksichtigung der material- und prozessspezifischen Restriktionen eine Fertigung von Bauteilen aus thermoplastischem Polyurethan mit maximierten Eigenschaften und/oder mit funktional gradierten bzw. mit lokal eingestellten Eigenschaften ermöglichen. Für die Erreichung dieses Zieles war es notwendig, tiefgreifende Kenntnisse über den additiven Fertigungsprozess des High Speed Sinterings, die sich im Bauteil ausbildende Struktur (Bauteilstruktur) und deren Einfluss auf die Bauteileigenschaften im Allgemeinen und speziell für die Charakteristika von thermoplastischem Polyurethan aufzubauen. Hierfür wurde im ersten Schritt eine Analyse des ausgewählten TPU-Pulvers durchgeführt, um dessen grundsätzliche Eignung für das High Speed Sintering zu ermitteln und erste Rückschlüsse auf geeignete Prozessparameter bzw. Prozessparameterbereiche zu ziehen. Danach erfolgte eine grundlegende Analyse der Verarbeitbarkeit bzw. Prozessierbarkeit des TPU-Pulvers im additiven Fertigungsprozess des High Speed Sinterings mit Fokus auf den schichtweisen Bauteilaufbau. So wurden geeignete Prozessparameter des Pulverauftrags und der im Bauraum herrschenden Temperaturen bestimmt. Des Weiteren wurde ein geeigneter Bereich, der von der Sinterlampe realisierten Volumenenergiedichte $E_{V,HSS}$ ermittelt, in dem eine Prozessierbarkeit des TPU-Pulvers gegeben ist. Der ermittelte Bereich entspricht einer Volumenenergiedichte $E_{V,HSS}$ von 150 J/cm^3 bis 225 J/cm^3. Aufbauend auf diesen Ergebnissen wurden unter Anwendung eines Definitiven Screening Plans die Haupteinflussgrößen des additiven Fertigungsprozesses des High Speed Sinterings mit Fokus auf den schichtweisen Bauteilaufbau bestimmt. Die Einflussgrößen, die einen signifikanten Effekt (Haupteinflussgrößen) auf betrachtete mechanische und geometrische Bauteileigenschaften besitzen sind Sinterlampengeschwindigkeit, Sinterlampenleistung, Pre-Sinterlampenleistung, Tintenmenge bzw. Graustufe und Schichtdicke. Die bestimmten Haupteinflussgrößen Sinterlampengeschwindigkeit, Sinterlampenleistung und Tintenmenge bzw. Graustufe wurden vor dem Hintergrund der Auslegung von Prozessen zur Realisierung maximierter und/oder funktional gradierter bzw. lokal eingestellter Eigenschaften der Bauteile weiter analysiert. So zeigte sich u. a., dass diese in Wechselwirkung stehen. Bezogen auf die Volumenenergiedichte $E_{V,HSS}$ zeigte sich, dass die Kombination von Sinterlampengeschwindigkeit und Sinterlampenleistung, mit der die Volumenenergiedichte $E_{V,HSS}$ realisiert wird, meist einen relevanten Einfluss auf die betrachteten mechanischen und geometrischen Bauteileigenschaften besitzen. Daher wurde spezifisch für die Realisierung der maximierten und der funktional gradierten bzw. lokal eingestellten Eigenschaften der Bauteile ein geeigneter Bereich der Volumenenergiedichte $E_{V,HSS}$ definiert. Darauf aufbauend wurde eine tiefgreifende Analyse des schichtweisen Bauteilaufbaus unter Anwendung je eines spezifisch erstellten Optimalen (Versuchs-)Plans für die maximierten und funktional gradierten bzw. lokal eingestellten Eigenschaften der Bauteile durchgeführt. Hierfür wurden die jeweils relevanten Einflussgrößen, die Größe ihrer Effekte, ihrer Wechselwirkungen und quadratischen Effekte sowie ihrer Richtung auf ausgewählte mechanische und geometrische Bauteileigenschaften bestimmt. Hierbei wurde deutlich, wie bereits bei den Analysen davor, dass sich tendenziell die mechanischen Eigenschaften der Bauteile mit steigendem selektiven Energieeintrag, bis zu einem prozessparameterspezifischen Optimum verbessern und dass sich die geometrischen Eigenschaften verschlechtern. Spezifisch der Analyse der über die Tintenmenge realisierbaren funktionalen Gradierung bzw. lokal eingestellten Eigenschaften der Bauteile zeigte sich, dass diese eine große Abhängigkeit von den weiteren Einflussgrößen des High Speed Sinterings haben. Aufbauend auf den spezifischen Ergebnissen erfolgte auf Basis der Optimalen (Versuchs-)Pläne eine Auslegung von additiven Fertigungsprozessen des High Speed Sinterings (Optimale Prozesse) zur Realisierung maximierter und funktional gradierter bzw. lokal eingestellter Eigenschaften der Bauteile unter Berücksichtigung der bestehenden Zielkonflikte zwischen den betrachteten mechanischen und geometrischen Bauteileigenschaften. Hierfür wurde je ein Modell bzw. deren Desirability Functions (Wünschbarkeitsfunktion) unter der Berücksichtigung der Haupteffekte, Wechselwirkungen und quadratischen Effekte für die relevanten Einflussgrößen aufgestellt. Mit den ausgelegten Optimalen Prozessen wurden spezifische Prüfkörper gefertigt, anhand derer die tatsächlich realisierbaren maximierten und funktional gradierten bzw. lokal eingestellten Eigenschaften der Bauteile analysiert werden konnten. So konnten spezifisch für das verarbeitete TPU-Pulver sehr gute mechanische Eigenschaften (Zugfestigkeit σ_{max} und Bruchdehnung ε_B von 7,38 MPa bzw. 399 % bei Fertigung mit einer Neigung von 0° zur Bauplattform und ca. 3,94 MPa bzw. 161 % bei Fertigung mit einer Neigung von 90° zur Bauplattform) bei ebenfalls sehr guten geometrischen Eigenschaften realisiert werden. Ebenfalls konnte spezifisch für das verarbeitete TPU-Pulver eine funktionale Gradierung bzw. lokale Einstellung der Härte (absolute Änderung der Shore-Härte A von ca. 24, was einer prozentualen Änderung von ca. 50 % entspricht) und der Steifigkeit (absolute Änderung des Elastizitätsmoduls E_S von ca. 49 MPa, was einer prozentualen Änderung von ca. 218 % entspricht) über einen relativ großen Bereich realisiert werden. Abschließend wurden erste konkrete Bauteile mit den entwickelten bzw. ausgelegten additiven Fertigungsprozessen des High Speed Sinterings aus dem TPU-Pulver gefertigt, um deren Potenzial zu verdeutlichen.

11.2 Ausblick

Die entwickelten bzw. ausgelegten additiven Fertigungsprozesse des High Speed Sintering ermöglichen eine Fertigung von Bauteilen aus thermoplastischem Polyurethan mit hoher Qualität bei anwendungsspezifisch eingestellten Eigenschaften. Unter Berücksichtigung der allgemeinen Potenziale der additiven Fertigung bzw. des High Speed Sinterings ergibt sich dadurch ein großer Anwendungsbereich für im High Speed Sintering aus thermoplastischem Polyurethan gefertigte Bauteile. Im nächsten Schritt gilt es daher Forschungs- und Entwicklungsarbeit zu leisten, um dieses Potenzial auf konkrete Bauteile zu übertragen: Beginnend mit der simulationsunterstützten Auslegung des Bauteildesigns hinsichtlich (äußerer) Geometrie sowie (innerer) Struktur zur gezielten Anwendung der realisierbaren funktionalen Gradierung bzw. lokalen Einstellung der Eigenschaften der Bauteile, über die bauteilspezifische Auslegung des additiven Fertigungsprozesses des High Speed Sintering zur reproduzierbaren Realisierung der Bauteileigenschaften, bis hin zur Bereitstellung geeigneter Nachbearbeitungsprozesse zur Sicherstellung der finalen Bauteileigenschaften.

Darüber hinaus leistet die Arbeit einen entscheidenden Beitrag zum Verständnis der Charakteristik des additiven Fertigungsprozesses des High Speed Sinterings, insbesondere des schichtweisen Bauteilaufbaus. Diese kann für eine Vielzahl von Forschungs- und Entwicklungsarbeiten herangezogen werden. So kann die Möglichkeit der gezielten lokalen Einstellung der Prozessbedingungen beim schichtweisen Bauteilaufbau genutzt werden, um die standardmäßig vorhandene Anisotropie der im High Speed Sintering gefertigten Bauteile zu reduzieren bzw. isotrope Bauteileigenschaften zu erzielen. Die erstmalige tiefgreifende Betrachtung eines weiteren Materials neben Polyamid 12 im High Speed Sintering und die daraus ableitbaren materialspezifischen Charakteristika des additiven Fertigungsprozesses können für die Entwicklung spezifischer für das High Speed Sintering ausgelegter Materialien genutzt werden. Insbesondere die erstmalige durchgehende Darlegung der Parametrisierung eines Materials bietet die Ausgangsbasis für die Entwicklung einer standardisierten Vorgehensweise zur Parametrisierung von Materialien für das High Speed Sintering.

12 Conclusion

12.1 Summary

Additive manufacturing is one of the key technologies of the future. It has the potential to replace conventional production methods or entire manufacturing processes and enables new business models, products, and supply chains.

The additive manufacturing process High Speed Sintering, which is still relatively under-researched, has great potential for the economical and resource-efficient additive manufacturing of high-quality polymer components on an industrial scale.

The fact that the High Speed Sintering process can adjust the components' properties locally is a significant potential with a highly innovative character that has hardly been considered to date. This enables new dimension in producing components made of just one material with functionally graded mechanical properties respectively functionally graded materials. This potential is especially significant for materials with elastic properties, such as thermoplastic polyurethanes. A current limitation of High Speed Sintering is the very small number of available materials and the lack of suitable high-speed sintering processes for processing suitable materials. This is especially true for thermoplastic polyurethanes.

In order to utilise this potential and reduce the limitations, processes of High Speed Sintering were developed in this work to enable the production of components made of thermoplastic polyurethane with maximised properties and/or functionally graded respective locally adjusted properties. In order to achieve this goal, it was necessary to build up in-depth knowledge of the additive manufacturing process of High Speed Sintering in general and specifically for the characteristics of thermoplastic polyurethane. The first step was to analyse the selected TPU powder to determine its basic suitability for High Speed Sintering and to draw initial conclusions about suitable process parameters or process parameter ranges. This was followed by a fundamental analysis of the processability of the TPU powder in the additive manufacturing process of the High Speed Sintering. Suitable process parameters for powder application and the temperatures prevailing in the process chamber were determined. Furthermore, a suitable range of the volume energy density $E_{V,\,HSS}$ realised by the sintering lamp was determined, in which processability of the TPU powder is possible. The determined range of the volume energy density $E_{V,\,HSS}$ is from 150 J/cm³ to 225 J/cm³. Based on these results, the main influencing variables of the additive manufacturing process of High Speed Sintering were determined using a definitive screening plan. The influencing variables that significantly affect (main influencing variables) the mechanical and geometric component properties are sintering lamp speed, sintering lamp power, preheat lamp power, amount of ink, and layer thickness. The main influencing variables of sintering lamp speed, sintering lamp power and amount of ink were further analysed in the context of developing processes to achieve maximised and/or functionally graded respective locally adjusted component properties. Among other things, it was shown that these are interrelated. In relation to the volume energy density $E_{V,\,HSS}$, it was shown that the combination of sintering lamp speed and sintering lamp power, with which the volume energy density $E_{V,\,HSS}$ is realised, usually has a relevant influence on the mechanical and geometric component properties under consideration. Therefore, a suitable range of the volume energy density $E_{V,\,HSS}$ was explicitly defined for the realisation of the components' maximised and functionally graded respective locally adjusted properties. Based on this, an in-depth analysis of the additive manufacturing process of the High Speed Sintering was carried out using a specifically created custom design plan for the maximised and functionally graded, respectively locally adjusted properties of the components. For this purpose, the relevant influencing variables, the size of their effects, their interactions, and quadratic effects, as well as their direction on selected mechanical and geometric component properties, were determined. As with the previous analyses, it became clear that the mechanical properties of the components tend to improve with increasing selective energy input up to a process parameter-specific optimum, while the geometric properties deteriorate. Specifically, the analysis of the functional grading respective locally adjusted properties of the components that can be realised via the amount of ink showed that these are highly dependent on the other influencing variables of High Speed Sintering.

Based on the specific results, additive manufacturing processes of High Speed Sintering (optimal processes) were developed based on the custom design plans to realise maximised and functionally graded, respectively, locally adjusted properties, taking into account the existing target conflicts between the mechanical and geometric component properties. For this purpose, a model and its desirability functions were set up for each relevant influencing variable, considering the main effects, interactions and quadratic effects. Specific test specimens were manufactured using the developed optimised processes to analyse the realisable maximised and functionally graded respectively locally adjusted properties of the components. Excellent mechanical properties (tensile strength and elongation at break of 7.38 MPa respective 399 % manufactured with an inclination of 0° to the building platform and 3.94 MPa respective 161 % manufactured with an inclination of 90° to the building platform) and very good geometric properties could be realised. A functional grading respective local adjustment of the hardness (absolute change in the Shore hardness A of approx. 24, which corresponds to a percentage change of approx. 50 %) and the stiffness (absolute change in the modulus of elasticity ES of approx. 49 MPa, which corresponds to a percentage change of approx. 218 %) could be realised over a relatively large range. Finally, the first specific components were manufactured from the TPU powder using the developed additive manufacturing processes of High Speed Sintering.

12.2 Outlook

The additive manufacturing processes developed for the High Speed Sintering enable the production of high-quality components made of thermoplastic polyurethane with application-specific properties. Considering the general potential of additive manufacturing and High Speed Sintering, this results in a wide range of applications for components made from thermoplastic polyurethane using High Speed Sintering. The next step is, therefore to carry out research and development work in order to transfer this potential to concrete components, starting with the simulation-supported design of the component design with regard to (external) geometry and (internal) structure for the targeted application of the realisable functional grading or local adjustment of the properties of the components, through the component-specific design of the additive manufacturing process of the High Speed Sintering for the reproducible realisation of the component properties, to the provision of suitable post-processing processes to ensure the final component properties.

In addition, the work makes a decisive contribution to understanding the characteristics of the additive manufacturing process of the High Speed Sintering. This can be used for a wide range of research and development work. For example, the possibility of targeted local adjustment of the process conditions during the layer-by-layer process can be used to reduce the anisotropy of components manufactured by High Speed Sintering or to achieve isotropic component properties. The first in-depth consideration of another material in addition to polyamide 12 in the High Speed Sintering and the material-specific characteristics of the additive manufacturing process can be used for the development of materials specific for the High Speed Sintering. In particular, the first consistent presentation of the parameterisation of material provides the starting point for the developing of a standardised procedure for the parameterisation of materials for the High Speed Sintering.

Abkürzungsverzeichnis

Abkürzung	Begriff
BJT	Binder Jetting
CAD	Computer Aided Design
CO_2	Kohlendioxid
DED	Directed Energy Deposition
DoE	Design of Experiments
DPM	Degree of Particle Melt
DSC	Differential Scanning Calorimetry
EAV	Energy Absorption Value
FGM	Functionally Graded Materials
FGPM	Functionally Graded Polymeric Material
GEW	Gewichtung
GS	Graustufe
HSS	High Speed Sintering
HSS_{ED}	HSS Energy Density
IR	Infrarotstrahlung
IUPAC	International Union of Pure and Applied Chemistry
LaB_6	Lanthanhexaborid
LS	Lasersintern
max	maximal
MEX	Material Extrusion
min	minimal
MIW	Mittelwerte
MJF	Multi Jet Fusion
MJT	Material Jetting
PA 11	Polyamid 11
PA 12	Polyamid 12
PBF	Powder Bed Fusion
PBF/M	Powder Bed Fusion of Metal
PBF/P	Powder Bed fusion of Polymer
PBF-IL/P	Powder Bed fusion of Polymer using a Infrared Light based System
PBF-LB/P	Powder Bed Fusion of Polymer using a Laser based System
PEBA	Polyetherblockamid
PET	Polyethylenterephthalat
PGM	Polymer Gradient Material
PMMA	Polymethylmethacrylat
PMV	Pulvermischungsverhältnis
PP	Polypropylen
Pre-SLL	Pre-Sinterlampenleistung
RAM	Radiation Absorbing Material
SAF	Selective Absorption Fusion
SD	Schichtdicke
SHL	Sheet Lamination
SLA	Stereolithografie
SLG	Sinterlampengeschwindigkeit
SLL	Sinterlampenleistung

STABW	Standardabweichung
STL	Standard Triangulation Language bzw. Surface Tesselation Language
T_{BW}	Bauraumwandtemperatur
T_E	Entnahmetemperatur
TGA	Thermogravimetrie
T_K(onset)	Onset-Punkt des Kristallisierens
TM	Tintenmenge
T_m(onset)	Onset-Punkt des Schmelzens
T_P	Prozesstemperatur
TPE	thermoplastische Elastomere
TPU	thermoplastisches Polyurethan
T_{Rec}	Recoatertemperatur
VPP	Vat Photopolymerization

Formelverzeichnis

Abkürzung	Einheit	Begriff
τ	%	Transmissionsgrad
η_l	mPas·s	Viskosität der Flüssigkeit
η_S	%	Wirkungsgrad des Sensors
υ_S	mm/s	Scangeschwindigkeit des Lasers
$\dot{q}_K$	W/m²	Wärmestromdichte durch Konvektion
$\dot{q}_L$	W/m²	Wärmestromdichte durch Wärmeleitung
$\dot{Q}_{OL,\,PP}$	W/m²	Wärmestrom Overheadlampe - Polymerpulver
$\dot{Q}_{OL,Sch}$	W/m²	Wärmestrom Overheadlampe - Schmelze
$\dot{Q}_{OL,\,T/RAM}$	W/m²	Wärmestrom Overheadlampe - Tinte bzw. RAM
$\dot{Q}_{PreSL,\,PP}$	W/m²	Wärmestrom Pre-Sinterlampe - Polymerpulver
$\dot{Q}_{PreSL,\,Sch}$	W/m²	Wärmestrom Pre-Sinterlampe - Schmelze
$\dot{Q}_{PreSL,\,T/RAM}$	W/m²	Wärmestrom Pre-Sinterlampe - Tinte bzw. RAM
$\dot{q}_S$	W/m²	Wärmestromdichte durch Strahlung
$\dot{q}_{SL,\,PP}$	W/m²	Wärmestrom Sinterlampe -Polymerpulver
$\dot{Q}_{SL,\,Sch}$	W/m²	Wärmestrom Sinterlampe -Schmelze
$\dot{Q}_{SL,\,T/RAM}$	W/m²	Wärmestrom Sinterlampe - Tinte bzw. RAM
$\dot{Q}_{Bp,\,Pu}$	W/m²	Wärmestrom Bauplattform -Polymerpulver
$\dot{Q}_{Bw,\,Pu}$	W/m²	Wärmestrom Bauraumwand -Polymerpulver
$\dot{Q}_{Pu}$	W/m²	Wärmestrom im Polymerpulver
$\dot{Q}_{PP,\,Ath}$	W/m²	Wärmestrom Polymerpulver - Atmosphäre
$\dot{Q}_{PP,\,Pu}$	W/m²	Wärmestrom Polymerpulver - Polymerpulver
$\dot{Q}_{Sch,\,Ath}$	W/m²	Wärmestrom Schmelze - Atmosphäre
$\dot{Q}_{Sch,\,Pu}$	W/m²	Wärmestrom Tinte bzw. RAM - Polymerpulver
$\dot{Q}_{Sch}$	W/m²	Wärmestrom in Schmelze
$\dot{Q}_{T,\,RAM}$	W/m²	Wärmestrom in Tinte bzw. RAM
$\dot{Q}_{T/RAM,\,Ath}$	W/m²	Wärmestrom Tinte bzw. RAM - Atmosphäre
$\dot{Q}_{T/RAM,\,Pu}$	W/m²	Wärmestrom Tinte bzw. RAM - Polymerpulver
A_{PP}	m²	Fläche des Polymerpulvers bezogen auf eine Voxeloberfläche
A_{RAM}	m²	Fläche des RAM bezogen auf eine Voxeloberfläche
A_S	mm²	Sensoroberfläche
CC_{xx}	kPa	Druckspannungs-Verformungseigenschaft
c_p	J/kg K	Wärmekapazität
D_B	%	relative Bauteildichte
E	N/m²	Elastizitätsmodul
$E_{A,\,LS}$	J/mm²	Flächenenergiedichte (beim LS)
$E_{A,\,HSS}$	J/mm²	Flächenenergiedichte (beim HSS)
E_s	MPa	Sekantenmodul bzw. Elastizitätsmodul
$E_{Sinterlampe}$	J/mm²	Sinterlampenenergieeintrag pro Flächeneinheit
$E_{V,\,LS}$	J/mm³	Volumenenergiedichte (beim LS)
$E_{V,\,HSS}$	J/mm³	Volumenenergiedichte (beim HSS)
E_λ	W/m²nm	Effektive spektrale Bestrahlungsstärke
F	N	Kraft
h_S	mm	Hatchabstand des Lasers
k	m⁵	Material- bzw. Kapillarkonstante
$L_{Sinterlampe}$	mm	Beheizte Länge der Sinterlampe
m_F	kg	Feststoffmasse

m_l	g	Masse der eindringenden Flüssigkeit
MVR	$cm^3/10$ min	Schmelze-Volumenfließrate
P_L	W	Laserleistung
$P_{Pre\text{-}Sint}$	%	Pre-Sinterlampenleistung (bei HSS_{ED}-Modell)
P_{Sint}	%	Sinterlampenleistung (bei HSS_{ED}-Modell)
$P_{Sinterlampe}$	W	Sinterlampenleistung (bei Sinterlampenenergieeintrag)
P_{SL}	J/mm^2	Gemessene Leistung der Sinterlampe
Q	J	Energie bzw. Wärme
$Q_0(x_{c\,min})$	%	Anzahlverteilungssumme
$q_0(x_{c\,min})$	%	Anzahlverteilungsdichte
$Q_3(x_{c\,min})$	%	Volumenverteilungssumme
$q_3(x_{c\,min})$	%	Voluemenverteilungsdichte
$Q_{PP\,Pre\text{-}Sint}$	J	Energie bzw. Wärme der Pre-Sinterlampe, die vom Polymerpulver absorbiert wird
$Q_{PP\,Sint}$	J	Energie bzw. Wärme der Sinterlampe, die von Polymerpulver absorbiert wird
$Q_r(x)$	%	Verteilungssumme
$q_r(x)$	%	Verteilungsdichte
Q_{RAM}	J	Energie bzw. Wärme der Sinterlampe, die von Tinte bzw. RAM absorbiert und an Polymerpulver weitergeleitet wird
Q_{WVL}	J	Energie- bzw. Wärmeverlust an umgebende Prozessatmosphäre
Q_{WVPP}	J	Energie- bzw. Wärmeverlust an umgebende Polymerpulver
r	%	Reflexionsgrad
R_0	m	Initialer Radius der Partikel
r_1	m	Abstand zwischen Pre- bzw. Sinterlampe und Detektor bei Messung der spektralen Bestrahlungsstärke
r_2	m	Abstand zwischen Pre- bzw. Sinterlampe und Pulverbettoberfläche
R_t	m	Radius des Partikels zum Zeitpunkt t nach dem Kontakt
S_a	-	Arithmetischer Mittelwert der Höhe
t	s	Zeit
T	K	Temperatur
T_g	K	Glasübergangstemperatur
t_l	s	Zeit, in der die Flüssigkeit eindringt
T_m	°C	Schmelzpunkt bzw. Peaktemperatur beim Schmelzen
T_R	K	Kälterichtwert
V_A	%	Volumenabweichung
$v_{PRE\text{-}Sint}$	m/s	Pre-Sinterlampengeschwindigkeit
V_S	m^3	Skelettvolumen
v_{Sint}	m/s	Sinterlampengeschwindigkeit
$v_{Sinterlampe}$	mm/s	Sinterlampengeschwindigkeit (bei Sinterlampenenergieeintrag)
w	m	Breite eines einzelnen Voxels
x	m	Ortskoordinate
$x_{c\,min}$	µm	Partikelbreite
x_R	m	Radius des Sinterhalses bzw. des kontaktierten Bereichs
α	%	Absorptionsgrad
α_W	$W/(m^2K)$	Wärmeübergangskoeffizient
δ	°	Kontaktwinkel
ΔH_K	J	Kristallisationsenthalpie
ΔH_m	J	Schmelzenthalpie
ΔT	K	Temperaturdifferenz
ε_B	%	Bruchdehnung
λ	mm	Wellenlänge
λ_W	$W/(m^2K)]$	Wärmeleitfähigkeit
μ	Pas	Viskosität

ν	-	Querkontraktionszahl
ρ_B	g/cm³	Bauteildichte
ρ_l	g/cm³	Dichte der Flüssigkeit
ρ_M	g/cm³	nominelle Materialdichte
ρ_S	kg/m³	Skelettdichte
σ	N/m	Oberflächenspannung
σ_{50}	MPa	Spannungswert 50 %
σ_i	MPa	Spannungswert
σ_l	mN/m	Oberflächenspannung der Flüssigkeit
σ_{max}	MPa	Zugfestigkeit
σ_r	N/m	Grenzflächenspannung
σ_z	N/m²	Spannung
σ_θ	N/mm²	Umfangsspannung

Abbildungsverzeichnis

Tabellenverzeichnis

Literaturverzeichnis

[ABT18] Abts, Georg (Hrsg.): *Einführung in die Kautschuktechnologie.* Carl Hanser Verlag GmbH & Co. KG, 2018. ISBN 978-3-446-45461-3.

[AFA17] Afanasyev, E.; L. Goleneva; T. Matseevich; A. Askadskii. *Synthesis and properties of a monolithic gradient polymer material based on polyurethane structures and 1,4-butanediol as a chain extender [online].* In: Polymer Science, Series A, Jg. 59(1), S. 12-26, 2017. ISSN 0965-545X. Verfügbar unter: doi:10.1134/S0965545X17010011.

[ALM 16a] Almabrouk Mousa, Alkhair. *Experimental investigations of curling phenomenon in selective laser sintering process [online].* In: Rapid Prototyping Journal, Jg. 22(2), S. 405-415, 2016. ISSN 1355-2546. Verfügbar unter: doi:10.1108/RPJ-12-2013-0132.

[ALM 16b] Almasi, Davood; Maliheh Sadeghi; Woei Lau; Fatemeh Roozbahani; Nida Iqbal. *Functionally graded polymeric materials: A brif review of current fabrication methods and introduction of a novel fabrication method [online].* In: Materials science & engineering. C, Materials for biological applications, Jg. 64, S. 102-107, 2016. Verfügbar unter: doi:10.1016/j.msec.2016.03.053.

[ALS00] Alscher, Gabriele*: Das Verhalten teilkristalliner Thermoplaste beim Lasersintern.* Dissertation. Fachbereich 12 - Maschinenwesen, Universität Duisburg-Essen, 2000.

[AM20] AM POLYMERS GmbH*: Chertificate of Analysis :* ROLASERIT® PB01, Technical Elastomer Powder, Charge-Nr.: C104776, 26. Februar 2020.

[AM24] AM POLYMERS GmbH: *Thermoplastisches Polyurethan - TPU,* 2024. Verfügbar unter: https://am-polymers.de/produkte-tpu/, [Zuletzt geprüft: 21. Mai 2024].

[APR16] aprentas: *Laborpraxis Band 4.* 6th ed. Springer International Publishing, Cham, 2016. ISBN 978-3-0348-0971-9.

[ATT22] Atta, M.; A. Abu-Sinna; S. Mousa; H. Sallam; A. Abd-Elhady. *Flexural behavior of functionally graded polymeric composite beams [online].* In: Journal of Industrial Textiles, Jg. 51(3_suppl), 4268S-4289S, 2022. ISSN 1528-0837. Verfügbar unter: doi:10.1177/15280837211000365.

[BAE19] Baehr, Hans; Karl Stephan: *Wärme- und Stoffübertragung.* 10. Auflage. Springer Vieweg, Berlin, 2019. Lehrbuch. ISBN 978-3-662-58441-5.

[BAI16] Bai, Jiaming; Baicheng Zhang; Jie Song; Guijun Bi; Pan Wang; Jun Wei. *The effect of processing conditions on the mechanical properties of polyethylene produced by selective laser sintering [online].* In: Polymer Testing, Jg. 52, S. 89-93, 2016. ISSN 01429418. Verfügbar unter: doi:10.1016/j.polymertesting.2016.04.004.

[BAR12] Barzegari, Mohamad; Denis Rodrigue. *Functionally Graded Biocomposites [online].* In: Materials Science Forum, Jg. 706-709, S. 693-698, 2012. Verfügbar unter: doi:10.4028/www.scientific.net/MSF.706-709.693.

[BAU07] Degussa GmbH*: Method and device for production of three-dimensional objects by means of electromagnetic radiation and application of an absorber by means of an ink-jet method,* Erfinder: Franz-Erich Baumann; Maik Grebe; Sylvia Monsheimer, Patentschrift EP1740367A1.

[BAY23] Bay, Christian; Matthias Baum*: Innovative Geschäftsmodelle durch additive Fertigung und ihre Potenziale für den Vertrieb. In:* (Hrsg.) Binckebanck, Lars; Elste, Rainer; Haas,

Alexander: *Digitalisierung im Vertrieb,* S. 583-603, Wiesbaden, Springer Fachmedien Wiesbaden, 2023. ISBN 978-3-658-38432-6.

[BEL98] Bellehumeur, C.; Marianne Kontopoulou; J. Vlachopoulos. *The role of viscoelasticity in polymer sintering [online].* In: Rheologica Acta, Jg. 37(3), S. 270-278, 1998. ISSN 0035-4511. Verfügbar unter: doi:10.1007/s003970050114.

[BEL97] Bellehumeur, Céline*: Polymer sintering and its role in rotational molding*. Dissertation. Chemical Engineering, McMaster University, 1997.

[BEN19] Benedetti, L.; B. Brulé; N. Decraemer; K. Evans; O. Ghita. *Evaluation of particle coalescence and its implications in laser sintering [online].* In: Powder Technology, Jg. 342, S. 917-928, 2019. ISSN 00325910. Verfügbar unter: doi:10.1016/j.powtec.2018.10.053.

[BEN20] Benedetti, Luiza*: Fundamental Understanding of Poly(ether Ketone Ketone) for High Temperature Laser Sintering*. Dissertation, University of Exeter, 2020.

[BHA20] Bharaj, Karan; Sourabh Paul; Kamran Mumtaz; Michael Chisholm; Neil Hopkinson. *Fabricating poly(methyl methacrylate) parts using high-speed sintering [online].* In: Proceedings of the Institution of Mechanical Engineers, Part B: Journal of Engineering Manufacture, Jg. 234(1-2), S. 118-125, 2020. ISSN 0954-4054. Verfügbar unter: doi:10.1177/0954405419851690.

[BLA12] Blattmeier, Monika; Gerd Witt; Johannes Wortberg; Jan Eggert; Jochen Toepker. *Influence of surface characteristics on fatigue behaviour of laser sintered plastics [online].* In: Rapid Prototyping Journal, Jg. 18(2), S. 161-171, 2012. ISSN 1355-2546. Verfügbar unter: doi:10.1108/13552541211212140.

[BÖC15] Böckh, Peter von; Thomas Wetzel: *Wärmeübertragung : Grundlagen und Praxis.* 6., aktualisierte und ergänzte Auflage. Springer Vieweg, Berlin, 2015. Lehrbuch. ISBN 978-3-662-44476-4.

[BON20] Bonten, Christian: *Kunststofftechnik : Einführung und Grundlagen.* Carl Hanser Verlag GmbH & Co. KG, 2020. ISBN 978-3-446-46471-1.

[BOU14] Bourell, David; Trevor Watt; David Leigh; Ben Fulcher. *Performance Limitations in Polymer Laser Sintering [online].* In: Physics Procedia, Jg. 56, S. 147-156, 2014. ISSN 18753892. Verfügbar unter: doi:10.1016/j.phpro.2014.08.157.

[BRO 18a] Brown, R.; C. Morgan; C. Majewski*: Not Just nylon... improving the range of materials for high speed sintering.* In: Proceedings of the 29th Annual International Solid Freeform Fabrication Symposium – An Additive Manufacturing Conference. Solid Freeform Fabrication Symposium, 2018.

[BRO 18b] Brown, R.; C. Morgan; C. Majewski*: Not Just nylon... improving the range of materials for high speed sintering.* In: Proceedings of the 29th Annual International Solid Freeform Fabrication Symposium – An Additive Manufacturing Conference. Solid Freeform Fabrication Symposium, August 2018.

[CAU07] Caulfield, B.; P. McHugh; S. Lohfeld. *Dependence of mechanical properties of polyamide components on build parameters in the SLS process [online].* In: Journal of Materials Processing Technology, Jg. 182(1-3), S. 477-488, 2007. ISSN 09240136. Verfügbar unter: doi:10.1016/j.jmatprotec.2006.09.007.

[CHA21] Chatham, Camden; Michael Bortner; Blake Johnson; Timothy Long; Christopher Williams. *Predicting mechanical property plateau in laser polymer powder bed fusion additive manufacturing via the critical coalescence ratio [online].* In: Materials & Design, Jg.

201, S. 109474, 2021. ISSN 02641275. Verfügbar unter: doi:10.1016/j.matdes.2021.109474.

[CHA19] Chatham, Camden; Timothy Long; Christopher Williams. *A review of the process physics and material screening methods for polymer powder bed fusion additive manufacturing [online]*. In: Progress in Polymer Science, Jg. 93, S. 68-95, 2019. ISSN 00796700. Verfügbar unter: doi:10.1016/j.progpolymsci.2019.03.003.

[CHO22] Cholewa, Simon; Dietmar Drummer. *Crystallization behavior under process conditions in Powder Bed Fusion of polymers [online]*. In: Procedia CIRP, Jg. 111, S. 23-27, 2022. ISSN 22128271. Verfügbar unter: doi:10.1016/j.procir.2022.08.108.

[CLA12] Claussen, Kai; Thomas Scheibel; Hans-Werner Schmidt; Reiner Giesa. *Polymer Gradient Materials: Can Nature Teach Us New Tricks? [online]*. In: Macromolecular Materials and Engineering, Jg. 297(10), S. 938-957, 2012. ISSN 1438-7492. Verfügbar unter: doi:10.1002/mame.201200032.

[CRA18] Craft, Garrett; Justin Nussbaum; Nathan Crane; J. Harmon. *Impact of extended sintering times on mechanical properties in PA-12 parts produced by powderbed fusion processes [online]*. In: Additive Manufacturing, Jg. 22, S. 800-806, 2018. ISSN 22148604. Verfügbar unter: doi:10.1016/j.addma.2018.06.028.

[CRO10] Crowe-Willoughby, Julie; Katherine Weiger; Ali Özçam; Jan Genzer. *Formation of silicone elastomer networks films with gradients in modulus [online]*. In: Polymer, Jg. 51(3), S. 763-773, 2010. ISSN 00323861. Verfügbar unter: doi:10.1016/j.polymer.2009.11.070.

[DEC89] University of Texas System*: Method and apparatus for producing parts by selective sintering*, Erfinder: Carl Decker, Anmeldung: 1989, US4863538A.

[DES23] Desai, Shubham; Rushikesh Sonawane; Aarti More. *Thermoplastic polyurethane for three-dimensional printing applications: A review [online]*. In: Polymers for Advanced Technologies, Jg. 34(7), S. 2061-2082, 2023. ISSN 1042-7147. Verfügbar unter: doi:10.1002/pat.6041.

[DIN93] Norm DIN 7724 (1. April 1993, 12:00): *Polymere Werkstoffe; Gruppierung polymerer Werkstoffe aufgrund ihres mechanischen Verhaltens*, 1993.

[DIN04] DIN Deutsches Institut für Normung e. V.*: DIN ISO 9276-1:2004-09 :* Darstellung der Ergebnisse von Partikelgrößenanalysen - Teil 1: Grafische Darstellung (ISO 9276-1:1998), 2004.

[DIN08] DIN Deutsches Institut für Normung e. V.*: DIN EN ISO 291:2008-08 :* Kunststoffe- Normalklimate für Konditionierung und Prüfung (ISO_291:2008); Deutsche Fassung EN ISO 291:2008, 2008.

[DIN 12a] DIN Deutsches Institut für Normung e. V.*: DIN EN ISO 1133-2:2012-03 :* Kunststoffe_- Bestimmung der Schmelze-Massefließrate (MFR) und der Schmelze-Volumenfließrate (MVR) von Thermoplasten_- Teil_2: Verfahren für Materialien, die empfindlich gegen eine zeit- bzw. temperaturabhängige Vorgeschichte und/oder Feuchte sind (ISO_1133-2:2011); Deutsche Fassung EN_ISO_1133-2:2011, 2012.

[DIN 12b] DIN Deutsches Institut für Normung e. V.*: DIN EN ISO 25178-2:2012-09 :* Geometrische Produktspezifikation (GPS)_- Oberflächenbeschaffenheit: Flächenhaft_- Teil_2: Begriffe und Oberflächen-Kenngrößen (ISO_25178-2:2012); Deutsche Fassung EN_ISO_25178-2:2012, 2012.

[DIN15] DIN Deutsches Institut für Normung e. V.: *DIN EN ISO 3386-1:2015-10 :* Polymere Materialien, weich-elastische Schaumstoffe_- Bestimmung der Druckspannungs-Verformungseigenschaften_- Teil_1: Materialien mit niedriger Dichte (ISO_3386-1:1986_+ Amd_1:2010); Deutsche Fassung EN_ISO_3386-1:1997_+ A1:2010, 2015.

[DIN17] DIN Deutsches Institut für Normung e. V.: *DIN 53504:2017-03 :* Prüfung von Kautschuk und Elastomeren - Bestimmung von Reißfestigkeit, Zugfestigkeit, Reißdehnung und Spannungswerten im Zugversuch, 2017.

[DIN18] DIN Deutsches Institut für Normung e. V.: *DIN EN ISO 11357-3:2018-07 :* Kunststoffe - Dynamische Differenz-Thermoanalyse (DSC) - Teil 3: Bestimmung der Schmelz- und Kristallisationstemperatur und der Schmelz- und Kristallisationsenthalpie (ISO 11357-3:2018); Deutsche Fassung EN ISO 11357-3:2018, 2018.

[DIN 19a] DIN Deutsches Institut für Normung e. V.: *DIN 66137-2:2019-03 :* Bestimmung der Dichte fester Stoffe - Teil 2: Gaspyknometrie, 2019.

[DIN 19b] DIN Deutsches Institut für Normung e. V.: *DIN EN ISO 1183-1:2019-09 :* Kunststoffe - Verfahren zur Bestimmung der Dichte von nicht verschäumten Kunststoffen - Teil 1: Eintauchverfahren, Verfahren mit Flüssigkeitspyknometer und Titrationsverfahren, 2019.

[DIN 19c] DIN Deutsches Institut für Normung e. V.: *DIN EN ISO 527-1:2019-12 :* Kunststoffe_- Bestimmung der Zugeigenschaften_- Teil_1: Allgemeine Grundsätze (ISO_527-1:2019); Deutsche Fassung EN_ISO_527-1:2019, 2019.

[DIN 22a] DIN Deutsches Institut für Normung e. V.: *DIN EN ISO 1133-1:2022-10 :* Kunststoffe_- Bestimmung der Schmelze-Massefließrate_(MFR) und der Schmelze-Volumenfließrate_(MVR) von Thermoplasten_- Teil_1: Allgemeines Prüfverfahren (ISO_1133-1:2022); Deutsche Fassung EN_ISO_1133-1:2022, 2022.

[DIN 22b] DIN Deutsches Institut für Normung e. V.: *DIN EN ISO 11358-1:2022-07 :* Kunststoffe_- Thermogravimetrie_(TG) von Polymeren_- Teil_1: Allgemeine Grundsätze (ISO_11358-1:2022); Deutsche Fassung EN_ISO_11358-1:2022, 2022.

[DIN 22c] DIN Deutsches Institut für Normung e. V.: *DIN EN ISO/ASTM 52900:2022-03 :* Additive Fertigung - Grundlagen - Terminologie, 2022.

[DIN23] DIN Deutsches Institut für Normung e. V.: *DIN EN ISO 11357-1:2023-06 :* Kunststoffe_- Dynamische Differenzkalorimetrie_(DSC)_- Teil_1: Allgemeine Grundlagen (ISO_11357-1:2023); Deutsche Fassung EN_ISO_11357-1:2023, 2023.

[DRU19] Drummer, D.; S. Greiner; M. Zhao; K. Wudy. *A novel approach for understanding laser sintering of polymers [online].* In: Additive Manufacturing, Jg. 27, S. 379-388, 2019. ISSN 22148604. Verfügbar unter: doi:10.1016/j.addma.2019.03.012.

[DUP12] Dupin, Stéphane; Olivier Lame; Claire Barrès; Jean-Yves Charmeau. *Microstructural origin of physical and mechanical properties of polyamide 12 processed by laser sintering [online].* In: European Polymer Journal, Jg. 48(9), S. 1611-1621, 2012. ISSN 00143057. Verfügbar unter: doi:10.1016/j.eurpolymj.2012.06.007.

[EHR11] Ehrenstein, Gottfried: *Polymer Werkstoffe : Struktur – Eigenschaften – Anwendung Auflage.* Carl Hanser Verlag GmbH & Co. KG, 2011. ISBN 978-3-446-42283-4.

[EHR21] Ehrenstein, Gottfried (Hrsg.): *Strukturverhalten : Struktur und Eigenschaften von Kunststoffen, Oberflächenspannung, Spannungsrisse.* Erlanger Kunststoff-Schadensanalyse. Hanser, München, 2021. ISBN 978-3-446-46703-3.

[EL-19] El-Galy, Islam; Bassiouny Saleh; Mahmoud Ahmed. *Functionally graded materials classifications and development trends from industrial point of view [online]*. In: SN Applied Sciences, Jg. 1(11), 2019. ISSN 2523-3963. Verfügbar unter: doi:10.1007/s42452-019-1413-4.

[ELL17] Ellis, Adam*: High Speed Sintering: The Next Generation of Manufacturing. In:* (Hrsg.) Magdassi, Shlomo; Kamyshny, Alexander: *Nanomaterials for 2D and 3D printing,* S. 107-118, Weinheim, Wiley-VCH, 2017. ISBN 9783527338191.

[ELL 15a] Ellis, Adam; Ryan Brown; Neil Hopkinson. *The effect of build orientation and surface modification on mechanical properties of high speed sintered parts [online]*. In: Surface Topography: Metrology and Properties, Jg. 3(3), S. 34005, 2015. Verfügbar unter: doi:10.1088/2051-672X/3/3/034005.

[ELL 15b] Ellis, Adam; Liam Hartley; Neil Hopkinson. *Effect of Print Density on the Properties of High Speed Sintered Elastomers [online]*. In: Metallurgical and Materials Transactions A, Jg. 46(9), S. 3883-3886, 2015. ISSN 1073-5623. Verfügbar unter: doi:10.1007/s11661-015-2833-4.

[ELL14] Ellis, Adam; Christopher Noble; Neil Hopkinson. *High Speed Sintering: Assessing the influence of print density on microstructure and mechanical properties of nylon parts [online]*. In: Additive Manufacturing, Jg. 1-4, S. 48-51, 2014. ISSN 22148604. Verfügbar unter: doi:10.1016/j.addma.2014.07.003.

[FAH13] Fahad, Muhammad; Neil Hopkinson. *Evaluation of Parts Produced by a Novel Additive Manufacturing Process [online]*. In: Applied Mechanics and Materials, Jg. 315, S. 63-67, 2013. Verfügbar unter: doi:10.4028/www.scientific.net/AMM.315.63.

[FAR21] Farahnakian, M.; S. Elhami Joosheghan; M. Moradi. *Dual filler functionally graded polymermaterials – manufacturing process and characteristics [online]*. In: Materials and Manufacturing Processes, Jg. 36(3), S. 301-307, 2021. ISSN 1042-6914. Verfügbar unter: doi:10.1080/10426914.2020.1832690.

[FOX19] Fox, Luke: *Investigation into the Use of Polypropylene in High Speed Sintering*. Doktorarbeit. University of Sheffield, 2019.

[FOX15] Fox, Luke; Adam Ellis; Neil Hopkinson*: Use of an Alternative Ink in the High Speed Sintering Process,* 2015.

[FRA07] Fratzl, P.; H. Gupta; F. Fischer; O. Kolednik. *Hindered Crack Propagation in Materials with Periodically Varying Young's Modulus—Lessons from Biological Materials [online]*. In: Advanced Materials, Jg. 19(18), S. 2657-2661, 2007. ISSN 0935-9648. Verfügbar unter: doi:10.1002/adma.200602394.

[FRI13] Frick, Achim; Claudia Stern (Hrsg.): *DSC-Prüfung in der Anwendung.* Carl Hanser Verlag GmbH & Co. KG, 2013. ISBN 978-3-446-43690-9.

[FRI17] Frick, Achim; Claudia Stern (Hrsg.): *Einführung in die Kunststoffprüfung.* Carl Hanser Verlag GmbH & Co. KG, 2017. ISBN 978-3-446-44351-8.

[GAN12] Gangil, Brijesh; Amar Patnaik; Anoop Kumar; Mukesh Kumar. *Investigations on mechanical and sliding wear behaviour of short fibre-reinforced vinylester-based homogenous and their functionally graded composites [online]*. In: Proceedings of the Institution of Mechanical Engineers, Part L: Journal of Materials: Design and Applications, Jg. 226(4), S. 300-315, 2012. ISSN 1464-4207. Verfügbar unter: doi:10.1177/1464420712450956.

[GEB16] Gebhardt, Andreas: *Additive Fertigungsverfahren : Additive Manufacturing und 3D-Drucken für Prototyping - Tooling - Produktion.* 5., neu bearbeitete und erweiterte Auflage. Hanser, München, 2016. Hanser eLibrary. ISBN 978-3-446-44401-0.

[GEB19] Gebhardt, Andreas; Julia Kessler; Alexander Schwarz: *Produktgestaltung für die additive Fertigung.* Hanser, München, 2019. Hanser eLibrary. ISBN 978-3-446-45285-5.

[GIB21] Gibson, Ian; David Rosen; Brent Stucker; Mahyar Khorasani: *Additive Manufacturing Technologies.* Springer International Publishing, Cham, 2021. ISBN 978-3-030-56126-0.

[GRE21] Greiner, S.; A. Jaksch; S. Cholewa; D. Drummer. *Development of material-adapted processing strategies for laser sintering of polyamide 12 [online].* In: Advanced Industrial and Engineering Polymer Research, Jg. 4(4), S. 251-263, 2021. ISSN 25425048. Verfügbar unter: doi:10.1016/j.aiepr.2021.05.002.

[GRE23] Greiner, Sandra*: Bedeutung der geometrieabhängigen Belichtungstemperaturen für das Lasersintern von Kunststoffen*. Dissertation, 2023.

[GRE15] Grellmann, Wolfgang; Sabine Seidler (Hrsg.): *Kunststoffprüfung.* 3., [aktualisierte] Aufl. Hanser, München, 2015. ISBN 978-3-446-44350-1.

[GRI10] Griessbach, Soeren; Ralf Lach; Wolfgang Grellmann. *Structure–property correlations of laser sintered nylon 12 for dynamic dye testing of plastic parts [online].* In: Polymer Testing, Jg. 29(8), S. 1026-1030, 2010. ISSN 01429418. Verfügbar unter: doi:10.1016/j.polymertesting.2010.09.010.

[GRO16] Gross, Dietmar; Thomas Seelig: *Bruchmechanik.* Springer Berlin Heidelberg, Berlin, Heidelberg, 2016. ISBN 978-3-662-46736-7.

[GÜN18] voxeljet AG*: Verfahren für 3d-druck mit engem wellenlängenspektrum,* Erfinder: Daniel Günther; Christoph Scheck; Lisa Brüller; James Reevers, EP3377321A1.

[HOP17] Hopkinson, Neil; Adam Ellis; Patrick Smith; Farhana Norazman. *Smoother and stronger high speed sintered elastomers through surface modification process [online].* In: International Journal of Rapid Manufacturing, Jg. 6(2/3), S. 155, 2017. ISSN 1757-8817. Verfügbar unter: doi:10.1504/IJRAPIDM.2017.10003091.

[HOP04] Hopkinson, Neil; Poonjolai Erasenthiran*: High speed sintering-early research into a new rapid manufacturing process,* 2004.

[HOP06] Loughborough University, Loughborough University Enterprises Ltd*: Method and apparatus for selective sintering of particulate material,* Erfinder: Neil Hopkinson; Poonjolai Erasenthiran, EP1648686A1.

[HOP14] Loughborough University*: Methods and apparatus for selectively combining particulate material,* Erfinder: Neil Hopkinson; Helen Thomas, Patentschrift EP2739457A1.

[ISO17] ISO - International Organization for Standardization*: ISO 37:2017-11 :* Elastomere oder thermoplastische Elastomere - Bestimmung der Zugfestigkeitseigenschaften, 2017.

[ISO21] ISO - International Organization for Standardization*: ISO 13322-2:2021-12 :* Partikelgrößenanalyse - Bildanalyseverfahren - Teil 2: Dynamische Bildanalyseverfahren, 2021.

[JEO00] Jeon, Noo; Stephan Dertinger; Daniel Chiu; Insung Choi; Abraham Stroock; George Whitesides. *Generation of Solution and Surface Gradients Using Microfluidic Systems [online].* In: Langmuir, Jg. 16(22), S. 8311-8316, 2000. ISSN 0743-7463. Verfügbar unter: doi:10.1021/la000600b.

[JMP 24a] JMP Statistical Discovery LLC.: *Construction of Desirability Functions,* 2024. Verfügbar unter: https://www.jmp.com/support/help/en/17.2/index.shtml#page/jmp/construction-of-desirability-functions.shtml

[JMP 24b] JMP Statistical Discovery LLC.: *Desirability Profiling and Optimization,* 2024. Verfügbar unter: https://www.jmp.com/support/help/en/17.2/index.shtml#page/jmp/desirability-profiling-and-optimization.shtml

[JMP 24c] JMP Statistical Discovery LLC.: *Effect Tests,* 2024. Verfügbar unter: https://www.jmp.com/support/help/en/17.0/index.shtml#page/jmp/effect-tests.shtml, [Zuletzt geprüft: 23. Mai 2024].

[JMP 24d] JMP Statistical Discovery LLC.: *Effect Tests Table,* 2024. Verfügbar unter: https://www.jmp.com/support/help/en/17.0/index.shtml#page/jmp/the-fit-response-screening-report.shtml#ww801110, [Zuletzt geprüft: 23. Mai 2024].

[JMP 24e] JMP Statistical Discovery LLC.: *Linear Constraints,* 2024. Verfügbar unter: https://www.jmp.com/support/help/en/17.2/index.shtml#page/jmp/linear-constraints.shtml#, [Zuletzt geprüft: 23. Mai 2024].

[JMP 24f] JMP Statistical Discovery LLC.: *Main Effects Residual Plots,* 2024. Verfügbar unter: https://www.jmp.com/support/help/en/17.0/index.shtml#page/jmp/main-effects-residual-plots.shtml#, [Zuletzt geprüft: 23. Mai 2024].

[JMP 24g] JMP Statistical Discovery LLC.: *MaxDiff Effect Summary,* 2024. Verfügbar unter: https://www.jmp.com/support/help/en/17.2/index.shtml#page/jmp/maxdiff-effect-summary.shtml, [Zuletzt geprüft: 23. Mai 2024].

[JMP 24h] JMP Statistical Discovery LLC.: *Overview of the Prediction Profiler,* 2024. Verfügbar unter: https://www.jmp.com/support/help/en/17.2/index.shtml#page/jmp/overview-of-the-prediction-profiler.shtml#, [Zuletzt geprüft: 23. Mai 2024].

[JMP 24i] JMP Statistical Discovery LLC.: *Profiler : Explore Cross Sections of Responses across Each Factor,* 2024. Verfügbar unter: https://www.jmp.com/support/help/en/17.2/index.shtml#page/jmp/profiler.shtml#, [Zuletzt geprüft: 23. Mai 2024].

[JOS19] Josupeit, Stefan*: On the influence of thermal histories within part cakes on the polymer laser sintering process.* Dissertation, Shaker Verlag, 2019.

[KAM17] Kamyabi, Mohammadmahdi; Rahmat Sotudeh-Gharebagh; Reza Zarghami; Khashayar Saleh. *Principles of viscous sintering in amorphous powders: A critical review [online].* In: Chemical Engineering Research and Design, Jg. 125, S. 328-347, 2017. ISSN 02638762. Verfügbar unter: doi:10.1016/j.cherd.2017.06.009.

[KEM17] Kemnitzer, Jan*: 3D-Druck in der Produktentwicklung.* In: Rieg, Frank ; Hackenschmidt, Reinhard (Hrsg.): Tagungsband : 19. Bayreuther 3D-Konstrukteurstag., 2017.

[KEM21] Kemnitzer, Jan; Anna Tarasova; Daniel Pezold*: Fertigung funktional gradierter Bauteile im High Speed Sintering.* In: Maschinenbau : die Deutschland-Ausgabe des Schweizer Industriemagazins, Jg. (Bd. 1), S. 8-11, 2021.

[KEY24] KEYENCE CORPORATION: *Parameter der Oberflächenrauheit : Beschreibung der Parameter für die Oberflächenrauheit nach ISO 25178,* 2024. Verfügbar unter: https://www.keyence.de/ss/products/microscope/roughness/surface/parameters.jsp, [Zuletzt geprüft: 22. Mai 2024].

[KIE03] Kieback, B.; A. Neubrand; H. Riedel. *Processing techniques for functionally graded materials [online]*. In: Materials Science and Engineering: A, Jg. 362(1-2), S. 81-106, 2003. ISSN 09215093. Verfügbar unter: doi:10.1016/S0921-5093(03)00578-1.

[KLE20] Kleppmann, Wilhelm: *Versuchsplanung : Produkte und Prozesse optimieren.* 10., überarbeitete Auflage. Hanser, München, 2020. Praxisreihe Qualität. ISBN 978-3-446-46146-8.

[LEE97] LEE, N.; J. JANG; M. PARK; C. CHOE. *Characterization of Functionally Gradient Epoxy Carbon Fibre Composite Prepared Under Centrifugal Force [online]*. In: Journal of Materials Science, Jg. 32(8), S. 2013-2020, 1997. ISSN 00222461. Verfügbar unter: doi:10.1023/A:1018502201000.

[LEI12] Leigh, David: *A Comparison of Polyamide 11 Mechanical Properties Between Laser Sintering and Traditional Molding.* University of Texas at Austin, 2012.

[LEX17] Lexow, Matthias; Maximilian Drexler; Dietmar Drummer. *Fundamental investigation of part properties at accelerated beam speeds in the selective laser sintering process [online]*. In: Rapid Prototyping Journal, Jg. 23(6), S. 1099-1106, 2017. ISSN 1355-2546. Verfügbar unter: doi:10.1108/RPJ-04-2016-0060.

[LI20] Li, Yan; Zuying Feng; Liang Hao; Lijing Huang; Chenxing Xin; Yushen Wang; Emiliano Bilotti; Khamis Essa; Han Zhang; Zheng Li; Feifei Yan; Ton Peijs. *A Review on Functionally Graded Materials and Structures via Additive Manufacturing: From Multi-Scale Design to Versatile Functional Properties [online]*. In: Advanced Materials Technologies, Jg. 5(6), 2020. ISSN 2365-709X. Verfügbar unter: doi:10.1002/admt.201900981.

[LIN06] Lin-Gibson, Sheng; Forrest Landis; Peter Drzal. *Combinatorial investigation of the structure-properties characterization of photopolymerized dimethacrylate networks [online]*. In: Biomaterials, Jg. 27(9), S. 1711-1717, 2006. ISSN 0142-9612. Verfügbar unter: doi:10.1016/j.biomaterials.2005.10.040.

[LOH18] Loh, Giselle; Eujin Pei; David Harrison; Mario Monzón. *An overview of functionally graded additive manufacturing [online]*. In: Additive Manufacturing, Jg. 23, S. 34-44, 2018. ISSN 22148604. Verfügbar unter: doi:10.1016/j.addma.2018.06.023.

[LV16] Lv, Xuesong; Zhixiong Huang; Chi Huang; Minxian Shi; Guanbin Gao; Quanqin Gao. *Damping properties and the morphology analysis of the polyurethane/epoxy continuous gradient IPN materials [online]*. In: Composites Part B: Engineering, Jg. 88, S. 139-149, 2016. ISSN 13598368. Verfügbar unter: doi:10.1016/j.compositesb.2015.10.040.

[MAH17] Mahamood, Rasheedat; Esther Akinlabi: *Functionally Graded Materials.* Springer International Publishing, Cham, 2017. ISBN 978-3-319-53755-9.

[MAJ07] Majewski, C.; B. Hobbs; N. Hopkinson. *Effect of bed temperature and infra-red lamp power on the mechanical properties of parts produced using high-speed sintering [online]*. In: Virtual and Physical Prototyping, Jg. 2(2), S. 103-110, 2007. ISSN 1745-2759. Verfügbar unter: doi:10.1080/17452750701520915.

[MAJ08] Majewski, C.; D. Oduye; H. Thomas; N. Hopkinson. *Effect of infra-red power level on the sintering behaviour in the high speed sintering process [online]*. In: Rapid Prototyping Journal, Jg. 14(3), S. 155-160, 2008. ISSN 1355-2546. Verfügbar unter: doi:10.1108/13552540810878012.

[MAR81] MARTIN, G.; M. SHEN*: Mechanical Behavior of Gradient Polymers.* Presented a t the Symposium on Structure-Property Relationships in Polymeric Networks, 87th. In: Journal of Applied Polymer Science, Jg. 1981(Vol. 26), S. 1465-1473, 1981.

[MIA10] Miao, Xigeng; Dan Sun. *Graded/Gradient Porous Biomaterials [online]*. In: Materials, Jg. 3(1), S. 26-47, 2010. Verfügbar unter: doi:10.3390/ma3010026.

[MIN24] Minitab, LLC.: *Was sind kategoriale, diskrete und stetige Variablen?*, 2024. Verfügbar unter: https://support.minitab.com/de-de/minitab/21/help-and-how-to/statistical-modeling/regression/supporting-topics/basics/what-are-categorical-discrete-and-continuous-variables/, [Zuletzt geprüft: 22. Mai 2024].

[MON05] Degussa GmbH: *Method for producing three-dimensional objects using laser technology and by applying an absorber using an ink-jet method*, Erfinder: Sylvia Monsheimer; Maik Grebe; Franz-Erich Göring, Anmeldung: 2005,

[NAR79] Narkis, M. *Sintering behavior of poly(methyl methacrylate) particles [online]*. In: Polymer Engineering & Science, Jg. 19(13), S. 889-892, 1979. ISSN 0032-3888. Verfügbar unter: doi:10.1002/pen.760191302.

[NEL93] Nelson, J.: *Selective Laser Sintering: A Definition of the Process and an Empirical Sintering Model*. Dissertation, University of Texas at Austin, 1993.

[NEW23] Newton, Randall; Jenny van Rensburg; Clare Scott; Terry Wohlers; Robert Campbell; Olaf Diegel; Ray Huff; Joseph Kowen (Hrsg.): *Wohlers report 2023 : 3D printing and additive manufacturing : global state of the industry*. Wohlers Associates; ASTM International, Fort Collins, Colo., 2023. ISBN 978-1-6220-4966-0.

[NOB14] Noble, Christopher; Adam Ellis; Neil Hopkinson: *Effect of greyscale/print density on the properties of high speed Sintered nylon 12*, 2014.

[NOR18] Norazman, Farhana: *Realising the Potential of the High Speed Sintering Process for Industrial Implementation*. Dissertation, University of Sheffield, 2018.

[NOR14] Norazman, Farhana; Neil Hopkinson. *Effect of Sintering Parameters and Flow Agent on the Mechanical Properties of High Speed Sintered Elastomer [online]*. In: Journal of Manufacturing Science and Engineering, Jg. 136(6), 2014. ISSN 1087-1357. Verfügbar unter: doi:10.1115/1.4028482.

[OEC 24a] OECHSLER AG: *TECHART and OECHSLER : bring innovative, lightweight seating solutions to racetracks*, 2024. Verfügbar unter: https://www.oechsler.com/use-cases/techart-and-oechsler-bring-innovative-lightweight-seating-solutions-to-racetracks.

[OEC 24b] OECHSLER AG: *The innovative Outdoor Backpack : Your buddy for sustainable adventures*, 2024. Verfügbar unter: https://www.oechsler.com/use-cases/the-innovative-outdoor-backpack-your-buddy-for-sustainable-adventures.

[PAR98] Parameswaran, Venkitanarayanan; Arun Shukla. *Dynamic fracture of a functionally gradient material having discrete property variation [online]*. In: Journal of Materials Science, Jg. 33(13), S. 3303-3311, 1998. ISSN 00222461. Verfügbar unter: doi:10.1023/A:1013277011848.

[PAV17] Pavan, M.; M. Faes; D. Strobbe; B. van Hooreweder; T. Craeghs; D. Moens; W. Dewulf. *On the influence of inter-layer time and energy density on selected critical-to-quality properties of PA12 parts produced via laser sintering [online]*. In: Polymer Testing, Jg. 61, S. 386-395, 2017. ISSN 01429418. Verfügbar unter: doi:10.1016/j.polymertesting.2017.05.027.

[PEZ24] Pezold, Daniel: *Einfluss infrarotstrahlungsabsorbierender Partikel auf die Bauteileigenschaften im High Speed Sintering*, University of Bayreuth, 2024.

[PEZ 22a] Pezold, Daniel; Johann Schorzmann; Miriam Kaltenhauser; Jan Kemnitzer; Frank Döpper: *Untersuchung des Einflusses der Tintenauftragsmenge in Abhängigkeit der bedruckten Fläche auf die Bauteileigenschaften im High Speed Sintering. In:* (Hrsg.) Eichmann, Michael; Kynast, Michael; Witt, Gerd: *Proceedings of the 18th Rapid.Tech 3D Conference Erfurt, Germany, 17 – 19 May 2022,* S. 32-42, München, Carl Hanser Verlag GmbH & Co. KG, 2022. ISBN 978-3-446-47529-8.

[PEZ 22b] Pezold, Daniel; Marco Wimmer; Fayez Alfayez; Zahir Bashir; Frank Döpper. *Evaluation of Polyethylene Terephthalate Powder in High Speed Sintering [online].* In: Polymers, Jg. 14(10), 2022. Verfügbar unter: doi:10.3390/polym14102095.

[RAH22] Rahman, Oyindamola; Kazi Uddin; Jeeva Muthulingam; George Youssef; Chen Shen; Behrad Koohbor. *Density-Graded Cellular Solids: Mechanics, Fabrication, and Applications [online].* In: Advanced Engineering Materials, Jg. 24(1), 2022. ISSN 1438-1656. Verfügbar unter: doi:10.1002/adem.202100646.

[REI16] Reinhardt, Thomas: *Entwicklung einer ganzheitlichen Verfahrenssystematik bei der Qualifizierung neuer Werkstoffe für das Laser-Sintern am Beispiel Polypropylen.* Dissertation, Universitätsbibliothek Duisburg-Essen, 2016.

[RIE11] Rietzel, Dominik: *Werkstoffverhalten und Prozessanalyse beim Laser-Sintern von Thermoplasten.* Dissertation, Universität Erlangen-Nürnberg, 2011.

[RIE09] Rietzel, Dominik; Florian Kühnlein; Dietmar Drummer: *Selektives Lasersintern von teilkristallinen Thermoplasten.* In: RTejournal - Forum für Rapid Technologoe; 6, 1, 2009.

[RIE10] Rietzel, D., Kühnlein, F., & Drummer, D.: *Characterization of new thermoplastics for additive manufacturing by selective laser sintering.* In: Proceedings of the 68th Annual Technical Conference of the Society of Plastics Engineers 2010, S. 2247-2253, 2010.

[RÖT13] Röthemeyer, Fritz; Franz Sommer: *Kautschuk Technologie : Werkstoffe - Verarbeitung - Produkte.* 3., neu bearb. und erw. Aufl. Hanser, München, 2013. ISBN 978-3-446-43760-9.

[ROU16] Rouholamin, Davood; Neil Hopkinson. *Understanding the efficacy of micro-CT to analyse high speed sintering parts [online].* In: Rapid Prototyping Journal, Jg. 22(1), S. 152-161, 2016. ISSN 1355-2546. Verfügbar unter: doi:10.1108/RPJ-03-2014-0030.

[ROU94] Rouquerol, J.; D. Avnir; C. Fairbridge; D. Everett; J. Haynes; N. Pernicone; J. Ramsay; K. Sing; K. Unger. *Recommendations for the characterization of porous solids (Technical Report) [online].* In: Pure and Applied Chemistry, Jg. 66(8), S. 1739-1758, 1994. ISSN 0033-4545. Verfügbar unter: doi:10.1351/pac199466081739.

[SCH 20a] Scherer, Beate; Ingo Kottenstedde; Frank-Michael Matysik. *Material characterization of polyamide 12 and related agents used in the multi-jet fusion process: complementary application of high-resolution mass spectrometry and other advanced instrumental techniques [online].* In: Monatshefte für Chemie - Chemical Monthly, Jg. 151(8), S. 1203-1215, 2020. ISSN 0026-9247. Verfügbar unter: doi:10.1007/s00706-020-02646-x.

[SCH 23a] Schlicht, Samuel; Simon Cholewa; Dietmar Drummer. *Process-Structure-Property Interdependencies in Non-Isothermal Powder Bed Fusion of Polyamide 12 [online].* In: Journal of Manufacturing and Materials Processing, Jg. 7(1), S. 33, 2023. Verfügbar unter: doi:10.3390/jmmp7010033.

[SCH 23b] Schlicht, Samuel; Dietmar Drummer. *Thermal Intra-Layer Interaction of Discretized Fractal Exposure Strategies in Non-Isothermal Powder Bed Fusion of Polypropylene [online]*. In: Journal of Manufacturing and Materials Processing, Jg. 7(2), S. 63, 2023. Verfügbar unter: doi:10.3390/jmmp7020063.

[SCH 22a] Schlicht, Samuel; Sandra Greiner; Dietmar Drummer. *Low Temperature Powder Bed Fusion of Polymers by Means of Fractal Quasi-Simultaneous Exposure Strategies [online]*. In: Polymers, Jg. 14(7), 2022. Verfügbar unter: doi:10.3390/polym14071428.

[SCH02] Schmachtenberg, Ernst; T. Seul*: Model of isothermic laser-sintering :* Conference proceedings; annual technical conference. In: Plastics, virtual gold, Jg. vol. 60, 2002.

[SCH 22b] Schmid, Manfred: *Lasersintern (LS) mit Kunststoffen.* Carl Hanser Verlag GmbH & Co. KG, 2022. ISBN 978-3-446-46664-7.

[SCH 20b] Schmoch, Ulrich; Bernd Beckert; Thomas; Peter Neuhäusler; Oliver Rothengatter: *Identifizierung und Bewertung von Zukunftstechnologien für Deutschland : Endbericht an die KfW,* Karlsruhe, Dezember 2020.

[SCH19] Schulze, Dietmar: *Pulver und Schüttgüter.* Springer Berlin Heidelberg, Berlin, Heidelberg, 2019. ISBN 978-3-662-58775-1.

[SHA21] Shareef, Mahdi; Ahmed Al-Khazraji; Samir Amin. *Flexural Properties of Functionally Graded Polymer Alumina Nanoparticles [online]*. In: Engineering and Technology Journal, Jg. 39(5A), S. 821-835, 2021. Verfügbar unter: doi:10.30684/etj.v39i5A.1949.

[SIE10] Siebertz, Karl; David van Bebber; Thomas Hochkirchen: *Statistische Versuchsplanung : Design of Experiments (DoE).* Springer Berlin Heidelberg, Berlin, Heidelberg, 2010. ISBN 978-3-642-05492-1.

[SIN20] Sindinger, Sigfrid-Laurin; Christoph Kralovec; David Tasch; Martin Schagerl. *Thickness dependent anisotropy of mechanical properties and inhomogeneous porosity characteristics in laser-sintered polyamide 12 specimens [online]*. In: Additive Manufacturing, Jg. 33, S. 101141, 2020. ISSN 22148604. Verfügbar unter: doi:10.1016/j.addma.2020.101141.

[SIN19] Singh, Akant; Siddhartha. *An investigation on the mechanical and thermal performance of a novel functionally graded materials–based thermoplastic composites [online]*. In: Journal of Thermoplastic Composite Materials, Jg. 32(12), S. 1691-1713, 2019. ISSN 0892-7057. Verfügbar unter: doi:10.1177/0892705718805124.

[SIN21] Singh, Shikha; Umesh Dwivedi; Satish Chandra Shukla. *Recent advances in polymer based functionally graded Composites [online]*. In: Materials Today: Proceedings, Jg. 47, S. 3001-3005, 2021. ISSN 22147853. Verfügbar unter: doi:10.1016/j.matpr.2021.05.324.

[STI17] Stichel, Thomas; Thomas Frick; Tobias Laumer; Felix Tenner; Tino Hausotte; Marion Merklein; Michael Schmidt. *A Round Robin study for Selective Laser Sintering of polyamide 12: Microstructural origin of the mechanical properties [online]*. In: Optics & Laser Technology, Jg. 89, S. 31-40, 2017. ISSN 00303992. Verfügbar unter: doi:10.1016/j.optlastec.2016.09.042.

[STI18] Stichel, Thomas; Thomas Frick; Tobias Laumer; Felix Tenner; Tino Hausotte; Marion Merklein; Michael Schmidt. *A Round Robin study for selective laser sintering of polymers: Back tracing of the pore morphology to the process parameters [online]*. In: Journal of Materials Processing Technology, Jg. 252, S. 537-545, 2018. ISSN 09240136. Verfügbar unter: doi:10.1016/j.jmatprotec.2017.10.013.

[STI08] Stiess, Matthias: *Mechanische Verfahrenstechnik - Partikeltechnologie 1.* 3. Aufl. 2009. Springer Berlin Heidelberg, Berlin, Heidelberg, 2008. Springer-Lehrbuch. ISBN 978-3-540-32551-2.

[STR21] Stratasys Ltd.: *Sicherheitsdatenblatt :* SDS-06303 - High Absorption Fluid™, 9. Juni 2021.

[SUR01] Suresh, S. *Graded materials for resistance to contact deformation and damage [online].* In: Science (New York, N.Y.), Jg. 292(5526), S. 2447-2451, 2001. ISSN 0036-8075. Verfügbar unter: doi:10.1126/science.1059716.

[TEA24] Teacher, Mohit; Rajkumar Velu. *Additive Manufacturing of Functionally Graded Materials: A Comprehensive Review [online].* In: International Journal of Precision Engineering and Manufacturing, Jg. 25(1), S. 165-197, 2024. ISSN 2234-7593. Verfügbar unter: doi:10.1007/s12541-023-00864-x.

[THO10] Thomas, Helen: *The construction and testing of an IR absorption metric for high speed sintering.* Dissertation, Loughborough University, 2010.

[THO06] Thomas, Helen; Neil Hopkinson; Poonjolai Erasenthiran: *High speed sintering–continuing research into a new rapid manufacturing process,* 2006.

[TIS16] Tissandier, Cédric; Rubén González-Núñez; Denis Rodrigue. *Asymmetric microcellular composites: Mechanical properties and modulus prediction [online].* In: Journal of Cellular Plastics, Jg. 52(4), S. 365-398, 2016. ISSN 0021-955X. Verfügbar unter: doi:10.1177/0021955X14566208.

[VAN19] van Bracht, Ruth; Patrick Pollok; Frank Piller; Erik Marquardt: *Das Potenzial der additiven Fertigung : digitale Technologien im Unternehmenskontext : Auswertung,* Düsseldorf, Juni 2019.

[VAN10] van Hooreweder, B.; F. de Coninck; D. Moens; R. Boonen; P. Sas. *Microstructural characterization of SLS-PA12 specimens under dynamic tension/compression excitation [online].* In: Polymer Testing, Jg. 29(3), S. 319-326, 2010. ISSN 01429418. Verfügbar unter: doi:10.1016/j.polymertesting.2009.12.006.

[VAS12] Vasquez, Mike: *Analysis and development of new materials for polymer laser sintering.* Dissertation. Mechanical, Electrical and Manufacturing Engineering, Loughborough University, 2012.

[VDI14] VDI-Richtlinie VDI 3405 (1. Dezember 2014, 12:00): *Additive Fertigungsverfahren - Grundlagen, Begriffe, Verfahrensbeschreibungen.* Beuth Verlag GmbH, 2014.

[VDI19] VDI-Richtlinie VDI 3405 Blatt 7 (04.2019): *Additive Fertigungsverfahren - Güteklassen für additiv gefertigte Kunststoffbauteile,* 2019.

[VDI13] VDI-Gesellschaft Verfahrenstechnik und Chemieingenieurwesen (Hrsg.): *VDI-Wärmeatlas : Mit 320 Tabellen.* 11., bearb. und erw. Aufl. VDI/-Buch]. Springer Vieweg, Berlin, 2013. ISBN 978-3-642-19981-3.

[VOX18] voxeljet AG: *Sicherheitsdatenblatt HSS Tinte Typ B :* Produktcode: 1000000285, Produktbezeichnung: HSS Tinte Typ B, Produktkategorie: Tinten Produkt, 18. September 2018.

[VOX19] voxeljet AG: *VX200 HSS - Original Betriebsanleitung.* Version: 0005, 27. März 2019.

[VOX20] voxeljet AG: *PA12 im 3D-Druck,* 2020. Verfügbar unter: https://www.voxeljet.de/additive-fertigung/3d-druckmaterialien/3d-druckmaterial-pa12/, [Zuletzt geprüft: 24. Mai 2024].

[VOX22] voxeljet AG: *voxeljet fertigt Polymerbauteile im HSS-Verfahren ab sofort mit TPU,* Friedberg, 6. August 2022.

[VOX24] voxeljet AG: *VX200 HSS: The ultimate R&D platform for polymer 3D printing,* 2024. Verfügbar unter: https://www.voxeljet.com/industrial-3d-printer/prototyping/vx200-hss/, [Zuletzt geprüft: 22. Mai 2024].

[WAI04] Waite, J.; Helga Lichtenegger; Galen Stucky; Paul Hansma. *Exploring molecular and mechanical gradients in structural bioscaffolds [online].* In: Biochemistry, Jg. 43(24), S. 7653-7662, 2004. ISSN 0006-2960. Verfügbar unter: doi:10.1021/bi049380h.

[WEG15] Wegner, Andreas: *Theorie über die Fortführung von Aufschmelzvorgängen als Grundvoraussetzung für eine robuste Prozessführung beim Laser-Sintern von Thermoplasten.* Dissertation, Universitätsbibliothek Duisburg-Essen, 2015.

[WEN04] Wen, Bianying; Gang Wu; Jian Yu. *A flat polymeric gradient material: preparation, structure and property [online].* In: Polymer, Jg. 45(10), S. 3359-3365, 2004. ISSN 00323861. Verfügbar unter: doi:10.1016/j.polymer.2004.03.023.

[WIL21] Williams, Rhys; Karrar Al-Dirawi; Ryan Brown; Jennifer Burt; Andrew Bayly; Candice Majewski. *Correlations between powder wettability and part colour in the High Speed Sintering process [online].* In: Additive Manufacturing, Jg. 47, S. 102361, 2021. ISSN 22148604. Verfügbar unter: doi:10.1016/j.addma.2021.102361.

[WIM23] Wimmer, Marco; Jan Kemnitzer; David Förster; Johann Schorzmann; Frank Döpper (Hrsg.): *Investigation of the Processability of Polyether Block Amide in High Speed Sintering.* University of Texas at Austin, 2023.

[YAO12] Yao, Jiaolian; Denis Rodrigue. *Density Graded Polyethylene Foams Produced by Compression Moulding Using a Chemical Blowing Agent [online].* In: Cellular Polymers, Jg. 31(4), S. 189-206, 2012. ISSN 0262-4893. Verfügbar unter: doi:10.1177/026248931203100401.

[ZAP17] Zapka, Werner (Hrsg.): *Handbook of Industrial Inkjet Printing.* Wiley, 2017. ISBN 9783527338320.

[ZAR06] Zarringhalam, H.; N. Hopkinson; N. Kamperman; J. de Vlieger. *Effects of processing on microstructure and properties of SLS Nylon 12 [online].* In: Materials Science and Engineering: A, Jg. 435-436, S. 172-180, 2006. ISSN 09215093. Verfügbar unter: doi:10.1016/j.msea.2006.07.084.

[ZHA19] Zhang, Chi; Fei Chen; Zhifeng Huang; Mingyong Jia; Guiyi Chen; Yongqiang Ye; Yaojun Lin; Wei Liu; Bingqing Chen; Qiang Shen; Lianmeng Zhang; Enrique Lavernia. *Additive manufacturing of functionally graded materials: A review [online].* In: Materials Science and Engineering: A, Jg. 764, S. 138209, 2019. ISSN 09215093. Verfügbar unter: doi:10.1016/j.msea.2019.138209.

[ZHU15] Zhu, Wei; Chunze Yan; Yunsong Shi; Shifeng Wen; Jie Liu; Yusheng Shi. *Investigation into mechanical and microstructural properties of polypropylene manufactured by selective laser sintering in comparison with injection molding counterparts [online].* In: Materials & Design, Jg. 82, S. 37-45, 2015. ISSN 02641275. Verfügbar unter: doi:10.1016/j.matdes.2015.05.043.

[ZHU 20a] Zhu, Zicheng; Shan Lou; Candice Majewski. *Characterisation and correlation of areal surface texture with processing parameters and porosity of High Speed Sintered parts [online].* In: Additive Manufacturing, Jg. 36, S. 101402, 2020. ISSN 22148604. Verfügbar unter: doi:10.1016/j.addma.2020.101402.

[ZHU 20b] Zhu, Zicheng; Candice Majewski. Understanding pore formation and the effect on mechanical properties of High Speed Sintered polyamide-12 parts: A focus on energy input

Anhang

A Bestimmung Prozessbereich Sinterlampe

Tabelle A 1: Grundlegende Prozessanalyse, Bestimmung Prozessbereich Sinterlampe, Prozessbereich Volumenenergiedichte $E_{V,HSS}$, Werte relevanter Prozessparameter

Prozessparameter	Einheit	Wert
Pre-SLL	%	0
SD	mm	0,10
T_P	°C	102
T_E	°C	Raumtemperatur

Tabelle A 2: Grundlegende Prozessanalyse, Bestimmung Prozessbereich Sinterlampe, Bestimmung Flächenenergiedichte $E_{A,\,HSS}$, Ergebnisse

SLG [m/s]	SLL [%] 5	10	15	20	25	30	35	40	45	50
0,04	0,09	0,39	0,87	1,55	2,34	3,35	4,4	5,55	6,85	8,13
0,06	0,03	0,19	0,46	0,86	1,38	2,00	2,7	3,48	4,32	5,21
0,08	0,06	0,21	0,42	0,72	1,12	1,62	2,14	2,71	3,38	4,04
0,10	0,02	0,11	0,27	0,51	0,8	1,16	1,59	2,01	2,51	3,00
0,12	0,03	0,1	0,24	0,44	0,69	0,98	1,31	1,67	2,09	2,5
0,14	0,02	0,06	0,17	0,34	0,55	0,8	1,07	1,38	1,72	2,07
0,16	0,03	0,08	0,17	0,33	0,53	0,74	0,97	1,24	1,54	1,87
0,18	0,02	0,04	0,12	0,26	0,42	0,6	0,81	1,05	1,31	1,58
0,20	0,01	0,05	0,11	0,23	0,39	0,57	0,77	0,99	1,23	1,49
0,22	0,00	0,03	0,08	0,19	0,33	0,48	0,66	0,84	1,05	1,27
0,24	0,01	0,02	0,07	0,16	0,28	0,43	0,59	0,77	0,97	1,17
0,26	0,01	0,01	0,05	0,14	0,24	0,38	0,52	0,68	0,85	1,05
0,28	0,00	0,01	0,05	0,12	0,22	0,35	0,49	0,63	0,8	0,99
0,30	0,01	0,01	0,04	0,11	0,22	0,32	0,45	0,6	0,74	0,91
0,32	0,00	0,01	0,04	0,11	0,2	0,31	0,44	0,56	0,72	0,88
0,34	0,00	0,01	0,04	0,09	0,17	0,28	0,4	0,53	0,66	0,80
0,36	0,00	0,01	0,04	0,08	0,16	0,26	0,37	0,49	0,61	0,75

Flächenenergiedichte $E_{F,\,HSS}$

SLG [m/s]	SLL [%] 55	60	65	70	75	80	85	90	95	100
0,04	9,45	10,81	11,75	12,6	13,28	13,79	14,07	14,08	13,98	13,98
0,06	6,11	6,95	7,67	8,3	8,89	9,34	9,73	9,88	9,94	10,05
0,08	4,62	5,23	5,75	6,19	6,60	6,91	7,12	7,29	7,36	7,43
0,10	3,51	3,96	4,36	4,72	4,98	5,22	5,40	5,54	5,62	5,63
0,12	2,91	3,26	3,59	3,85	4,11	4,28	4,45	4,56	4,55	4,54
0,14	2,46	2,81	3,11	3,36	3,56	3,73	3,85	3,95	4,00	4,07
0,16	2,18	2,45	2,71	2,89	3,05	3,24	3,35	3,42	3,46	3,48
0,18	1,86	2,15	2,39	2,56	2,75	2,89	3,01	3,08	3,12	3,16
0,20	1,73	1,96	2,17	2,3	2,49	2,61	2,68	2,74	2,78	2,77
0,22	1,49	1,70	1,88	2,01	2,14	2,25	2,33	2,38	2,42	2,45
0,24	1,37	1,55	1,7	1,82	1,93	2,00	2,09	2,13	2,16	2,19
0,26	1,23	1,4	1,54	1,66	1,77	1,86	1,94	1,99	2,01	2,03
0,28	1,15	1,31	1,44	1,54	1,64	1,74	1,79	1,83	1,83	1,84
0,30	1,07	1,22	1,35	1,46	1,54	1,61	1,68	1,72	1,74	1,75
0,32	1,02	1,16	1,28	1,37	1,46	1,52	1,58	1,62	1,63	1,61
0,34	0,94	1,07	1,19	1,27	1,35	1,41	1,46	1,49	1,49	1,51
0,36	0,90	1,00	1,11	1,19	1,26	1,3	1,36	1,39	1,41	1,41

Flächenenergiedichte $E_{F,\,HSS}$

Tabelle A 3: Grundlegende Prozessanalyse, Bestimmung Prozessbereich Sinterlampe, Prozessbereich Sinterlampe, Faktorstufenkombinationen und Ergebnisse

Nr.	SLG [m/s]	SLL [%]	$E_{V,HSS}$ [J/cm³]	Arithmetische Mittelwert der Höhe S_a [µm]	Nr.	SLG [m/s]	SLL [%]	$E_{V,HSS}$ [J/cm³]	Arithmetische Mittelwert der Höhe S_a [µm]
1	20	0,05	120	42,72	20	60	0,20	196	9,21
2	40	0,20	99	38,96	21	60	0,18	215	10,97
3	40	0,18	105	36,26	22	80	0,36	130	12,88
4	40	0,17	114	35,14	23	80	0,34	141	10,53
5	40	0,16	124	32,99	24	80	0,31	156	9,05
6	40	0,15	131	30,91	25	80	0,29	168	6,03
7	40	0,14	138	26,21	26	80	0,28	174	6,50
8	40	0,13	152	21,53	27	80	0,27	180	11,93
9	40	0,12	167	17,29	28	80	0,26	186	10,80
10	40	0,11	184	9,27	29	80	0,25	193	12,05
11	40	0,10	201	9,91	30	80	0,22	225	9,04
12	60	0,36	100	31,22	31	100	0,36	141	12,59
13	60	0,33	112	31,12	32	100	0,33	156	7,19
14	60	0,31	119	24,84	33	100	0,31	168	7,31
15	60	0,26	140	9,20	34	100	0,30	175	5,14
16	60	0,24	155	6,45	35	100	0,29	180	9,71
17	60	0,23	162	6,80	36	100	0,28	184	10,53
18	60	0,22	170	5,71	37	100	0,27	193	12,00
19	60	0,21	183	6,05	38	100	0,24	219	10,59

B Bestimmung prozessseitige Haupteinflussgrößen

Tabelle A 4: Grundlegende Prozessanalyse, Bestimmung prozessseitige Haupteinflussgrößen, Definitiver Screening-Plan, Faktorstufenkombinationen

Nr.	SLG [m/s]	SLL [%]	Pre-SLL [%]	GS	SD [mm]	T_P [°C]	T_E [°C]	PMV [kg/kg]	$E_{V,HSS}$ [J/cm³]
1	0,15	46	0	1	0,08	100	71	100/0	213
2	0,11	38	30	1	0,08	102	47	100/0	210
3	0,13	38	0	1	0,08	98	23	0/100	175
4	0,11	38	30	5	0,12	100	23	0/100	140
5	0,13	42	15	3	0,10	100	47	50/50	168
6	0,15	38	15	1	0,12	102	71	0/100	100
7	0,11	46	15	5	0,08	98	23	100/0	299
8	0,15	46	30	3	0,08	102	23	0/100	213
9	0,13	46	30	5	0,12	102	71	100/0	165
10	0,15	42	30	1	0,12	98	23	100/0	120
11	0,11	46	0	1	0,12	102	23	50/50	199
12	0,15	38	30	5	0,08	98	71	50/50	150
13	0,15	46	0	5	0,12	98	47	0/100	142
14	0,11	38	0	3	0,12	98	71	100/0	140
15	0,11	46	30	1	0,10	98	71	0/100	239
16	0,15	38	0	5	0,10	102	23	100/0	120
17	0,11	42	0	5	0,08	102	71	0/100	253

Tabelle A 5: Grundlegende Prozessanalyse, Bestimmung prozessseitige Haupteinflussgrößen, Definitiver Screening-Plan, Güte der Modelle

Zielgröße	Bestimmtheitsmaß R^2	p-Wert
Bauteildichte ρ_B	0,79	0,0382
Shore-Härte A	0,66	0,1828
Zugfestigkeit σ_{max} 0°	0,87	0,0077
Zugfestigkeit σ_{max} 15°	0,93	0,0007
Bruchdehnung ε_B 0°	0,90	0,0025
Bruchdehnung ε_B 15°	0,92	0,0011
Volumenabweichung V_A	0,53	0,4419

Tabelle A 6: Grundlegende Prozessanalyse, Bestimmung prozessseitige Haupteinflussgrößen, Definitiver Screening-Plan, Ergebnisse der Zielgrößen

Nr.	Bauteildichte ρ_B [g/cm³]		Shore-Härte A		Zugfestigkeit σ_{max} 0° [MPa]		Zugfestigkeit σ_{max} 15° [MPa]	
	MW	STAW	MW	STAW	MW	STAW	MW	STAW
1	0,95	0,02	77	2	4,72	0,14	3,40	0,20
2	1,02	0,01	80	1	5,57	0,49	4,39	0,15
3	0,76	0,02	64	2	1,71	0,14	0,97	0,08
4	1,11	0,00	82	1	7,54	0,18	6,51	0,23
5	1,09	0,01	82	1	6,18	0,14	4,76	0,18
6	0,70	0,01	54	2	0,97	0,06	0,44	0,04
7	1,13	0,01	80	1	6,86	0,19	6,60	0,12
8	1,08	0,01	78	1	6,47	0,64	7,68	0,29
9	1,10	0,00	81	< 1	7,55	0,22	7,31	0,18
10	0,82	0,01	65	1	2,69	0,44	1,14	0,11
11	0,96	0,00	76	< 1	4,67	0,17	2,88	0,14
12	1,14	0,00	81	1	6,60	0,44	6,93	0,30
13	1,11	0,01	82	1	7,30	0,54	7,05	0,30
14	0,96	0,02	74	1	3,71	0,47	2,23	0,07
15	1,06	0,01	82	1	6,12	0,21	4,25	0,20
16	1,10	0,01	77	1	4,12	0,20	3,35	0,08
17	1,11	0,01	81	1	8,90	0,19	9,03	0,33

Nr.	Bruchdehnung ε_B 0° [%]		Bruchdehnung ε_B 15° [%]		Volumenabweichung V_A [%]	
	MW	*STAW*	MW	*STAW*	MW	*STAW*
1	251	11	158	13	4,01	0,01
2	363	39	258	21	4,64	0,24
3	97	12	51	4	3,65	0,07
4	426	13	360	12	4,42	0,05
5	325	10	224	13	3,44	0,04
6	62	2	16	4	5,39	0,02
7	423	13	390	9	12,41	0,12
8	494	13	495	19	24,81	0,93
9	459	9	444	21	5,99	0,04
10	141	20	23	7	3,46	0,00
11	232	12	75	17	2,96	0,11
12	358	36	386	17	6,94	0,05
13	401	28	405	21	5,92	0,05

14	191	21	61	11	5,73	0,02
15	339	22	189	16	3,50	0,22
16	193	19	131	14	5,70	0,05
17	504	9	505	16	7,89	0,01

C Spezifizierung prozessseitige Haupteinflussgrößen

Tabelle A 7: Grundlegende Prozessanalyse, Spezifizierung prozessseitige Haupteinflussgrößen, Werte relevanter Prozessparameter

Prozessparameter	Einheit	Wert
Pre-SLL	%	0
SD	mm	0,10
T_P	°C	98
T_E	°C	70
PMV	kg/kg	80/20

Tabelle A 8: Grundlegende Prozessanalyse, Spezifizierung prozessseitige Haupteinflussgrößen, Faktorstufenkombinationen

Nr.	SLG [m/s]	SLL [%]	$E_{V,HSS}$ [J/cm³]	Nr.	SLG [m/s]	SLL [%]	$E_{V,HSS}$ [J/cm³]
1	0,17	55	202	27	0,28	79	172
2	0,19	55	180	28	0,27	70	160
3	0,21	55	161	29	0,12	37	145
4	0,21	52	148	30	0,22	58	162
5	0,19	52	164	31	0,10	43	231
6	0,17	52	184	32	0,23	100	232
7	0,15	52	211	33	0,20	70	230
8	0,19	49	149	34	0,15	55	232
9	0,17	49	166	35	0,12	43	192
10	0,25	63	156	36	0,26	89	198
11	0,16	46	161	37	0,12	41	175
12	0,24	70	182	38	0,14	41	145
13	0,20	58	187	39	0,14	43	158
14	0,23	79	210	40	0,12	46	217
15	0,10	37	176	41	0,17	58	218
16	0,25	79	191	42	0,23	89	225
17	0,21	63	194	43	0,24	58	148
18	0,10	39	193	44	0,33	79	145
19	0,21	70	215	45	0,35	100	146
20	0,24	100	219	46	0,22	79	223
21	0,19	63	219	47	0,26	100	203
22	0,13	49	220	48	0,29	100	180
23	0,10	41	211	49	0,30	89	171
24	0,23	63	172	50	0,34	89	148
25	0,12	39	160	51	0,30	70	146
26	0,32	100	161				

Tabelle A 9: Grundlegende Prozessanalyse, Spezifizierung prozessseitige Haupteinflussgrößen, Ergebnisse der Zielgrößen

Nr.	Bauteildichte ρ_B [g/cm³]				Shore-Härte A				Zugfestigkeit σ_{max} [MPa]			
	GS 1		GS 4		GS 1		GS 4		GS 1		GS 4	
	MW	STAW	MW	STAW	MW	STAW	MW	STAW	MW	STAW	MW	STAW
1	0,94	0,01	1,13	0,00	75	2	83	1	3,23	0,19	6,60	0,11
2	0,88	0,02	1,13	0,01	70	2	83	1	2,62	0,18	5,95	0,48
3	0,83	0,02	1,11	0,01	66	2	81	3	2,16	0,18	5,29	0,52
4	0,78	0,02	1,09	0,02	62	2	79	2	1,55	0,16	4,02	0,57
5	0,84	0,02	1,13	0,02	68	2	82	1	2,02	0,17	4,95	0,15
6	0,89	0,02	1,13	0,00	72	2	83	1	2,52	0,15	5,61	0,19
7	0,96	0,02	1,12	0,00	75	2	84	1	3,13	0,20	6,11	0,18
8	0,79	0,02	1,10	0,01	64	3	80	2	1,81	0,22	4,08	0,63
9	0,84	0,02	1,13	0,01	69	2	83	1	2,10	0,11	5,21	0,40
10	0,87	0,04	1,13	0,01	69	4	83	1	2,26	0,19	5,52	0,88
11	0,80	0,01	1,11	0,01	65	2	82	1	1,47	0,15	3,77	0,25
12	0,94	0,04	1,13	0,01	74	4	83	1	3,01	0,29	6,27	0,61
13	0,91	0,02	1,13	0,00	72	2	84	1	2,93	0,24	6,23	0,61
14	0,99	0,04	1,12	0,01	78	2	84	< 1	3,92	0,32	6,44	0,18
15	0,75	0,01	1,10	0,01	61	1	81	1	0,98	0,07	3,24	0,26
16	0,97	0,04	1,13	0,01	76	3	84	1	3,53	0,31	6,69	0,17
17	0,94	0,02	1,13	0,00	75	2	84	1	3,21	0,20	6,46	0,20
18	0,80	0,01	1,12	0,01	67	1	83	1	1,56	0,08	4,54	0,33
19	1,00	0,02	1,13	0,01	79	2	84	1	4,10	0,20	6,46	0,39
20	1,02	0,05	1,12	0,01	80	3	83	1	4,31	0,43	6,60	0,09
21	0,98	0,02	1,12	0,01	78	2	83	1	3,65	0,30	6,51	0,35
22	0,95	0,02	1,11	0,01	76	1	83	0	2,99	0,21	6,06	0,16
23	0,87	0,01	1,13	0,00	71	1	84	1	2,05	0,12	5,36	0,32
24	0,89	0,03	1,12	0,00	71	2	83	1	2,58	0,16	5,61	0,36
25	0,74	0,01	1,10	0,01	60	1	80	1	0,85	0,10	3,00	0,24
26	0,86	0,02	1,13	0,00	68	2	83	1	2,30	0,24	5,23	0,25
27	0,89	0,02	1,13	0,00	72	2	83	< 1	2,52	0,18	5,69	0,49
28	0,86	0,02	1,13	0,00	70	1	83	< 1	2,31	0,19	5,19	0,34
29	0,67	0,01	1,03	0,01	53	2	76	1	0,59	0,06	2,01	0,19
30	0,85	0,03	1,12	0,01	67	4	82	1	2,12	0,25	4,92	0,56
31	-	-	-	-	-	-	-	-	-	-	-	-
32	-	-	-	-	-	-	-	-	-	-	-	-
33	-	-	-	-	-	-	-	-	-	-	-	-
34	1,03	0,03	1,11	0,01	81	2	83	1	4,59	0,40	6,48	0,23
35	-	-	-	-	-	-	-	-	-	-	-	-
36	0,98	0,01	1,11	0,00	77	1	82	1	3,28	0,13	6,27	0,15
37	0,76	0,01	1,11	0,01	62	1	81	1	1,10	0,13	3,33	0,23
38	0,72	0,01	1,08	0,00	58	1	79	1	0,83	0,10	2,81	0,27
39	0,77	0,01	1,11	0,00	63	1	81	1	1,21	0,12	3,71	0,42
40	0,89	0,01	1,12	0,00	71	1	83	1	2,46	0,13	5,79	0,23
41	0,97	0,01	1,13	0,00	77	1	84	1	3,32	0,20	6,91	0,72
42	1,03	0,03	1,12	0,00	80	2	83	1	4,46	0,31	6,57	0,18
43	0,83	0,04	1,12	0,01	67	4	82	2	1,92	0,26	4,38	0,43
44	0,82	0,03	1,11	0,01	65	3	81	1	1,77	0,23	4,38	0,32
45	0,83	0,03	1,11	0,01	65	3	81	2	1,87	0,24	4,49	0,37

46	1,03	0,02	1,11	0,01	81	1	83	1	4,72	0,43	6,46	0,34
47	1,01	0,02	1,11	0,01	79	1	82	1	4,32	0,46	6,65	0,17
48	0,94	0,02	1,13	0,00	75	2	83	1	3,06	0,41	6,16	0,22
49	0,92	0,03	1,13	0,00	72	2	82	1	2,65	0,29	5,33	0,43
50	0,86	0,02	1,13	0,00	68	2	81	1	2,26	0,17	5,14	0,26
51	0,83	0,02	1,12	0,01	65	3	81	1	1,97	0,23	4,48	0,23

Nr.	**Bruchdehnung ε_B [%]**				**Volumenabweichung V_A [%]**	
	GS 1		**GS 4**			
	MW	*STAW*	MW	*STAW*	MW	*STAW*
1	159	10	345	6	3,67	4,16
2	125	7	295	32	3,80	2,70
3	109	11	253	38	2,78	2,27
4	86	9	190	27	3,54	2,96
5	113	8	238	13	3,54	2,59
6	125	9	271	11	3,34	2,86
7	159	14	319	12	3,12	3,13
8	101	11	210	34	3,17	3,02
9	108	12	250	31	3,46	2,96
10	109	8	270	45	3,07	2,76
11	68	11	167	20	3,95	2,91
12	148	11	324	48	2,95	3,55
13	148	13	321	43	3,27	2,79
14	180	20	343	22	2,51	5,10
15	44	4	135	11	3,37	2,92
16	175	20	358	13	3,00	3,58
17	154	11	345	14	3,08	3,28
18	85	1	220	26	3,13	2,63
19	201	14	350	41	3,20	5,60
20	213	21	363	9	2,46	5,69
21	181	16	365	29	2,67	4,49
22	161	11	328	15	3,08	4,19
23	114	11	273	30	3,52	3,06
24	121	2	285	27	2,89	2,43
25	55	6	128	15	3,44	2,83
26	108	13	252	12	3,54	2,49
27	120	5	278	42	3,11	2,47
28	110	12	252	21	2,92	2,47
29	38	7	71	12	3,96	3,32
30	110	15	259	39	3,01	2,55
31	-	13	-	26	3,63	2,53
32	-	19	-	15	2,87	3,86
33	-	7	-	13	3,63	3,56
34	240	18	379	17	3,13	6,96
35	-	18	-	20	2,69	5,83
36	159	14	357	14	2,53	4,87
37	50	15	152	13	3,82	2,90
38	53	6	115	8	3,55	3,13
39	62	13	172	24	3,64	2,93
40	118	6	305	21	3,19	3,00

41	163	16	367	21	2,62	4,38
42	227	25	369	17	2,59	6,37
43	96	10	198	27	3,21	2,41
44	88	10	204	20	2,95	2,37
45	92	9	217	23	2,84	2,33
46	257	27	373	32	3,06	6,93
47	208	27	370	16	2,50	5,73
48	146	24	331	18	2,45	3,43
49	127	12	271	38	6,96	2,64
50	117	8	260	22	2,80	2,22
51	104	7	221	19	3,29	3,22

D Spezifische Prozessanalyse und Prozessauslegung, maximierte Eigenschaften

Tabelle A 10: Spezifische Prozessanalyse und Prozessauslegung, maximierte Eigenschaften, Werte relevanter Prozessparameter

Prozessparameter	Einheit	Wert
T_P	°C	98
T_E	°C	70
PMV	kg/kg	80/20

Tabelle A 11: Spezifische Prozessanalyse und Prozessauslegung, maximierte Eigenschaften, Optimaler Plan, Faktorstufenkombinationen

Nr.	SLG [m/s]	SLL [%]	Pre-SLL [%]	GS	SD [mm]	$E_{V,HSS}$ [J/cm³]
1	0,27	70	20	3	0,08	200
2	0,22	78	20	5	0,10	221
3	0,24	78	0	3	0,08	246
4	0,27	70	20	4	0,10	160
5	0,27	78	10	4	0,10	176
6	0,24	78	20	6	0,08	246
7	0,22	90	0	6	0,10	238
8	0,2	70	20	4	0,10	230
9	0,24	78	20	4	0,08	246
10	0,27	90	20	6	0,10	191
11	0,27	90	10	5	0,08	239
12	0,32	90	10	4	0,08	203
13	0,22	90	10	3	0,10	238
14	0,24	70	0	5	0,08	228
15	0,22	70	0	4	0,10	182
16	0,27	90	0	3	0,10	191
17	0,22	70	10	4	0,08	298
18	0,20	78	10	5	0,10	256
19	0,24	70	10	6	0,10	182
20	0,27	78	0	6	0,08	220
21	0,24	90	0	5	0,10	213
22	0,32	70	0	3	0,08	171
23	0,32	70	20	5	0,08	171
24	0,32	90	20	3	0,10	162
25	0,24	70	10	3	0,10	182
26	0,32	90	0	6	0,10	162
27	0,27	70	0	5	0,10	160
28	0,24	90	20	4	0,10	213
29	0,22	78	10	5	0,10	221

Tabelle A 12: Spezifische Prozessanalyse und Prozessauslegung, maximierte Eigenschaften, Optimaler Plan, Ergebnisse der Zielgrößen

Nr.	Bauteildichte ρ_B [g/cm³]		Shore-Härte A		Zugfestigkeit σ_{max} 0° [MPa]		Zugfestigkeit σ_{max} 15° [MPa]	
	MW	STAW	MW	STAW	MW	STAW	MW	STAW
1	1,12	0,01	85	1	8,39	0,21	8,17	0,26
2	1,11	0,01	85	0	8,32	0,21	7,23	0,16
3	1,12	0,01	85	1	7,83	0,22	7,32	0,35
4	1,12	0,00	85	1	7,30	0,23	6,49	0,19
5	1,12	0,01	85	1	7,58	0,21	7,10	0,29
6	1,12	0,01	84	1	7,18	0,35	6,58	0,12
7	1,12	0,01	85	< 1	7,62	0,22	7,17	0,14
8	1,12	0,00	85	< 1	7,24	0,15	6,72	0,15
9	1,12	0,01	85	1	8,39	0,14	7,83	0,38
10	1,12	0,01	84	< 1	7,44	0,22	7,33	0,16
11	1,12	0,01	84	< 1	8,38	0,25	7,59	0,26
12	1,13	0,00	84	1	7,53	0,29	7,59	0,49
13	1,12	0,00	84	1	6,90	0,16	6,41	0,39
14	1,11	0,00	84	1	7,73	0,33	7,82	0,15
15	1,12	0,00	84	1	6,93	0,43	6,65	0,34
16	1,12	0,00	84	1	6,61	0,29	5,63	0,34
17	1,13	0,01	84	1	7,97	0,10	7,43	0,21
18	1,13	0,01	85	1	7,16	0,20	7,16	0,20
19	1,14	0,00	83	< 1	6,66	0,12	6,64	0,23
20	1,14	0,00	84	< 1	6,68	0,38	7,01	0,20
21	1,12	0,00	84	< 1	7,03	0,31	6,88	0,06
22	1,12	0,00	83	1	7,29	0,40	6,37	0,43
23	1,14	0,00	83	1	7,65	0,17	7,85	0,38
24	1,12	0,01	83	< 1	6,89	0,46	5,72	0,26
25	1,12	0,00	83	1	6,37	0,32	5,42	0,24
26	1,14	0,01	83	1	6,94	0,38	6,94	0,54
27	1,13	0,01	83	1	7,07	0,34	6,58	0,21
28	1,12	0,01	85	1	7,19	0,23	6,90	0,11
29	1,11	0,00	83	1	7,62	0,33	7,23	0,20

Nr.	Bruchdehnung ε_B 0° [%]		Bruchdehnung ε_B 15° [%]		Volumenabweichung V_A [%]	
	MW	STAW	MW	STAW	MW	STAW
1	447	17	428	15,13	10,76	-
2	441	17	384	14,77	13,12	1,62
3	434	15	402	25,38	6,64	0,38
4	380	38	327	13,06	4,57	0,89
5	380	16	374	16,87	7,41	2,21
6	428	16	409	5,39	12,60	0,26
7	399	16	381	11,73	7,67	0,07
8	380	22	358	11,14	4,39	-
9	440	16	424	20,69	6,99	0,78
10	404	19	407	22,09	7,61	0,45
11	452	17	431	19,13	10,28	1,79
12	406	12	397	34,69	8,80	-
13	392	13	346	14,42	2,99	0,56

14	423	21	425	6,80	6,81	1,16
15	382	28	351	21,35	6,05	2,29
16	326	23	278	26,01	1,87	0,17
17	434	8	406	13,36	6,51	0,59
18	379	10	374	14,12	8,95	2,90
19	376	11	380	13,03	4,85	0,38
20	391	22	420	11,48	9,16	0,73
21	368	29	374	9,08	6,11	0,72
22	363	35	283	38,65	5,04	0,50
23	430	34	411	12,62	5,36	0,88
24	340	24	260	23,74	7,19	0,44
25	325	12	277	18,83	6,43	2,06
26	338	32	349	28,14	5,37	0,40
27	361	21	327	15,84	5,24	0,28
28	410	24	395	4,72	4,63	0,06
29	407	22	406	9,37	5,30	0,85

Tabelle A 13: Spezifische Prozessanalyse und Prozessauslegung, maximierte Eigenschaften, Optimaler Plan, Effekttest, Güte der Modelle für die Bestimmung der signifikanten Effekte

Zielgröße	Bestimmtheitsmaß R^2	p-Wert
Zugfestigkeit σ_{max} 0°	0,87	0,1048
Zugfestigkeit σ_{max} 15°	0,98	0,0017
Bruchdehnung ε_B 0°	0,99	0,0013
Bruchdehnung ε_B 15°	1,00	0,0003
Volumenabweichung V_A	0,86	0,1329

Tabelle A 14: Spezifische Prozessanalyse und Prozessauslegung, maximierte Eigenschaften, Optimaler Plan, Prediction Profiler, Güte der Modelle für die Bestimmung der Richtung der Effekte

Zielgröße	Bestimmtheitsmaß R^2	p-Wert
Zugfestigkeit σ_{max} 0°	0,85	0,0003
Zugfestigkeit σ_{max} 15°	0,97	<0,0001
Bruchdehnung ε_B 0°	0,98	<0,0001
Bruchdehnung ε_B 15°	0,99	<0,0001
Volumenabweichung V_A	0,66	0,0041

Tabelle A 15: Spezifische Prozessanalyse und Prozessauslegung, maximierte Eigenschaften, Optimaler Plan, Prediction Profiler, Güte der Modelle für die Bestimmung der Optimalen Prozesse

Zielgröße	Bestimmtheitsmaß R^2	p-Wert
Zugfestigkeit σ_{max} 0°	0,77	0,0702
Zugfestigkeit σ_{max} 15°	0,98	<0,0001
Bruchdehnung ε_B 0°	0,95	0,0001
Bruchdehnung ε_B 15°	0,97	<0,0001
Volumenabweichung V_A	0,78	0,0602

E Spezifische Prozessanalyse und Prozessauslegung, funktional gradierte Eigenschaften

Tabelle A 16: Spezifische Prozessanalyse und Prozessauslegung, funktional gradierte Eigenschaften, Werte relevanter Prozessparameter

Prozessparameter	**Einheit**	**Wert**
Pre-SLL	%	0
T_P	°C	98
T_E	°C	70
PMV	kg/kg	80/20

Tabelle A 17: Spezifische Prozessanalyse und Prozessauslegung, funktional gradierte Eigenschaften, Optimaler Plan, Faktorstufenkombinationen

Nr.	**SLG [m/s]**	**SLL [%]**	**SD [mm]**	**$E_{V,HSS}$ [J/cm³]**	**Nr.**	**SLG [m/s]**	**SLL [%]**	**SD [mm]**	**$E_{V,HSS}$ [J/cm³]**
1	0,14	47	0,12	155	15	0,14	47	0,12	155
2	0,15	49	0,10	190	16	0,13	41	0,08	200
3	0,16	51	0,10	193	17	0,13	45	0,1	190
4	0,16	47	0,08	209	18	0,14	41	0,1	145
5	0,13	43	0,08	219	19	0,16	51	0,08	241
6	0,15	49	0,10	190	20	0,14	43	0,08	198
7	0,16	45	0,10	154	21	0,13	39	0,1	145
8	0,15	47	0,08	221	22	0,14	43	0,08	198
9	0,15	47	0,08	221	23	0,14	41	0,1	145
10	0,15	43	0,12	125	24	0,13	41	0,12	133
11	0,16	45	0,10	154	25	0,13	39	0,08	181
12	0,15	43	0,12	125	26	0,16	49	0,08	225
13	0,16	49	0,12	150	27	0,16	51	0,12	161
14	0,13	39	0,12	121	28	0,13	45	0,1	190

Tabelle A 18: Spezifische Prozessanalyse und Prozessauslegung, funktional gradierte Eigenschaften, Optimaler Plan, Ergebnisse der Zielgrößen

Nr.	Bauteildichte ρ_B [g/cm³]							
	GS 1		GS 2		GS 3		GS 4	
	MW	STAW	MW	STAW	MW	STAW	MW	STAW
1	0,81	0,03	0,94	0,01	1,08	0,01	1,10	0,01
2	0,90	0,03	1,03	0,01	1,12	0,00	1,13	0,01
3	0,87	0,02	1,00	0,01	1,11	0,01	1,13	0,00
4	0,89	0,03	1,04	0,01	1,12	0,00	1,13	0,00
5	0,86	0,03	1,01	0,01	1,13	0,00	1,14	0,01
6	0,91	0,04	1,05	0,01	1,11	0,00	1,12	0,01
7	0,74	0,03	0,90	0,01	1,06	0,01	1,10	0,01
8	0,93	0,04	1,07	0,01	1,14	0,00	1,14	0,00
9	0,90	0,02	1,03	0,01	1,14	0,00	1,15	0,00
10	0,94	0,04	1,07	0,01	1,14	0,00	1,14	0,00
11	0,77	0,03	0,90	0,02	1,06	0,01	1,10	0,01
12	0,67	0,02	0,81	0,01	0,96	0,01	1,01	0,01
13	0,76	0,02	0,89	0,01	1,05	0,01	1,09	0,00
14	0,65	0,02	0,80	0,01	0,95	0,00	0,98	0,00
15	0,78	0,03	0,91	0,01	1,06	0,01	1,09	0,00
16	0,82	0,03	0,97	0,02	1,12	0,01	1,14	0,00
17	0,86	0,03	0,99	0,01	1,11	0,00	1,13	0,00
18	0,72	0,03	0,87	0,01	1,07	0,01	1,03	0,01
19	0,93	0,03	1,07	0,01	1,14	0,00	1,14	0,00
20	0,85	0,03	0,99	0,02	1,14	0,00	1,13	0,01
21	0,71	0,02	0,86	0,01	1,01	0,01	1,06	0,00
22	0,88	0,03	1,04	0,01	1,12	0,01	1,13	0,00
23	0,76	0,03	0,93	0,01	1,09	0,03	1,08	0,02
24	0,68	0,02	0,80	0,01	0,98	0,01	1,02	0,00
25	0,78	0,03	0,93	0,02	1,13	0,01	1,09	0,01
26	0,94	0,03	1,09	0,02	1,13	0,02	1,14	0,00
27	0,78	0,03	0,92	0,01	1,06	0,01	1,10	0,01
28	0,84	0,03	0,98	0,01	1,10	0,00	1,12	0,00

Nr.	Shore-Härte A							
	GS 1		GS 2		GS 3		GS 4	
	MW	STAW	MW	STAW	MW	STAW	MW	STAW
1	63	4	73	1	80	1	80	1
2	71	2	78	1	82	1	82	1
3	69	2	77	1	82	1	83	1
4	71	2	78	2	82	1	82	< 1
5	70	2	78	2	83	1	82	1
6	70	4	78	3	82	1	81	< 1
7	59	4	70	1	79	1	80	1
8	74	3	81	2	83	< 1	83	< 1
9	72	2	78	2	83	1	83	< 1
10	51	4	63	2	74	1	75	1
11	62	3	71	2	79	1	81	1
12	50	4	63	1	73	1	74	1
13	59	4	69	2	79	1	80	1

14	49	3	61	1	73	1	72	1
15	66	3	74	3	82	1	82	1
16	67	3	76	1	82	1	82	1
17	69	2	77	1	83	1	83	1
18	56	4	69	1	77	2	77	1
19	74	4	82	2	85	1	84	< 1
20	69	3	77	2	83	1	83	1
21	57	2	68	2	77	1	78	1
22	72	2	80	2	84	1	82	1
23	61	4	73	2	81	1	82	1
24	53	3	64	2	74	2	75	1
25	63	3	73	2	82	1	82	1
26	75	2	82	1	84	< 1	83	< 1
27	61	3	71	1	79	1	81	1
28	68	3	77	1	83	1	82	2

Nr.	**Zugfestigkeit σ_{max} [MPa]**							
	GS 1		**GS 2**		**GS 3**		**GS 4**	
	MW	STAW	MW	STAW	MW	STAW	MW	STAW
1	1,93	0,08	3,34	0,15	4,29	0,09	4,74	0,17
2	3,14	0,26	4,74	0,19	5,88	0,30	6,34	0,21
3	2,49	0,13	3,81	0,26	4,68	0,15	5,54	0,16
4	2,55	0,09	4,35	0,20	5,94	0,49	6,01	0,46
5	2,22	0,09	4,13	0,13	5,84	0,28	5,36	0,30
6	2,94	0,28	4,98	0,20	6,17	0,27	6,41	0,24
7	1,25	0,10	2,48	0,13	3,47	0,31	3,59	0,37
8	3,26	0,26	5,15	0,14	6,63	0,19	6,78	0,45
9	2,74	0,17	4,26	0,27	5,80	0,24	6,07	0,33
10	0,68	0,05	1,67	0,10	2,27	0,20	2,48	0,13
11	1,57	0,23	2,86	0,37	3,83	0,29	4,11	0,49
12	0,77	0,04	1,83	0,07	2,59	0,14	2,57	0,12
13	1,43	0,10	2,65	0,11	3,62	0,26	3,92	0,23
14	0,60	0,06	1,53	0,26	2,29	0,20	2,24	0,17
15	1,72	0,11	2,87	0,19	3,70	0,14	4,13	0,28
16	1,80	0,06	1,80	0,06	4,84	0,22	4,75	0,15
17	2,25	0,16	3,77	0,25	5,06	0,19	5,33	0,36
18	1,05	0,06	2,18	0,14	3,03	0,26	3,19	0,23
19	3,30	0,20	5,23	0,29	6,26	0,11	6,32	0,41
20	2,20	0,17	3,88	0,26	5,33	0,63	5,27	0,36
21	1,06	0,07	2,34	0,06	3,41	0,30	3,34	0,15
22	2,87	0,19	4,95	0,31	6,44	0,14	6,46	0,11
23	1,68	0,11	3,34	0,33	4,31	0,43	4,55	0,42
24	0,84	0,10	1,86	0,10	2,67	0,18	2,70	0,18
25	1,27	0,12	2,67	0,18	3,43	0,39	3,78	0,43
26	3,39	0,09	5,31	0,16	6,79	0,11	6,62	0,17
27	1,71	0,14	2,98	0,20	3,77	0,17	4,24	0,23
28	2,47	0,08	4,09	0,17	5,16	0,17	5,74	0,21

Nr.	Bruchdehnung ε_B [%]							
	GS 1		GS 2		GS 3		GS 4	
	MW	STAW	MW	STAW	MW	STAW	MW	STAW
1	127	7	194	13	261	10	298	16
2	168	11	242	18	329	26	373	23
3	149	8	199	19	268	8	328	14
4	159	9	257	17	360	31	379	29
5	126	7	229	13	331	20	314	24
6	157	15	286	14	370	21	370	22
7	82	7	126	12	184	28	201	21
8	197	18	306	6	397	18	407	24
9	142	16	209	25	324	16	337	26
10	53	7	94	14	112	18	126	12
11	91	13	133	23	184	18	199	38
12	50	4	84	6	112	8	110	12
13	94	5	137	11	180	14	211	16
14	54	6	93	8	117	14	116	14
15	93	6	134	8	186	7	219	15
16	103	4	103	4	252	25	259	10
17	125	7	195	21	285	15	299	34
18	81	6	122	16	174	17	186	14
19	195	16	300	24	374	20	407	10
20	110	13	180	15	280	50	275	26
21	58	6	98	4	153	27	148	9
22	153	8	262	34	368	15	370	8
23	98	8	165	24	215	21	242	30
24	54	3	85	5	113	14	111	14
25	79	4	132	9	180	26	201	36
26	199	8	302	10	412	8	409	19
27	90	5	133	12	171	9	213	11
28	140	6	211	19	271	17	314	26

Nr.	Volumenabweichung V_A [%]			
	GS 1	GS 2	GS 3	GS 4
1	1,97	2,00	2,21	2,16
2	1,91	1,85	2,50	2,45
3	2,07	2,02	2,03	2,07
4	1,96	1,83	2,20	3,28
5	1,96	1,85	1,69	2,48
6	2,88	3,86	3,79	3,40
7	2,45	2,41	2,15	2,02
8	1,92	1,81	2,08	2,99
9	1,93	1,91	1,93	2,56
10	2,87	2,63	2,47	2,52
11	2,27	2,09	2,04	2,14
12	2,35	2,20	2,26	2,33
13	2,10	2,21	2,10	2,12
14	2,22	2,27	2,47	2,44
15	2,06	2,10	2,32	2,47

16	2,05	2,19	2,00	2,00
17	1,95	1,94	2,01	2,34
18	2,20	2,27	2,30	2,24
19	2,04	1,80	2,21	3,16
20	2,01	1,90	2,36	1,84
21	2,01	2,14	2,16	1,98
22	1,89	1,85	2,51	3,02
23	2,02	1,96	1,89	2,09
24	2,10	2,14	2,18	2,33
25	2,14	2,10	2,04	2,27
26	1,82	1,79	2,07	2,94
27	2,30	2,10	2,01	2,08
28	2,05	2,01	2,23	2,23

Tabelle A 19: Spezifische Prozessanalyse und Prozessauslegung, funktional gradierte Eigenschaften, Optimaler Plan, Effekttest, Güte der Modelle für die Bestimmung der signifikanten Effekte

Zielgröße	**Bestimmtheitsmaß R^2**	**p-Wert**
Shore-Härte A GS 1	0,99	<0,0001
Shore-Härte A GS 2	0,99	<0,0001
Shore-Härte A GS 3	0,99	<0,0001
Shore-Härte A GS 4	0,97	<0,0001
ΔShore-Härte A $_{(max-min)}$	0,97	<0,0001
Spannungswert σ_{50} GS 1	0,98	<0,0001
Spannungswert σ_{50} GS 2	0,96	<0,0001
Spannungswert σ_{50} GS 3	0,90	<0,0001
Spannungswert σ_{50} GS 4	0.92	<0,0001
ΔSpannungswert $\sigma_{50\ (max-min)}$	0,89	<0,0001

Tabelle A 20: Spezifische Prozessanalyse und Prozessauslegung, funktional gradierte Eigenschaften, Optimaler Plan, Prediction Profiler, Güte der Modelle für die Bestimmung der Richtung der Effekte

Zielgröße	Bestimmtheitsmaß R^2	p-Wert
Bauteildichte ρ_B GS 1	0,76	0,0007
Bauteildichte ρ_B GS 2	0,76	0,0005
Bauteildichte ρ_B GS 3	0,76	0,0005
Bauteildichte ρ_B GS 4	0,78	0,0003
Shore-Härte A GS 1	0,99	<0,0001
Shore-Härte A GS 2	0,99	<0,0001
Shore-Härte A GS 3	0,99	<0,0001
Shore-Härte A GS 4	0,97	<0,0001
Δ Shore-Härte A $_{(max-min)}$	0,96	<0,0001
Spannungswert σ_{50} GS 1	0,98	<0,0001
Spannungswert σ_{50} GS 2	0,96	<0,0001
Spannungswert σ_{50} GS 3	0,90	<0,0001
Spannungswert σ_{50} GS 4	0.92	<0,0001
ΔSpannungswert $\sigma_{50\,(max-min)}$	0,89	<0,0001
Zugfestigkeit σ_{max} GS 1	0,96	<0,0001
Zugfestigkeit σ_{max} GS 2	0,87	<0,0001
Zugfestigkeit σ_{max} GS 3	0,93	<0,0001
Zugfestigkeit σ_{max} GS 4	0,95	<0,0001
Bruchdehnung ε_B GS 1	0,94	<0,0001
Bruchdehnung ε_B GS 2	0,85	<0,0001
Bruchdehnung ε_B GS 3	0,92	<0,0001
Bruchdehnung ε_B GS 4	0,94	<0,0001
Volumenabweichung V_A GS 1	0,39	0,3140
Volumenabweichung V_A GS 2	0,24	0,7440
Volumenabweichung V_A GS 3	0,28	0,6305
Volumenabweichung V_A GS 4	0,44	0,1934

Tabelle A 21: Spezifische Prozessanalyse und Prozessauslegung, funktional gradierte Eigenschaften, Optimaler Plan, Prediction Profiler, Güte der Modelle für die Bestimmung der Optimalen Prozesse

Zielgröße	Bestimmtheitsmaß R^2	p-Wert
Shore-Härte A min	0,98	<0,0001
Shore-Härte A max	0,98	<0,0001
Δ Shore-Härte A $_{(max-min)}$	0,97	<0,0001
Spannungswert σ_{50} min	0,98	<0,0001
Spannungswert σ_{50} max	0,92	<0,0001
ΔSpannungswert $\sigma_{50\,(max-min)}$	0,90	<0,0001
Zugfestigkeit σ_{max} min	0,97	<0,0001
Zugfestigkeit σ_{max} max	0,96	<0,0001
Bruchdehnung ε_B min	0,94	<0,0001
Bruchdehnung ε_B max	0,96	<0,0001

F Analyse Optimaler Prozesse

Tabelle A 22: Analyse Optimaler Prozesse, maximierte Eigenschaften, Werte relevanter Prozessparameter

Prozessparameter	Einheit	Wert
SLG	m/s	0,26
SLL	%	100
Pre-SLL	%	0
GS	-	4
SD	mm	0,08
T_P	°C	98
T_E	°C	70
PMV	kg/kg	80/20

Tabelle A 23: Analyse Optimaler Prozesse, funktional gradierte Eigenschaften, funktional gradierte Härteeigenschaften, FGM-Härteprüfkörper, Ergebnisse der Zielgrößen

Optimaler Prozess	Segment	Shore-Härte A		Optimaler Prozess	Segment	Shore-Härte A	
		MIW	STAW			MIW	STAW
FGM 13	1	67	1	FGM 6	1	59	1
FGM 13	2	67	1	FGM 6	2	61	2
FGM 13	3	68	2	FGM 6	3	62	1
FGM 13	4	69	1	FGM 6	4	62	1
FGM 13	5	70	1	FGM 6	5	65	1
FGM 13	6	72	1	FGM 6	6	66	1
FGM 13	7	74	< 1	FGM 6	7	69	< 1
FGM 13	8	76	1	FGM 6	8	71	1
FGM 13	9	78	1	FGM 6	9	75	1
FGM 13	10	79	1	FGM 6	10	76	< 1
FGM 13	11	81	1	FGM 6	11	78	1
FGM 1/11	1	48	2				
FGM 1/11	2	49	1				
FGM 1/11	3	51	1				
FGM 1/11	4	53	1				
FGM 1/11	5	55	2				
FGM 1/11	6	57	1				
FGM 1/11	7	60	1				
FGM 1/11	8	62	1				
FGM 1/11	9	65	1				
FGM 1/11	10	68	< 1				
FGM 1/11	11	72	1				

Tabelle A 24: Analyse Optimaler Prozesse, funktional gradierte Eigenschaften, funktional gradierte Härteeigenschaften, Quader-Prüfkörper, Ergebnisse der Zielgrößen

Optimaler Prozess	**GS**	**Shore-Härte A**		**Optimaler Prozess**	**GS**	**Shore-Härte A**	
		MIW	STAW			MIW	STAW
FGM 13	1	68	1	FGM 6	1	59	2
FGM 13	2	74	1	FGM 6	2	72	1
FGM 13	3	80	1	FGM 6	3	74	1
FGM 13	4	80	1	FGM 6	4	79	1
FGM 1/11	1	50	1				
FGM 1/11	2	66	2				
FGM 1/11	3	69	1				
FGM 1/11	4	75	1				

Tabelle A 25: Analyse Optimaler Prozesse, funktional gradierte Eigenschaften, funktional gradierte Steifigkeitseigenschaften, FGM-Zugprüfkörper, Ergebnisse

Optimaler Prozess	**Segment**	**Elastizitätsmodul E_S [MPa]**	**Optimaler Prozess**	**Segment**	**Elastizitätsmodul E_S [MPa]**
FGM 2/8/14	1	10,67	FGM 9/15	1	22,49
FGM 2/8/14	2	12,33	FGM 9/15	2	26,18
FGM 2/8/14	3	10,24	FGM 9/15	3	29,83
FGM 2/8/14	4	13,01	FGM 9/15	4	32,54
FGM 2/8/14	5	14,23	FGM 9/15	5	33,62
FGM 2/8/14	6	15,19	FGM 9/15	6	28,02
FGM 2/8/14	7	23,06	FGM 9/15	7	36,75
FGM 2/8/14	8	28,79	FGM 9/15	8	48,90
FGM 2/8/14	9	33,48	FGM 9/15	9	56,15
FGM 2/8/14	10	42,22	FGM 9/15	10	65,37
FGM 2/8/14	11	45,24	FGM 9/15	11	71,59

Betreute studentische Arbeiten

Die nachfolgend aufgeführten studentischen Arbeiten wurden im Rahmen der Forschungsaktivitäten der vorliegenden Dissertation am Lehrstuhl Umweltgerechte Produktionstechnik der Universität Bayreuth betreut. Allen Studierenden sei an dieser Stelle herzlich für ihre Unterstützung gedankt.

Marco Wimmer
Materialparametrisierung von thermoplastischem Polyurethan-Pulver für das High-Speed Sintering, Masterarbeit, 2021

Pauline Dressel
Parametrisierung von thermoplastischem Polyurethan im High Speed Sintering unter Anwendung der statistischen Versuchsplanung, Bachelorarbeit, 2021

Felix Krohn
Bestimmung eines Parameterbereichs zur Verarbeitung von thermoplastischem Polyurethan im High Speed Sintering, Bachelorarbeit, 2021

Kevin Daniel Reich
Analyse der Wechselwirkung von Sinterlampenleistung und Pre-Sinterlampenleistung auf die Bauteileigenschaften beim High Speed Sintering, Bachelorarbeit, 2021

Lukas Hampel
Bestimmung und Spezifizierung signifikanter Prozessparameter bei der Verarbeitung von Thermoplastischem Polyurethan im High Speed Sintering, Bachelorarbeit, 2022

Maximilian Bernreiter
Untersuchung des selektiven Energieeintrags im High Speed Sintering bei der Verarbeitung von thermoplastischem Polyurethan, Bachelorarbeit, 2022

Jonas Witzgall
Einfluss der Pre-Sinterlampenleistung beim High Speed Sintering auf die Eigenschaften von Bauteilen aus thermoplastischem Polyurethan, Bachelorarbeit, 2022

Philipp Eydam
Untersuchung des Einflusses der Pre-Sinterlampenleistung auf die Bauteileigenschaften von thermoplastischem Polyurethan im High Speed Sintering, Bachelorarbeit, 2022

Maike Scheuring
Einfluss der Pre-Sinterlampenleistung auf die Bauteileigenschaften im High-Speed Sintering, Bachelorarbeit, 2022

Oliver Siebe
Einfluss der Flächenenergiedichte im High Speed Sintering, Masterarbeit, 2022

Thai-Sön Nguyen
Untersuchung der maximalen mechanischen Eigenschaften von Bauteilen aus thermoplastischem Polyurethan im High Speed Sintering, Masterarbeit, 2023

Leon Mächtle
Untersuchung zur Fertigung von funktional gradierten Härteeigenschaften im High Speed Sintering, Bachelorarbeit, 2023

Johannes Büschel
Validierung der Fertigung funktional gradierter Monomaterialbauteile im High Speed Sintering, Bachelorarbeit, 2023

Moritz Wolfram
Variation der Bauteileigenschaften durch Einstellung der Tintenmenge im High Speed Sintering, Bachelorarbeit, 2023

Daniel Loos
Prozessparameterkalibrierung für die Verarbeitung von thermoplastischem Polyurethan im High-Speed Sintering, Bachelorarbeit, 2023

Tobias Rothe
Vergleich zweier Chargen thermoplastischen Polyurethans im High Speed Sintering, Bachelorarbeit, 2023

Verena Miller und David Förster
Maximale Variation der Bauteileigenschaften über die Tintenmenge beim HSS-Verfahren, Teamprojektarbeit, 2024

Tim Fritsche
Vergleich der Eigenschaften von in den PBF-P-Verfahren High Speed Sintering, Laser Sintering und Multi Jet Fusion gefertigten Bauteilen, Masterarbeit, 2024

Leon Stark
Validierung der Fertigung von Bauteilen aus thermoplastischen Polyurethanen mit maximierten Bauteileigenschaften mittels High Speed Sintering, Bachelorarbeit, 2025

Lebenslauf

Name	Jan Kemnitzer
Geburtstag	22.01.1989
Geburtsort	Hof

Beruflicher Werdegang

Seit 07/2024	Forschungsteamleiter am Fraunhofer-Institut für Produktionstechnik und Automatisierung IPA – Fraunhofer-Projektgruppe Prozessinnovation, Bayreuth
02/2020 - 06/2024	Gruppenleiter am Fraunhofer-Institut für Produktionstechnik und Automatisierung IPA – Fraunhofer-Projektgruppe Prozessinnovation, Bayreuth
01/2018 - 01/2020 & 06/2016 - 05/2017	Wissenschaftlicher Mitarbeiter am Lehrstuhl Umweltgerechte Produktionstechnik der Universität Bayreuth, Bayreuth
05/2018 - 12/2018 & 06/2017 - 12/2017	Wissenschaftlicher Mitarbeiter am Fraunhofer-Institut für Produktionstechnik und Automatisierung IPA – Fraunhofer-Projektgruppe Prozessinnovation, Bayreuth
06/2015 - 08/2015	Praktikant bei der Oman Electricity Transmission Company S.A.O.C, Oman, Maskat
03/2013 - 09/2013	Bachelorand und Praktikant am Deutsches Biomasseforschungszentrum gemeinnützige GmbH, Leipzig

Studium

04/2016	Master of Science: Energy Science and Technology an der Universität Bayreuth
09/2013	Bachelor of Engineering: Maschinenbau an der Hochschule Hof

Schulbildung

06/2008	Fachhochschulreife an der Staatliche(n) Fachoberschule und Berufsoberschule Hof
06/2006	Realschulabschluss (Mittlere Reife) an der Staatliche(n) Realschule Hof

FSC
www.fsc.org
MIX
Papier | Fördert gute Waldnutzung
FSC® C083411

Kolibri 360 GmbH
Ferdinand-Jühlke-Straße 7
99095 Erfurt, Deutschland
produktsicherheit@kolibri360.de